华为技术认证

信息存储与
IT管理

吴晨涛 编著

U0377454

人民邮电出版社

北 京

图书在版编目（ＣＩＰ）数据

信息存储与IT管理 / 吴晨涛编著. -- 北京 ：人民
邮电出版社，2015.9
　（华为ICT认证系列丛书）
　ISBN 978-7-115-40285-1

　Ⅰ．①信… Ⅱ．①吴… Ⅲ．①信息存贮—研究 Ⅳ.
①TP333

中国版本图书馆CIP数据核字(2015)第196786号

内　容　提　要

本书由华为技术有限公司与上海交通大学计算机科学与工程系联合编写，融合了上海交通大学在计算机领域精深的理论研究和华为技术有限公司业界领先的应用实践，本书内容包括：IT 基础设施介绍、存储与应用环境、服务器基础、RAID 技术及应用、存储阵列技术及应用、SAN 技术及应用、IP-SAN 技术及应用、NAS 技术及应用、对象存储、存储虚拟化技术及应用、备份与恢复、容灾及应用、大数据存储概论、云计算基础、数据中心方案、IT 运维管理。

本书是一本很具系统性和实用性的教材，适合信息存储领域相关科技人员和管理人员学习和参考，也适合在校大学生和研究生作为教材使用。

◆ 编　　著　吴晨涛
　　责任编辑　李　静
　　责任印制　彭志环

◆ 人民邮电出版社出版发行　　北京市丰台区成寿寺路 11 号
　　邮编　100164　电子邮件　315@ptpress.com.cn
　　网址　http://www.ptpress.com.cn
　　北京七彩京通数码快印有限公司印刷

◆ 开本：787×1092　1/16
　　印张：23.5　　　　　　　2015 年 9 月第 1 版
　　字数：540 千字　　　　　2025 年 1 月北京第 26 次印刷

定价：89.00 元
读者服务热线：(010)53913866　印装质量热线：(010)81055316
反盗版热线：(010)81055315

推荐序

信息技术的飞跃发展，带来数据的爆炸式增长，以至于我们生活的这个时代被标记为"大数据时代"。大数据，是计算机和网络的应用到达巨量规模后的必然结果。大数据意味着前所未有的充分信息，它直观地揭示了事物的关联和规律，对人类社会有着巨大的价值。古往今来，人类有记录的历史只是沧海一粟，绝大部分人类活动的记忆都烟消云散。将大数据推向极致，就是世界上发生的一切都将永久留下时空痕迹，这是多么激动人心的变革啊！

大数据必不可少的条件是将数据存储下来，因而人们研究了各种存储原理、设备和系统，数据存储是大数据的基础性技术。随着数据的急剧增长，存储技术日新月异，在无数科技人员的努力下取得了巨大的进展。在短短几十年的时间内，单位体积的存储容量提高了上亿倍，真是令人赞叹！由于IT设施（包括服务器、网络和存储）向数据中心和云模式发展，存储设备的种类也越来越多，数量规模越来越大，其管理也越来越复杂，对数据中心的设计人员、运营管理人员的要求也越来越高。为了适应日益复杂的存储管理，需要深入了解存储技术，也必须了解存储与服务器及网络间的关系。因此，相关人员迫切需要一本深入讲解存储及管理的教材。

《信息存储与IT管理》正是针对相关科技人员和管理人员的迫切需要而及时推出的一本很具系统性和实用性的教材。作者在总结多年的研究成果和技术开发经验的基础上，首先从IT基础设施介绍出发，深入浅出地介绍了数据中心、存储与应用环境、服务器的基本概念和基本技术。在此基础上，逐章详细介绍了存储设备、存储阵列、SAN、IP-SAN、NAS及对象存储等主流存储技术。随后，又对存储虚拟化、备份及容灾等技术逐章详细讲解。最后，对大数据存储、云计算技术等新技术做了详细探讨。

此书的突出特点是理论与实践紧密结合，在每章的最后单独介绍与内容相对应的华为公司产品，将其作为范例从软硬件层面具体剖析，为读者提供了具体的实例和技术借鉴。相信这是一本适合数据管理与维护人员和IT行业管理人员理解和掌握信息存储与管理的不可多得的技术书籍，也是一本适合在校大学生和研究生学习和掌握数据存储与管理技术的好教材。

　　我相信，《信息存储与 IT 管理》一书通过对目前主流、广为业界接受和使用的信息存储与管理技术的深入介绍，对 IT 行业的从业人员与在校学生学习和掌握相关的技术将起到较大的帮助作用。祝愿每位读者都能通过本书掌握信息存储与管理的金钥匙！

华中科技大学计算机学院　教授
信息存储系统教育部重点实验室　主任
武汉光电国家实验室　副主任

前 言

本书内容组织

本书共分 16 章,采用了章、节、小节三级结构,分别对应了一级、二级、三级目录。

第 1 章:IT 基础设施

随着计算机技术的飞速发展,IT 基础设施得到了越来越多地关注。本章主要重点介绍 IT 基础设施,特别是核心的 IT 基础设施——数据中心。

第 2 章:存储与应用环境

本章针对存储与应用环境进行介绍。包括存储的 I/O 流程及网络存储技术,机械硬盘与固态硬盘的发展历史、结构、原理及特性,主机中与存储密切相关的组成部分,以及针对大数据应用,存储系统所面临的新的挑战。

第 3 章:服务器基础

服务器是整个 IT 系统的重要组成部分,随着技术的发展,服务器的相关技术也发生了巨大的变化。本章从服务器发展历史、服务器的功能与作用等方面入手,对服务器进行全面介绍,包括对服务器高级应用技术如双机热备、集群等功能进行描述。

第 4 章:RAID 技术及应用

单个磁盘的容量和性能非常有限,也不具备容错性,为了能够实现大规模存储设备并行,增强系统的容错能力,一种专用于磁盘资源整合和冗余保护的技术应运而生,这就是冗余磁盘阵列(Redundant Arrays of Independent Disks, RAID)。

本章从 RAID 的基本概念与技术原理、RAID 级别、RAID 中的数据保护技术、RAID 与 LUN 以及云计算和大数据时代 RAID 的发展趋势几个方面对 RAID 技术及应用进行介绍。

第 5 章:存储阵列技术及应用

存储阵列技术伴随着信息快速增长带来的数据爆炸而出现。在现代 IT 系统不断升级的今天,数据存储需求也在爆炸性增长,存储阵列设备已然成为了 IT 系统的核心组成部分之一。本章将从存储阵列系统的硬件组成出发,进而引出一系列存储阵列通用技术。最后,介绍华为 OceanStor 系列存储系统及其应用。

第 6 章:SAN 技术及应用

网络存储技术(Network Storage Technologies)是对于利用网络进行数据存储技术的统称。目前的网络存储结构大致分为三种:直接连接存储(Direct Attached Storage, DAS)、网络附加存储(Network Attached Storage, NAS)和存储区域网络(Storage Area Network, SAN)。其中,DAS 是最简单的一种结构,存储设备直接通过 SCSI 等总线与服务器相连。随着数据规模和数据流量的增加,DAS 技术已不能满足人们的需求。如今,SAN 和 NAS 是两种比较流行的技术。

本章主要介绍 SAN，包含原理、组成、常见应用场景和与其他存储形态的对比。

第 7 章：IP-SAN 技术及应用

IP-SAN 是近年来十分流行的一种网络存储技术。与上一章介绍的 FC-SAN 相比，IP-SAN 使用了发展成熟的 IP 网络，充分降低了总体拥有成本（total cost of ownership，TCO），受到许多客户的欢迎。

本章从 IP-SAN 的产生和发展开始，详细阐述了 IP-SAN 网络架构、组成部分、协议构成，iSCSI 协议技术细节等方面，同时还对比了几种 SAN 协议的特点。

第 8 章：NAS 技术及应用

本章主要介绍 NAS（Network Attached Storage，网络附加存储）的相关知识，包括 NAS 的基本概念、NAS 的演化和发展、NAS 的工作原理以及 NAS 的应用。

此外，结合前一章关于 SAN 的内容，对 NAS 和 SAN 进行比较与总结，并在最后对华为的相关产品进行介绍。

第 9 章：对象存储

对象存储是一种基于对象的存储技术。与传统意义上的提供面向块（block-oriented）接口的磁盘存储系统不同，对象存储系统将数据封装到大小可变的"容器"中，称为对象（Object），通过对对象进行操作使系统工作在一个更高的层级中。

对象存储综合了 NAS 和 SAN 的优点，同时具有 SAN 的高速访问和 NAS 的数据共享等优势。本章主要对对象存储技术进行介绍，包括对象存储技术的概念、发展、基本原理与实现，并与 SAN、NAS 技术进行了对比，同时还介绍了华为公司海量存储系统。

第 10 章：存储虚拟化技术及应用

虚拟化是一个涵盖范围非常广泛的概念，它的存在，往往是出于简化管理、优化资源使用的目的。简单而言，虚拟化即是通过一个软件抽象层，将硬件平台划分为一个或多个虚拟机，每个虚拟机都与下层硬件足够相似，可以无差别地支持软件运行。本章将主要介绍虚拟化的概念、发展历程、前景和趋势。同时，对虚拟化技术做了简单地分类。之后详细系统地介绍存储虚拟化的技术细节。

第 11 章：备份与恢复

随着计算机技术在商业系统中的普及以及大量应用系统的上线，企业的信息安全重要性日益凸显。但作为信息安全的一个重要内容，数据备份的重要性却往往被忽视。

本章详细介绍备份的基础概念、备份的拓扑结构、策略的制定、技术分类及备份方案优化技术。本章的最后将会介绍备份系统在华为产品中的实现与应用。

第 12 章：容灾及应用

容灾系统是指在相隔较远的异地，建立两套或多套功能相同的 IT 系统，互相之间可以进行健康状态监视和功能切换。容灾技术是系统高可用性技术的一个组成部分，容灾系统更加强调处理外界环境对系统的影响，特别是灾难性事件对整个 IT 节点的影响，提供节点级别的系统恢复功能。

本章介绍容灾的定义、容灾的关键指标 RPO 与 RTO、容灾的类型以及企业基于 RPO 和 RTO 的要求所实施的灾难恢复数据保护策略。在这之后，介绍近年来被充分运用于容灾的三种技术：快照技术、镜像技术以及复制技术，并介绍容灾系统基于这三种技术的实现方式。在本章的结尾，介绍华为在容灾方案方面的相关技术与产品。

第 13 章：大数据存储概论

本章首先介绍大数据的概念，说明大数据的由来、发展历程、应用及前景。之后着重介绍关于大数据存储相关的一些基本概念和技术。最后，介绍华为在大数据存储方向上的相关产品和解决方案。

第 14 章：云计算基础

在日常生活当中，水、电、煤气等都是必不可少的一部分，这些资源是生产厂家集中生产提供给我们使用的，这种模式可以极大地节约资源，方便我们的生活。如今，计算机几乎也成为了人们生活当中必不可少的一部分，因此，人们希望这种模式能够在计算机上使用，这样就有了云计算（Cloud Computing）。

本章介绍云计算的基础知识，包括云计算的产生与发展、云计算概念、云计算模式、云计算应用和云计算产品等相关内容。

第 15 章：数据中心方案

本章主要介绍数据中心的发展历史及其产生意义，以及随着云计算浪潮和大数据时代的来临，传统的数据中心向云数据中心演进的过程。最后介绍了华为推出的众多数据中心解决方案。

第 16 章：IT 运维管理

本章主要介绍 IT 运维管理的相关知识，包括 IT 运维管理的基本概念、IT 运维管理现今的局面和面临的挑战、IT 数据中心统一运维管理的标准和实现，以及华为 ICT 管理的实现与应用。

适用读者对象

本书是一本针对存储领域的科技人员和管理人员推出的很具系统性和实用性的教材。本书的突出特点是理论与实践紧密结合，在理论基础之上，为读者提供了具体的应用实例，是 ICT 从业人员掌握信息存储与管理的技术书籍，同时也适合作为高校开设数据存储相关课程的配套教材。

本书作者

主　　编：吴晨涛

编委人员：章雍哲　孟晓东　冯　博　黄洵松　蒋妍冰　杜丛晋　余　雷　张　博
　　　　　瞿柏清　代锦秀

审稿人：秦　烜　王　静　许一震　孙吉峰　苏忠彦　张雪梅　高晓明　刘晓荣
　　　　游志红　刘文映　郑　巍　张　伟　张　亮　董　挺　胡春花　李　锋

作者简介

吴晨涛，双博士，上海交通大学计算机科学与工程系副研究员，硕士生导师。2010年获华中科技大学计算机系统结构博士学位，2012年获美国弗吉尼亚联邦（州立）大学（Virginia Commonwealth University）博士学位并获得杰出研究奖（Outstanding Research Assistantship Award）。现为中国计算机学会信息存储专业委员会委员、体系结构专业委员会委员，上海市计算机学会存储专业委员会委员、体系结构专业委员会委员。主持和参与多项国家自然科学基金、国家 973 计划、国家 863 计划、美国自然科学基金（NSF）项目，在 IEEE Transactions on Parallel and Distributed Systems (TPDS)、International Conference on Dependable Systems and Networks (DSN)、International Parallel and Distributed Processing Symposium (IPDPS)、International Symposium on Reliable Distributed Systems (SRDS)、International Conference on Parallel Processing (ICPP) 等国际知名会议期刊上发表论文 20 多篇。

目 录

第1章
IT基础设施

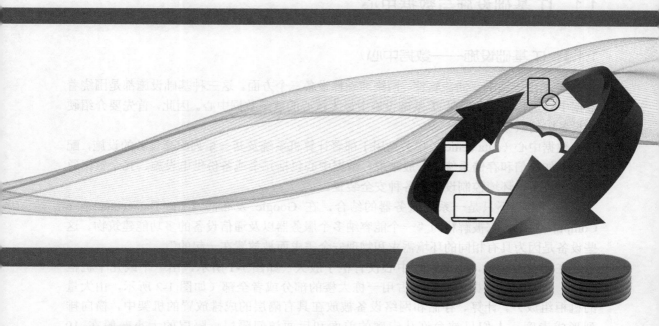

关于本章

随着计算机技术的飞速发展，IT基础设施受到了越来越多的关注。本章主要重点介绍IT基础设施，特别是核心的IT基础设施——数据中心。第一节主要详细介绍数据中心的发展史、架构、对数据中心的要求和数据中心各个组成部分在整体中发挥的作用。第二节重点讲述云计算数据中心及其未来的发展趋势，以及存储、服务器、云计算技术、数据中心在ICT背景下的需求和应用。

1.1　IT 基础设施与数据中心

1.1.1　IT 基础设施——数据中心

IT 基础设施主要涵盖软件、网络和硬件设备三个方面。这三种基础设施都是围绕着数据中心进行部署的，在 IT 基础设施中最为核心的就是数据中心。因此，首先要介绍硬件设备中的数据中心。

数据中心（data center）指的是用于部署计算机系统及其一系列配套设备的设施，配套设备如通信和存储系统。一般来说，数据中心包括冗余或备份供电设施、冗余数据通信连接设备、环境控制设备和各种安全装置。

数据中心不只是一系列服务器的结合，在 Google 发布的《The Datacenter as a Computer》中，它被解释为"一个能容纳多个服务器以及通信设备的多功能建筑物。这些设备是因为具有相同的环境需求和物理安全需求而被放置在一起的"。

在现实生活中，小型数据中心仅有柜子般大（如图 1-1 所示，由一个或几个机柜组成），而大型数据中心将会占用一栋大楼的部分或者全部（如图 1-2 所示，由大量的机柜组成）。计算、存储和网络设备被放在具有隔层的成排放置的机架中，横向排列形成走廊，人们只被允许从走廊的前面和后面访问隔层，隔层的大小一般在 19 英寸。

图 1-1　小型数据中心

图 1-2　大型数据中心

同时，随着科技的发展，一些云端计算公司还开发了流动数据中心（portable data center），如图 1-3 所示。这种类型的数据中心可以使用集装箱来放置并且搬运和安装快速。

图 1-3　华为集装箱数据中心

目前，我国有 9 个世界级数据中心（world data center），它们分别是海洋学科数据中心、地震学科数据中心、地质学科数据中心、空间学科数据中心、天文学科数据中心、气象学科数据中心、冰川学科数据中心、资源环境学科数据中心和地球物理学科数据中心。

第 15 章将对数据中心进行详细介绍。

1.1.2　数据中心的物理环境需求

数据中心对物理环境有着极其严格的要求。

（1）温度和湿度。数据中心的建议温度为 20℃～25℃。因为设备在运行时产生大量的热会加热数据中心里的空气，如果这些热量不能及时释放，环境温度就会持续上升，将会造成设备及其他部件发生故障。建议湿度为 40%～55%。如果湿度过高，水蒸气在内部组件上凝结；湿度过低会导致空气干燥，进而会对设备产生静电影响，这两种情况都会使设备发生故障甚至损坏。

（2）距离地面高度。一般来说，数据中心的地面使用由 60cm 高的可拆卸方块砖组成的架空地板。一方面，升高的空间可以更好地保证空气流通；另一方面，这部分空间也为供电设施提供了足够的物理空间。

（3）配套设备。数据中心需要安装烟雾探测器，在燃烧产生明火之前提前发现火情，在火势增大之前切断电源，使用灭火器自动灭火。数据中心中不能使用自动喷水灭火装置，因为电子元器件遇水后很容易发生故障，特别是在电源未切断的情况下。数据中心中还应该安装防火墙，发生火灾时将火源控制在局部范围内，降低火灾损失。

（4）在数据中心中需要控制污染物进入。机房内不能有危害设备的腐蚀性气体和易燃易爆物品。

（5）数据中心的磁场干扰需要控制在安全范围内。

（6）数据中心的电场干扰、噪音、照度（单位面积上所接受可见光的能量）也要严格控制。

只有满足了上述这些要求，数据中心才能正常运转，为企业和组织提供服务。

1.1.3　数据中心的发展和趋势

早期的计算机系统通常操作以及维护起来都需要许多复杂的过程，所以需要一个特殊的环境来实施这些操作。特殊的环境包括安放设备的专用支架、抬高的地板和集成电缆的设备。早期的计算机还需要大量的电源，所以冷却设备是必不可少的；同时，当时的计算机是非常昂贵的物件并常常用在军事领域，所以需要控制计算机的访问权限。这一系列的方针举措可以说是现在数据中心产生的根源。

随着计算机领域和信息技术的不断发展壮大，人们意识到 IT 基础设施的重要性。在 20 世纪 90 年代微型机出现之后，一些公司开始在一个房间内，使用分层设计来放置服务器，构成一个集合，这种方式在日后流行起来并被不断地学习和借鉴。

由于数据中心可以提供商业上的系统部署和操作，于是许多公司开始建立规模庞大的设备群，成立自己的数据中心。从 2007 年开始，数据中心的设计、构建和运作成为了普遍的趋势。

但是当今的数据中心对物理环境有着非常严苛的需求，由此我们不难看出现今的数据中心需要消耗大量的资源来维持自身的正常运转，公司需要为这些消耗产生的费用买单，这大大增加了运营成本。所以，现在数据中心的发展趋势是向绿色数据中心和多层次混合数据中心转变。

1.1.4　大数据时代对数据中心的要求

数据中心的基本设计理念是为了实现对物理设备和项目的静态资源管理和供应。它主要有 3 个特点。

（1）静态的物理资源管理系统是其最主要的特点。在数据中心设计者眼中它就是物理设备孤立堆砌的产物。

（2）数据中心静态的工作负载管理。这样的管理方式加上资源的相对孤立，导致了数据中心资源利用效率低下的问题。

（3）基础设施的静态耦合。它降低了数据中心的灵活性，使数据中心很难做任何改变。

当前已进入了大数据时代。通常意义的大数据是指所涉及的数据规模巨大到无法通过目前传统的软件工具，在适当时间内完成采集、分析和管理的海量数据集。在大数据时代，人们对数据中心的需求越来越高。

首先，数据中心要具备极强的灵活性。这意味这数据中心应该有足够的可调整空间来存放新的服务器、存储设备、基础设施设备，并且能满足不同的功率和计算要求。

例如，数据中心需要有高密度的特性。这要求数据中心合理优化服务器设备在机架中的布局以及空调设备布局，以达到高效供电和高效散热的目的；优化供电设施，给机架适度足够的电力，以满足高密度计算的需要；优化散热制冷系统，以避免高热量对设备造成的损坏。

其次，需要建设绿色的数据中心。要让运营成本大部分集中在 IT 负荷上，而不是供电和散热系统等基础设施。这可以大大节约电力消耗，提高社会能源的利用率。

最后，数据中心需要有优秀的可靠性。关键数据在数据中心中一定要绝对安全，这样才能保证企业和社会的稳定运转。

1.1.5　存储在数据中心的作用

下面简单介绍存储在数据中心中的作用，其中最重要的作用是存储区域网络。

存储区域网络（storage area network，SAN）通过特定的互连方式连接的若干台存储服务器组成一个单独的数据网络，提供企业级的数据存储服务，如图 1-4 所示。SAN 是一种特殊的高速网络，连接网络服务器和诸如大磁盘阵列或备份磁带库的存储设备。它使用局域网（LAN）和广域网（WAN）中类似的单元，实现存储设备和服务器之间的互连。利用 SAN，不仅可以提供大容量的数据存储，而且地域上可以分散，并缓解了大量数据传输对于局域网的影响。SAN 的结构允许任何服务器连接到任何存储阵列，不管数据置放在哪里，服务器都可直接存取所需的数据。同时，SAN 网络部署容易、存储带宽高、扩展能力强，有助于数据中心建立高效的数据和信息管理。

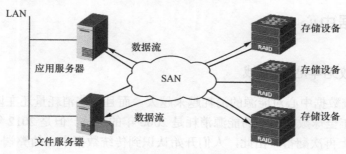

图 1-4　SAN 存储构造

现在，在数据中心领域中还出现了存储虚拟化的技术。存储虚拟化（storage virtualization）就是对存储硬件资源进行抽象化变现。通过将多个服务或功能与其他的附加功能集成，统一提供有用的全面功能服务。存储虚拟化可以在优化资源利用、提升数据移动性的同时，帮助数据中心大幅提升整体架构的效率并极大节约成本。

1.1.6　服务器在数据中心的作用

服务器是指网络环境中的高性能计算机，它侦听客户机提交的服务请求并提供相应的服务，如图 1-5 所示。

服务器的结构与普通桌面 PC 相似，由主板、处理器、硬盘、内存、系统总线等组成，不过它们是针对具体的应用特别定制的。随着信息技术的进步，网络的作用越来越明显，对信息系统数据的处理能力、安全性等方面的要求也越来越高，因而服务器与普通桌面计算机在处理能力、稳定性、可靠性、安全性、可扩展性、可管理性等方面存在很大差异。

RH5885 V2（4-sockets）

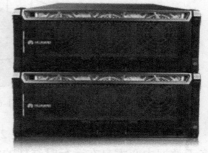

RH5885 V2（8-sockets）

图 1-5　服务器

服务器在数据中心的作用就是作为用户访问数据中心的媒介，提供数据共享的服务。高密度、低耗能的服务器可以在数据中心中发挥巨大作用。

1.1.7　网络在数据中心的作用

根据定义，网络是由节点和连线构成的，表示为一些对象及其相互联系的概念。在计算机领域中，网络是信息传输、接收、共享的虚拟平台。网络将把各个点、面、体的信息联系到一起，从而实现资源的共享。

数据中心不仅是一个服务概念，它还是一个网络概念，需要提供高速传输服务和高速接入服务。数据中心通过提供给用户综合全面的解决方案，为政府和企业提供专业服务，使得企业和个人能迅速借助网络开展业务。由此可见，网络在数据中心中起着至关重要的作用，甚至现在还有一类数据中心被称为网络数据中心（Internet data center）。

1.2　云数据中心

1.2.1　传统数据中心的挑战

现今，传统数据中心对能源的消耗越来越大。而且这些消耗量还在以惊人的速度不断增长。2006 年全球数据中心的能源消耗是 2000 年的两倍。但是 2012 年，这一总量在 2006 年的基础上再次翻番。由此，人们开始认识到传统数据中心的弊端——高能耗。

1. 高能耗

在数据中心领域中，存在一个衡量数据中心效率的值——数据中心总设备能耗/IT 设备能耗（power usage effectiveness，PUE）。这个值代表数据中心消耗的所有能源与 IT 负载使用能源的比值。所有能源即是数据中心总共消耗的能源，IT 负载使用的能源可以宽泛地理解为数据中心在做它自己分内的事情时消耗的能源，那其他的能源是什么地方消耗的呢？这个问题是显而易见的，数据中心中存在着数目庞大的基础配套设施来维持它的稳定运转，剩下的能源便是这部分的设施所消耗的，如图 1-6 所示。

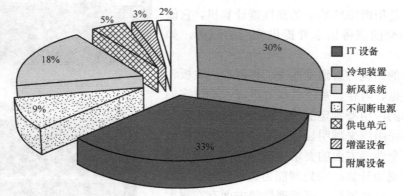

图 1-6　传统数据中心能耗比例

大部分数据中心的 PUE 值在 2.5～3，这意味着这些数据中心的配套设施消耗的能源多于数据中心本身在运行时消耗的能源，这是十分惊人的；而高水平的数据中心的 PUE 值都普遍被控制在 2 以下，虽然相比来说优秀许多，但资源的消耗仍然是可观的。

传统数据中心高能耗的问题也为使用数据中心的企业带来了不小的麻烦，而这也成了传统数据中心第二个被人诟病的地方——高运营成本。

2. 高运营成本

在数据量飞速增长的今天，传统数据中心的服务器不断增加，数据中心机房的规模在不断扩大，因为高密度的服务器布局产生大量的热，空调的数量要不断增多，制冷效果要不断加强，带来了用电量不断增加的问题。这使得传统数据中心的运营成本直线上升，影响企业的资金周转。

在国内，不少企业的数据中心电力成本每年需要几百万元、几千万元，更有甚者，运营成本超过了一亿元。这大大影响了企业的正常运作，甚至有可能导致企业破产倒闭。一些企业的数据中心已经陷入了成本危机，电费高昂，配套设施冷却能力不足，无法满足服务器和存储设备的需要；另一方面，没有足够的空间和场地来增长 IT 基础设施的容量。

3. 低可用性

高能耗不但带来了高运营成本，在某种程度上，它还降低了传统数据中心的可用性。在中国的一些地区，人口密集，用电量巨大，而地区却没有足够的供电能力。于是，为了保障人们的正常生活秩序，这些地方的企业面临着用电方面的制约和限制。由于数据中心高能耗的问题没有解决，数据中心就可能停止运作，同时新的数据中心也没有办法建立。这会对企业造成不可弥补的损失。

4. 高物理环境要求

接着，传统数据中心的问题还体现在它会轻易地被物理环境左右。传统数据中心的整体布局和制冷系统的配备一旦不合理，便会导致数据中心总体资源利用率下降和产生局部过热，影响稳定运作，国内一些数据中心机房的温度甚至可以达到 40℃左右。此外，布局不合理，胡乱布放电源线缆，缺少保障电源配备使得传统数据中心的安全运行也成为一个大问题。

5. 使用效率低下

传统数据中心的使用效率问题也一直困扰着人们。据调查得知，大部分传统数据中心中的服务器和网络设备的利用率仅仅为 24%～30%，有一些数据中心的 CPU 利用率和硬盘利用率都在 10%以下，这也是传统数据中心高耗能的原因，资源利用率实在是太过低下。

6. 高废气排放

电子设备造成的环境污染不容小觑。据 EPA 统计，2012 年仅美国地区就生产了3 412 万吨电子垃圾；而据 Gartner 2007 年统计，全球信息技术工业二氧化碳排放量相当于全球总量的 2%，与整个航空工业的二氧化碳排放量相等。解决传统数据中心存在的高污染以及高二氧化碳排放成为了企业必须肩负的社会责任。但是，大部分企业没有能力解决这一问题，因为这是传统数据中心本身结构的问题。

现在，传统数据中心中存在的问题非常严重，是时候改变了。

1.2.2　云数据中心的主要架构

传统数据中心存在的种种问题，使其很难满足企业对最优资源的调度部署，以及提升管理效率的要求，并存在安全性、稳定性以及维护成本等问题。对于企业而言，如何让数据中心变得更加灵活，同时降低能耗与运营成本，已经变成了发展过程中面临的重大难题。云数据中心的出现无疑是一个新的进展。

云数据中心可以定义为管理平台采用云架构的数据中心。首先，我们要了解云计算。

云计算是将计算任务分配在由众多信息设备构成的云（资源池）上，使系统可以获取相对廉价的信息服务以及计算和存储空间的计算模型。

云计算数据中心是一种基于云计算架构的，计算、存储及网络资源松耦合，完全虚拟化各种 IT 设备、模块化程度较高、自动化程度较高、具备较高绿色节能程度的新型数据中心。

云数据中心的特点首先是高度的虚拟化，这其中包括服务器、存储、网络、应用等虚拟化，这使用户可以按需调用各种资源；其次是自动化管理程度，包括对物理服务器、虚拟服务器的管理，对相关业务的自动化流程管理、对客户服务的收费等自动化管理；最后是绿色节能，云计算数据中心在各方面符合绿色节能标准，一般 PUE 值不超过 1.5。

除了高度的虚拟化等特征，云计算中心还在日益发展中引进了许多新技术和新产品，如低功耗 CPU、固态硬盘等。

接下来要介绍云数据中心的主要架构。

1. 云数据中心的主机系统架构

云计算的核心是集中的计算力和规模性突破。云数据中心的硬件和基础架构取决于它对外提供的计算力。从客户的需求来看，云数据中心需要采用三层架构。第一层是高性能、稳定可靠的高端计算，用于处理包括对外的数据库、商务智能数据挖掘等关键服务的计算。第二层一般采用高密度、低成本的集成服务器，用于面向众多普通应用的通用性计算，提供低成本计算的解决方案。这类的计算对硬件的要求不高，所以一般采用上述服务器来节约成本。第三层是以高性能集群作为硬件基础的服务器，面向科学计算等业务，需要提供百万亿、千万亿次计算能力的高性能计算。

2. 云数据中心的网络架构

云数据中心的网络系统总体规划应该坚持区域化、层次化、模块化的理念，这使得网络层次更加清楚，功能更加明确。数据中心网络可以从以下几个方面进行规划。

按照网络结构中设备不同的作用，可以把网络系统划分为核心层、汇聚层和接入层。核心层的功能主要是实现骨干网络之间的优化传输，是所有流量的最终承受者和汇聚者。汇聚层可以连接接入层的节点和核心层的中心。而接入层是最终用户与网络的接口，提供即插即用的特性。

按照业务性质和用户的不同，网络系统可以划分为内部核心网、远程业务专网、公共服务网等区域。

从网络服务的数据应用业务的独立性，网络系统划分为存储区、应用业务区、前置区、系统管理区、托管区、外联网络接入区、内部网络接入区。

3. 云数据中心的存储系统架构

在云平台中，要如何放置数据是一个十分重要的问题。在使用过程中，数据需要被分配到多个节点的多个磁盘中，而现今能够达到这个目的的存储技术只有两种，SAN（存储区域网络）系统和集群文件系统。

4. 云数据中心应用平台架构

云数据中心应用平台采用面向服务架构（service-oriented architecture，SOA）的方式，因为应用平台为部署和运行系统提供所需的基础设施资源，所以应用开发人员无需关心应用的底层硬件和应用的基础设施，并且可以根据应用需求动态扩展应用系统所需的资源。

此外还有一种方法把云数据中心的构成更直观地划分成如图 1-7 所示的架构。

图 1-7 云数据中心架构

这种云计算架构分为服务和管理两大部分。在服务方面,以提供用户各种基于云的服务为主,共包含 3 个层次。

(1)软件即服务(software as a service,SaaS)。SaaS 是一种通过互联网提供软件服务的应用模式。提供商为用户搭建所需要的所有网络基础设施以及软硬件运作平台,而用户只需要通过互联网便可使用此服务。浏览器就是一种典型的软件,即服务的例子。

(2)平台即服务(platform as a service,PaaS)。PaaS 是把相应的服务器平台或者开发环境作为一种服务来提供的商业模式。它与 SaaS 最大的区别就是用户能控制应用程序,以及运行应用程序的环境。

(3)基础设施即服务(infrastructure as a service,IaaS)。IaaS 是一种提供给用户对所有设施使用权力的服务。用户能够部署和运行任意软件,包括操作系统和应用程序。

在管理方面,以云管理层为核心确保云计算数据中心的有效管理和安全稳定运行。

1.2.3 信息技术与通信技术融合

在信息技术与通信技术融合的过程中,运营商需要建立数据中心,满足从传统的基础网络运营商转型为综合信息服务提供商的需求。

21 世纪初,八国集团在冲绳发表的《全球信息社会冲绳宪章》中提到:“信息通信技术(ICT)是 21 世纪社会发展最强有力的动力之一,并将迅速成为世界经济增长的重要动力。”

虽然 ICT 看似是信息(information)、通信(communication)和技术(technology)3 个词的英文单词的词头组合,但它其实是由信息技术(information technology)与通信技术（communication technology）相融合而成的一个新概念。

ICT 经常被用来指代一种扩展的 IT 概念，但它是一个强调了通信、集成电话通信、计算机以及必要的企业软件、中间设备、储存和多媒体系统的更加具体的概念。它可以帮助用户得到、储存、转移和处理信息。

ICT 这个词最早是在 20 世纪 80 年代的学术研究中被提出，但是它真正进入公众视野则是在 1997 年的英国政府报告以及 2000 年英国、威尔士、北爱尔兰的国民教育课程中。

1.2.4 服务器在 ICT 背景下的主要需求和应用场景

在 ICT 背景下，对服务器的需求就是结构简单、运行稳定、高效率、高扩展性、硬件共享，并能达到节能、降耗、降低成本的目的。

典型的服务器有以下几种。

华为 Tecal X8000 高密度机柜服务器，融高密度、节能、易维护、多应用等特点于一身，是数据中心建设的理想选择，如图 1-8 所示。

IBM 推出的高密度架构服务器，采用 NeXtScale System，可以安置三倍于以前的处理器内核。

Facebook 的新型数据中心，采用开放服务器模型，裁剪一切多余部件，去掉塑料前面板、金属顶壳、多余插槽、外设、USB 控制器，以及液晶面板等一切对效率没有贡献的组件。

图 1-8　华为 Tecal X8000 服务器

美国超微公司的 FatTwin 服务器，拥有适用于大规模数据中心和云计算部署的高性能双处理器 8 节点/4U 热插拔节点配置。采用气流优化设计，在 35℃时能提供最高性能，减少空调能耗，进而节约成本。

1.2.5 存储在 ICT 背景下的主要需求和应用场景

企业及互联网数据以每年 50%的速率在增长，新增数据中多数为非结构化数据（如办公文档、文本、图片、HTML、报表、图像、音频、视频等），如何从数量庞大且杂乱无章的非结构化数据中迅速提取有价值的信息，形成商业决策成为各类型企业生存的基础。数据持续增长以及数据应用的一个主要特点是实时性或者近实时性。因此，高性能、高吞吐率、大容量的基础存储设备更符合企业和互联网的需求。在云时代，数据中心储存着众多用户的数据，因此，存储系统的安全性就显得尤为重要。其次，在 ICT 背景下，存储系统需要有极强的兼容性，因为用户的操作系统各不相同，要加强用户体验就一定要加强存储的兼容性。

典型存储介质有以下几种。

固态硬盘（solid state drive，SSD）如图 1-9 所示。SSD 可以在相同的能耗下完成更多的工作，一块 3.5 英寸，15 000 转/秒转速的硬盘在工作时会消耗 14～19W 的电力而在空闲和会消耗 8～14W 的电力。但是一块 SSD 在工作时只会消耗 1～8W 的电力，在空闲时消耗不到 0.5W。SSD 可以在很大程度上降低能耗，使数据中心更加环境友好，符合社会的发展需要。

图 1-9　SSD 固态硬盘

1.2.6　云计算在 ICT 背景下的主要需求和应用场景

在 ICT 背景下，对云计算的需求因企业的不同而不尽相同，根据用户的不同需求可以分为公有云、私有云和混合云几种类型。

典型的云计算解决方案有以下几种。

华为 FusionManager 云管理系统（见图 1-10）可以对计算、网络和存储等虚拟资源进行集中调度和管理，进而提升运维效率，缩短业务部署时间，保证系统的安全性和可靠性，帮助运营商和企业构筑安全、绿色、节能的云数据中心。

图 1-10　华为 FusionManager 云管理系统

谷歌拥有庞大的数据中心和创新的网络服务，但是谷歌不提供具体的 IT 产品。因为谷歌的主打业务是搜索和广告，同时也为消费者提供一些云服务。要用谷歌的云服务，用户必须把自己的信息和数据放在谷歌的云中才可以。因此，要使用谷歌的云计算，用户必须将自己的需求或服务融合到谷歌的系统和服务内才能使用。

IBM 的云服务 CloudBurst 由 Power 服务器、处理器内核、虚拟机、CloudBurst 软件和 VMware ESXi 内置管理程序组成，IBM 云计算的目标是针对在 X64 服务器上运行的特殊工作负载，普及它们的 Power 处理器和大型机系统。

微软在传统操作系统和开发工具方面具有极强的影响力，比如拥有成熟的 Windows

操作系统、已达大规模商用的 Hyper-V 虚拟化产品和用户熟悉的.NET 技术架构，等等。同时，微软在在线运营方面也积累了大量的服务运营经验，早已形成 Live Messenger、MSN、Hotmail 等明星产品。因此，微软云计算不仅在用户端有很丰富的体验，在云端还可以为客户提供很丰富的体验。而客户如果选择微软的云服务，微软就允许用户有自己的云，或者让用户使用微软合作伙伴提供的云服务，让客户来使用微软的公共云。总之，微软采用的是一种混合的方式，给拥护自己选择的权利。

1.2.7　数据中心在 ICT 背景下的主要需求和应用场景

在 ICT 背景下，数据中心要求具有高密度、高灵活性、高可靠性、绿色环保的特点。因为传统数据中心无法满足新一代越来越高密度的 IT 设备对电源和制冷的要求，大多数机房没有更多的空间来放置新服务器、存储设备和基础设施设备；而能源成本占数据中心运营成本的比例越来越高，只有低于一半的电力用于 IT 负荷，其余的电力则用于供电和散热系统等基础设施；关键数据的安全对全球经济的影响越来越大。

典型的数据中心方案有以下几种。

（1）为适应不同企业需求，华为推出了小、中、大 3 种模块化数据中心，如图 1-11 所示。这些数据中心采用 all-in-room 一体化集成方案，具有高密模块化、高可靠性和安全性、快速灵活部署、简单低耗、监控完善等优点。

图 1-11　华为中型模块化数据中心

（2）英特尔重塑数据中心：随着快速交付服务、大量数据增长以及追求更低成本等需求和压力的不断增长，服务器、网络和存储基础设施正在通过自身的不断完善来更好地适应日益多样化的工作负载。英特尔通过全新针对冷数据存储、微型服务器及入门级网络等特定工作负载优化的技术，帮助云服务提供商从规模更小、能效更高的处理中获益，并为客户和企业提供出色的体验。

（3）赛门铁克数据中心转型：赛门铁克希望在数据中心架构上进行一场革命。传统的 IT 最底层是存储、服务器、中间件、安全应用，赛门铁克想要打破这样的模式为用户带来更新的技术。

1.3　本章总结

本章从数据中心开始介绍 IT 基础设施。在传统数据中心一节中，详细阐释了传统数据中心的构成、产生及发展过程。第二节介绍了云计算数据中心这一新概念，详细比较了其对于传统数据中心的优势并描绘了这一技术的未来发展方向。读者学完本章后，应该对以下概念有清楚的认识。

- 数据中心的定义以及其构成。
- 存储、服务器、网络在数据中心中的作用。
- 云数据中心的产生背景和发展前景。
- 云数据中心的架构。

1.4　练习题

一、选择题

1. 现今对数据中心的需求不包括以下选项中的（　　）。

　　A．高密度　　　　　B．高延伸性　　　　　C．高度结构化　　　　D．高灵活性

答案（C）

2. 传统数据中心的组成中，不包含以下选项中的（　　）。

　　A．计算机系统　　　B．监控设备　　　　　C．存储系统　　　　　D．排污系统

答案（D）

3. 在现实生活中，数据中心可以是（　　）。

　　A．集装箱　　　　　B．大楼　　　　　　　C．房间　　　　　　　D．纸盒

答案（ABC）

4. 以下（　　）选项不是传统数据中心的弊端。

　　A．高耗能　　　　　B．高成本　　　　　　C．利用率低下　　　　D．不稳定

答案（D）

二、简答题

在 ICT 背景下，对存储、服务器、云计算、数据中心提出了怎样的要求？存储、服务器、云计算、数据中心达到要求之后的益处是什么？

第2章
存储与应用环境

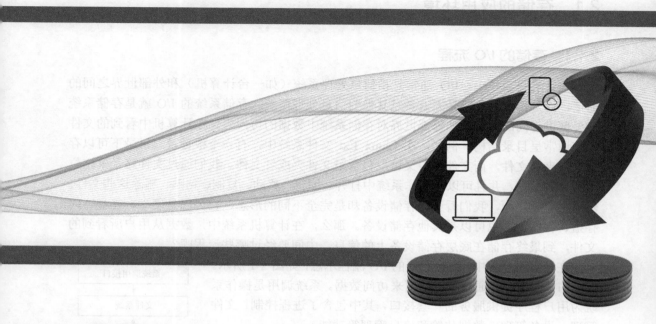

关于本章

本章针对存储与应用环境进行介绍。第一节介绍存储的I/O流程及网络存储技术；第二节详细阐述两种最重要的存储介质——机械硬盘与固态硬盘的发展历史、结构、原理及特性；第三节介绍主机中与存储密切相关的组成部分；最后一节结合当下非常热的大数据应用，介绍存储系统面临的新挑战。

2.1　存储的应用环境

2.1.1　存储的 I/O 流程

在计算机系统中，I/O 通常是指信息处理系统（如一台计算机）和外部世界之间的通信，而外部世界可以是人或者是其他的信息处理系统。存储系统的 I/O 就是存储系统与外部世界间的通信，如外部世界对存储系统中数据的访问等。在计算机中看到的文件系统通常呈目录结构。例如，在 Linux Ext 文件系统中，有一个根目录，目录下可以存放文件夹和文件，而文件夹中又可以包含子文件夹或者文件。我们通过文件路径来定位所需要的数据，并且可以在操作系统中打开、编辑、移动、复制、粘贴、删除这些文件。然而在物理层面，我们看到的存储设备却是完全不同的形态，它可以是硬盘、光盘、闪存盘、存储卡，也可以是其他存储设备。那么，在计算机系统中，数据从用户所看到的文件，到最终存储在底层存储设备上的信息，中间要经过哪些流程呢？

在计算机系统中，数据存储的 I/O 流程示意，如图 2-1 所示。

（1）应用程序通过系统调用来访问数据。系统调用是操作系统为用户程序提供服务的一套接口，其中包含了进程控制、文件管理、设备管理、数据传输和信息管理等功能。

（2）由文件系统处理数据请求。文件系统负责将文件以某种特定的方式存放在磁盘的数据块上。当它收到操作系统发来的文件读写请求时，便将请求转化为对磁盘上数据块的读写操作。需要注意的是，文件系统下的磁盘通常是指逻辑卷，这是一种将物理设备逻辑分区后产生的一块虚拟磁盘，这块虚拟磁盘上的地址到实际物理设备上地址的映射，是通过逻辑卷管理器来维护的。因此，对逻辑卷上数据块的操作，再经过逻辑卷管理器处理，转化为真实物理设备上的数据块操作。

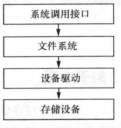

图 2-1　存储的 I/O 流程

（3）驱动程序负责从物理设备读写数据。由于真实的物理设备千差万别，操作系统无法预先知道如何操作每一个设备，因此，这些设备接入计算机时，需要安装一个特殊的程序——驱动程序，这个程序运行在操作系统上，专门负责与相应的设备进行交互。当操作系统想要在一个物理存储设备上读写一个数据块时，它将请求交给该设备的驱动程序，由驱动程序来控制存储设备完成剩余的工作，从存储设备指定位置上读取数据，或者将数据写入设备的指定位置。

2.1.2　网络存储技术

在数据爆炸式增长的信息时代，传统存储系统由于其容量、访问速度、处理速度等限制，无法满足数据密集型应用的需求。传统的存储环境是单机存储系统。单机存储的个人计算机或服务器，往往采取硬盘等存储设备内置的方案。面对庞大的用户量和数据量，单机存储系统存在着天然的扩展瓶颈，也不利于数据的共享。尽管摩尔定律告诉我们，在价格不变的情况下，硬件性能每隔 18 个月便会提升一倍。但存储技术的横向扩展，显然要比纵向扩展容易得多。因此，构建基于网络的存储系统，成为人们广泛而迫切的需求。

网络存储技术（network storage technologies）是对基于网络进行存储的技术统称。一个抽象的网络存储系统通常具有如图 2-2 所示的结构。

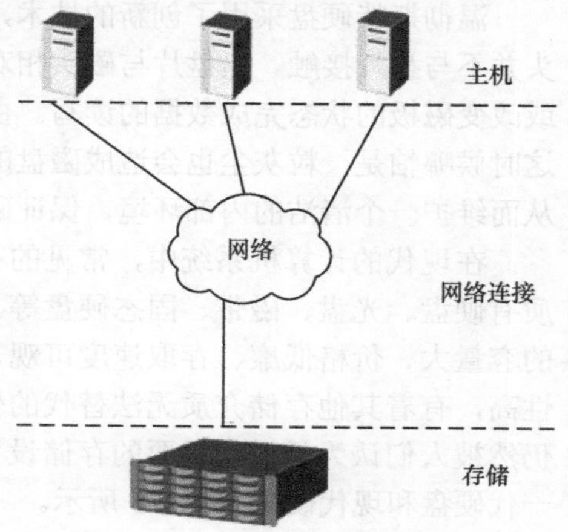

在网络存储系统中，通过网络将存储设备与主机连接。根据所用网络的不同，网络存储结构大致分为以下 3 种类型。

（1）直连式存储（direct attached storage，DAS）：存储设备直接通过总线或电缆连接到服务器。

（2）存储区域网络（storage area network，SAN）：它是一种通过光纤集线器、光纤路由器、光纤交换机等连接设备将磁盘阵列、磁带等存储设备与相关服务器连接起来的高速专用子网。

（3）网络附加存储（network attached storage，NAS）：将存储设备通过以太网络拓扑结构连接到服务器上，实现文件级别的共享。

图 2-2　网络存储系统

第 6 章将对网络存储技术进行详细介绍。

2.2　存储设备

在计算机发展的历史中，出现了许多种存储介质，如半导体、软盘、磁带、硬盘、光盘等。这些存储介质被制作成各种各样的存储设备，用于持久地存储信息。机械硬盘和固态硬盘是其中最为常见和重要的两种存储设备，它们被广泛使用在现在的计算机系统中。本节将详细介绍这两种存储设备的发展历史、结构、原理、特性以及性能指标。

2.2.1　机械硬盘

1. 机械硬盘的产生、发展和趋势

机械硬盘（hard disk drive，HDD）的历史始于 1956 年，这一年，世界上第一个磁盘存储系统 IBM 305 RAMAC 由 IBM 公司发明，它拥有 50 个 24 英寸的盘片，重约 1 吨，容量为 5MB。1973 年，IBM 研制成功了一种新型的硬盘 IBM 3340。这种硬盘拥有几个同轴的金属盘片，盘片上涂着磁性材料。它们和可以移动的磁头共同密封在一个盒子里面，磁头能从旋转的盘片上读出磁信号的变化。这就是我们今天使用的硬盘最接近的祖先，IBM 把它叫作温彻斯特硬盘。因为 IBM 3340 拥有两个 30MB 的存储单元，而当时一种很有名的"温彻斯特来复枪"的口径和装药也恰好包含了两个数字"30"。于是这种硬盘的内部代号就被定为"温彻斯特"。1980 年，希捷（Seagate）公司制造出了个人计算机上的第一块温彻斯特硬盘，这个硬盘与当时的软驱体积相仿，容量为 5MB。

硬盘的读取速度在当时受到硬盘转速的限制。提高转速可以加快存取数据的速度，但硬盘的磁头与盘片是相互接触的，过高的转速会使磁盘容易损坏。于是技术人员想到让磁头在盘片上方"飞行"。盘片高速旋转会产生流动的风，因此只要磁头的形状合适，它就能像飞机一样在磁盘表面飞行，盘片就能快速旋转而不必担心磨擦造成的灾难。这就是温彻斯特技术。

　　温彻斯特硬盘采用了创新的技术，磁头被固定在一个能沿盘片径向运动的臂上，磁头并不与盘片接触。当盘片与磁头相对运动时，磁头能感应到盘片表面的磁极，并记录或改变磁极的状态完成数据的读写。由于磁头相对盘片高速运动，并且二者距离很近，这时候哪怕是一粒灰尘也会造成磁盘的损坏，因此硬盘需要封装在一个密封的盒子里，从而维护一个清洁的内部环境，保证磁头和盘片能高效可靠地工作。

　　在现代的计算机系统中，常见的存储介质有硬盘、光盘、磁带、固态硬盘等。硬盘的容量大、价格低廉、存取速度可观、可靠性高，有着其他存储介质无法替代的作用，仍然被人们认为是最为重要的存储设备。第一代硬盘和现代硬盘如图 2-3 所示。

2. 机械硬盘的组成

　　我们通常所说的硬盘是指机械硬盘，如
图 2-4 所示，它主要由盘片和主轴组件、浮
动磁头组件、磁头驱动机构、前驱控制电路和接口等组成。

图 2-3　第一代硬盘（左）和现代硬盘（右）

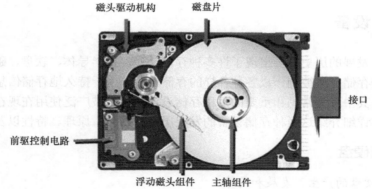

图 2-4　硬盘的组成

　　（1）盘片和主轴组件。盘片和主轴组件是两个紧密相连的部分。盘片是一个圆形的薄片，上面涂了一层磁性材料以记录数据。主轴由主轴电机驱动，带动盘片高速旋转。

　　（2）浮动磁头组件。浮动磁头组件由读写磁头、传动手臂和传动轴 3 部分组成。在盘片高速旋转时，传动手臂以传动轴为圆心带动前端的读写磁头在盘片旋转的垂直方向上移动，磁头感应盘片上的磁信号来读取数据或改变磁性涂料的磁性，以达到写入信息的目的。

　　（3）磁头驱动机构。由磁头驱动小车、电机和防震机构组成。其作用是对磁头进行驱动和高精度的定位，使磁头能迅速、准确地在指定的磁道上进行读写工作。

　　（4）前驱控制电路。前驱控制电路是密封在屏蔽腔体以内的放大线路，主要作用是控制磁头的感应信号、主轴电机调速、驱动磁头和伺服定位等。

　　（5）接口。通常包含电源接口与数据传输接口。目前主流的接口类型有 SATA 和 SAS，稍后会详细介绍。

3. 机械硬盘的工作原理

机械硬盘存储数据，是根据电、磁转换的原理来实现的。

硬盘内部用于存储数据的盘片，是一张表面涂有磁性材料的金属圆盘。盘片表面被划分出一圈圈磁道，当盘片在马达的驱动下高速旋转时，设置在盘片表面的磁头便受到精确的控制，沿着磁道读取和写入数据。当系统向硬盘写入数据时，磁头中便产生随着数据内容而变化的电流，这股电流会产生磁场，使盘片表面磁性物质的状态改变，并且这一状态在电流磁场消失后仍能持久地保持下来，这就相当于将数据保存了下来。当系统从硬盘中读取数据时，磁头经过盘片指定区域，盘片表面的磁场使磁头产生感应电流或线圈阻抗产生变化，这一变化被捕捉下来，经过一定的处理，便能够还原出原本写入的数据。

4. 机械硬盘的类型

机械硬盘按接口的不同可分为不同的类型，目前比较流行的有 SATA 接口硬盘、SAS接口硬盘等几种。由于接口决定了数据传输方式，对硬盘的性能有着巨大的影响，所以一直受到人们的关注。下面将一一分析这些接口类型。

5. SATA 接口硬盘

说到 SATA，首先要从 ATA（advanced technology attachment）接口说起。ATA 接口实际上就是我们常说的 IDE（integrated drive electronics）接口。ATA 接口从 20 世纪 80年代一直发展至今，且由于其价格低、兼容性好，曾经是市场上的主流配置。但随着时代的发展，其速度过慢，已不足以应用在现代计算机系统中。

SATA，即串行 ATA（serial ATA），如图 2-5 所示，现已基本取代所有并行 ATA 接口。顾名思义，SATA 使用串行的方式发送数据。SATA 的显著特点就是比 ATA 快，目前普及的 SATA 3.0 可达 6.0Gbit/s 的传输速率，是并行 ATA 标准的数倍。

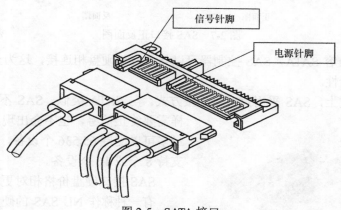

信号针脚

电源针脚

图 2-5　SATA 接口

在传输数据时，SATA 使用独立的数据接口和信号接口。并行 ATA 在传输时使用 16位的数据总线，并且需要传输许多附加的支持和控制信号。又因为工艺的限制，易受噪音影响，需要使用 5V 电压才能工作。与之相对应，SATA 采用嵌入式时钟信号，具备了更强的纠错能力，且只需要使用 0.5V 的电压即可工作。

从总线结构上看，SATA 使用单通道进行点对点的传输，其中以串行方式按位传输，数据中嵌入了校验和信号位。这种传输方式既能保证速度，又能提高数据传输的可靠性。

SATA 硬盘采用点对点连接方式，支持热
插拔，即插即用。SATA 接口通常为 7+15 针，
与并行 ATA 相比，SATA 使用较细的线缆，
便于弯曲，同时最长可达 1m，极大地改善了
机箱内的散热。SATA 接口硬盘如图 2-6 所示。

6. SAS 接口硬盘

SAS（serial attached SCSI），即串行连接
SCSI（small computer system interface，小型
计算机系统接口）。与 SATA 类似，SAS 也是
从对应的并行 SCSI 技术发展而来。

图 2-6   SATA 接口硬盘

SCSI 以其高性能常常应用于企业级存储领域。SCSI 硬盘分为 50 针、68 针、80 针，
历经数十年的发展，当前主流的 SCSI 技术 Ultra 320 SCSI 支持 320MB/s 的传输速度。在
存储网络部分有对 SCSI 协议的详细介绍。

SAS 作为 SCSI 技术的分支，与 SATA 类似，通过采用串行传输以得到更高的性能，
目前主流的 SAS 传输速率为 6Gbit/s。同时由于采用串行技术可以使用细而长的线缆，
不仅可以实现更长的连接距离，还能够提高抗干扰能力。SAS 接口正反面如图 2-7 所示。

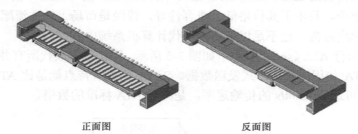

正面图   反面图
图 2-7   SAS 接口正反面图

SAS 向下兼容 SATA，SAS 控制器可以与 SATA 硬盘相连接，这为企业提供了低成
本和优秀的灵活性。

在传输方式上，SAS 采用点对点连接方式。与 SATA 类似，SAS 不像并行 SCSI 一
样需要终止信号，也不会出现同步问题。SAS
最多可以支持 65 536 个设备，不像 SCSI 只能
支持 8 个或 16 个设备。

SAS 接口硬盘价格相对更高。

有一种称作 NL SAS 的硬盘，是采用 SAS
接口和 SATA 级盘体组成的硬盘，如图 2-8 所示。
虽然可接入 SAS 网络，但性能达不到 SAS 的
要求。近线（near line，NL）是一种介于在线
存储和离线存储之间的存储方式。NL SAS 硬

图 2-8   NL-SAS 接口

盘一般使用在 SAS 网络中，用于存放大量不常用的数据。

7. FC 接口硬盘

FC 硬盘定位于高端存储应用，具有较高的可靠性和性能。光纤通道（fiber channel，

FC）是一种高速的数据传输介质。FC 硬盘采用光纤通道仲裁环（fiber channel arbitrated loop，FC-AL）标准，允许在一个多达 126 台设备的环路中进行高速的串行传输，支持热插拔。

FC 网络具有很好的可扩展性，使用光纤电缆连接，范围达到 10km。FC 网络具有非常高的带宽，适用于高端应用，如大型数据中心。FC 协议的细节将在存储网络部分中进一步讲解。

FC 网络的主要缺点在于价格非常昂贵，并且网络组建复杂。

8. 硬盘接口比较

常见硬盘接口比较如表 2-1 所示。

表 2-1　　　　　　　　　　　　　　　　常见硬盘接口比较

	SAS	NL SAS	SATA	FC
性能	高	较高	较高	非常高
可靠性	高	较高	一般	非常高
价格	一般	较便宜	便宜	非常贵
能耗	高	较低	较低	高
推荐场景	适合数据较为离散的高/中端用户使用	适合较大数据块、业务压力不大的用户使用	适合大数据块、业务压力不大的用户使用	适合高端用户，频繁访问的数据

9. 机械硬盘性能

机械硬盘的性能是由许多因素共同决定的，而其中最重要的是硬盘的单碟容量、转速和缓存。这些因素最终体现在硬盘的访问时间以及数据传输速率这两个指标上。

10. 硬盘的单碟容量

单碟容量是硬盘相当重要的参数之一，在一定程度上决定硬盘的档次高低。硬盘是由多个存储碟片（即上文所说的盘片）组合而成的，而单碟容量就是一个存储碟片所能存储的最大数据量。

提升单碟容量可以提升硬盘单位体积的容量，而且也有利于控制生产成本，提高硬盘工作的稳定性。单碟容量的增加意味着厂商要在同样大小的盘片上建立更多的磁道数（数据存储在盘片的磁道中），虽然这在技术难度上对厂商要求很高，但盘片磁道密度（单位面积上的磁道数）提高，代表数据密度的提高，这样在硬盘工作时，盘片每转动一周，磁头所能读出的数据就越多，所以在相同转速的情况下，硬盘单碟容量越大，其内部数据传输速率就越快。另外单碟容量的提高使单位面积上的磁道条数也有所提高，这样硬盘寻道时间也会有所下降。

如今，硬盘的单碟容量已经达到 TB 级别。

11. 硬盘的转速

转速（rotational speed）是指硬盘内的盘片在一分钟内所能完成的最大旋转圈数，它也是标识硬盘档次的重要参数之一。

当硬盘读写数据时，硬盘的主轴马达带动盘片高速旋转，将所要存取资料的扇区带到磁头下方。硬盘转速越快，则等待的时间就会越少，并且磁头扫过盘片的速度也就更快，读取数据的速度就更高。因此转速在很大程度上决定了硬盘的性能。但是，转速的提升也意味着技术要求更为苛刻，以及硬盘功耗的增加，因此硬盘的转速难以得到非常大的提升。

硬盘转速的单位为转/分钟（revolutions per minute，RPM）。目前个人计算机的硬盘转速普遍为 7 200r/min，用于服务器领域的硬盘则可达 15 000r/min。

转速是随着硬盘电机的改变而提高的。现在液态轴承马达（fluid dynamic bearing motors）已全面代替了传统的滚珠轴承马达。液态轴承马达通常应用于精密机械工业上，它使用的是黏膜液油轴承，以油膜代替滚珠，这样可以避免金属面直接摩擦，将噪声及温度减至最低；同时油膜可有效吸收震动，使抗震能力得到提高；更可减少磨损，提高寿命。

12. 硬盘缓存

缓存（cache memory）是硬盘控制器上的一块内存芯片，具有极快的存取速度，它是硬盘内部存储和外界接口之间的缓冲器。

由于磁盘的读写速度远远比不上计算机内存的读写速度，因此让数据直接在磁盘与内存之间传输，会让内存长时间处于低效状态，拖累其效率。这时候，缓存可以发挥作用：当操作系统给硬盘读取指令后，硬盘便开始将数据存入缓存，等存到一定量数据时，再通知操作系统从缓存中读取。而对于写操作，则可以让操作系统直接将数据写入缓存，之后再逐步从缓存迁移到磁盘上。由于缓存的读写速度和内存接近，远比磁盘要快，从而使计算机能用最少的时间与硬盘进行交互，而数据在缓存与磁盘之间传输时，操作系统完全可以切换到其他任务，从而提高整个系统的效率。

此外，计算机中普遍存在的数据局部性（data locality）现象，使得缓存可以提高硬盘的响应速度。数据局部性主要体现在以下两个方面。

- 时间局部性（temporal locality）：一个被访问的数据，在短时间内有较大可能被再次访问。
- 空间局部性（spatial locality）：一个被访问的数据，其周围的数据在短时间内有较大可能被访问。

利用数据局部性，可以采用两种策略来提高性能。一种是将最近被读取的数据尽可能留在缓存中，当再次访问相同的地址时，便可以直接在缓存中读取。另一种是当访问一个数据块时，将其周围的数据块也一并载入缓存，这称为预读取。这样，之后如果访问临近的数据块便可以直接在缓存中找到。通过这两种策略，应用程序可以更快地从硬盘获取到所需的数据，从而提高运行效率。

通常来说，采用更大的缓存可以提高硬盘的访问速度，但是采用优秀的缓存替换算法同样重要，因为缓存的空间相比于硬盘来说非常有限，好的算法可以让更常用的数据留在缓存中，使尽可能多的硬盘访问直接在缓存中找到数据。

13. 硬盘的访问时间

（1）平均寻道时间（average seek time）：指硬盘在接收到系统指令后，磁头从开始移动到移动至数据所在磁道花费时间的平均值，它在一定程度上体现硬盘读取数据的能力，是影响硬盘内部数据传输率的重要参数。平均寻道时间的单位为 ms。

在硬盘上，数据是分磁道、分簇存储的，长时间的读写操作后，数据往往并不是连续排列在同一磁道上，所以磁头在读取数据时需要在磁道之间反复移动，因此平均寻道时间对硬盘读写速度有显著影响。在通常情况下，硬盘在读写大量的小文件时，平均寻道时间也起着至关重要的作用；在读写大文件或连续存储的大量数据时，平均寻道时间的对读写速度的影响较小，此时单碟容量的大小、转速、缓存就是较为重要的因素。

（2）平均延迟时间（average latency time）：指当磁头移动到数据所在的磁道后，等待所要的数据块继续转动到磁头下的时间，盘片转动速度越快，平均延迟时间也就越短。平均延迟时间的单位为 ms。

（3）平均访问时间（average access time）：指磁头找到指定数据的平均时间，通常是平均寻道时间与平均延迟时间之和。平均访问时间最能够代表硬盘找到某一数据所用的时间，平均访问时间越短越好。平均访问时间的单位为 ms。

14. 硬盘的数据传输率

硬盘的数据传输性能指标主要分为外部数据传输率（external data transfer rate）和内部数据传输率（internal data transfer rate）两种。

外部数据传输率，是指计算机通过数据总线从硬盘内部缓存区中所读取数据的最高速率，也叫突发数据传输率（burst data transfer rate）。该参数标称的是系统总线与硬盘缓冲区之间的数据传输率，外部数据传输率与硬盘接口类型和硬盘缓存的大小有关。

内部数据传输率，是指硬盘磁头与缓存之间的数据传输率，简单的说就是硬盘将数据从盘片上读取出来，然后存储在缓存内的速度。内部传输率可以明确表现出硬盘的读写速度，它的高低才是评价一个硬盘整体性能的决定性因素，它是衡量硬盘性能的真正标准。只有有效提高硬盘的内部传输率，才能对磁盘子系统的性能有最直接、最明显的提升。提高硬盘的内部传输率，除了改进信号处理技术、提高转速以外，最主要的就是不断提高单碟容量以提高线性密度。由于单碟容量越大，硬盘线性密度越高，磁头的寻道频率与移动距离可以相应的减少，从而减少了平均寻道时间，内部传输速率也就提高了。虽然硬盘技术发展得很快，但内部数据传输率还是在一个比较低（相对）的层次上，内部数据传输率低已经成为硬盘性能的最大瓶颈。

数据传输率的单位一般采用 MB/s 或 Mbit/s，尤其在内部数据传输率上，官方数据中更多的采用 Mbit/s 为单位。但这两个单位之间有很大的差异：MB/s 的含义是兆字节每秒，Mbit/s 的含义是兆比特每秒，前者是指每秒传输的字节数量，后者是指每秒传输的比特位数。MB/s 中的 B 字母是 Byte 的含义，Byte 是字节数，bit 是位数，也就是比特数。在计算机中每 8 位（比特）为一字节，也就是 1Byte＝8bit，是 1∶8 的对应关系。这是一般情况下 MB/s 与 Mbit/s 的对应关系，但在硬盘的数据传输率上二者就不能用一般的 MB 和 Mbit 的换算关系（1B=8bit）来换算。因为在磁头处理的信号很大部分并不是用户需要的数据（存入的数据都是经过编码的，包含许多辅助信息），因此不能以字节为单位。简单地用 8 来换算，将无法得到真实的内部数据传输率。

2.2.2 固态硬盘

1. 固态硬盘的产生、发展和趋势

世界上第一款固态硬盘（solid state drive，SSD）出现于 1989 年。当时的固态硬盘价格极为昂贵，但在性能上却远低于当时的普通硬盘，因此没有得到广泛应用，但由于固态硬盘独有的抗震、静音、低功耗等特性，却能应用于非常特别的市场，如医疗工作以及军用市场，因此在这些领域，固态硬盘得到了一定程度的发展。

随着固态硬盘技术的日趋成熟、制造工艺的提升、生产成本的降低，它开始逐渐进入消费领域。2006 年，三星发布了第一款带有 32GB 固态硬盘的笔记本电脑。2007 年初，SanDisk 发布了两款 32GB 的固态硬盘产品。2011 年，泰国发生大洪水，诸多机械硬盘厂商诸如西部数据、希捷等，在泰国的工厂都被迫关闭，导致当年机械硬盘产量大幅下降，价格猛增。这在很大程度上刺激了人们对固态硬盘的需求，从而带来了固态硬盘的黄金时期。如今，固态硬盘在容量、成本、传输速率以及使用寿命上，相比于最初的产品，都有了极大的提升。现在市场上常见的固态硬盘的容量已经达到 128GB～256GB，而每 GB 的价格只有当时的几分之一，让很多消费者都能承担得起。在超薄笔记本与平板领域，固态硬盘更是必不可少的存储设备之一。可以预见，在未来几年，固态硬盘仍将受到人们的极大关注。

　　固态硬盘由主控芯片和存储芯片组成，简单地说，就是用固态电子芯片阵列构成的硬盘。固态硬盘的接口规范、定义、功能及使用方法与普通硬盘的完全相同，在产品外形和尺寸上也完全与普通硬盘一致，包括 3.5′、2.5′、1.8′多种类型。由于固态硬盘没有普通硬盘的旋转结构，因而抗震性极佳，同时工作温度范围很大，扩展温度的电子硬盘可工作在–45℃～+85℃，广泛应用于军事、车载、工控、视频监控、网络监控、网络终端、电力、医疗、航空、导航设备等领域。传统机械硬盘都是磁碟型的，数据就储存在磁盘扇区里，而常见的固态硬盘的存储介质是闪存（Flash）。固态硬盘是未来硬盘发展的趋势之一。固态硬盘示意图如图 2-9 所示。

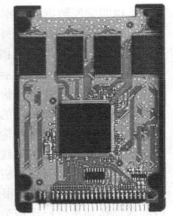

图 2-9　固态硬盘示意图

　　2. 固态硬盘组成

　　固态硬盘由主控芯片、存储芯片构成。存储芯片负责存放数据，主控芯片则控制数据的读/写过程协调。存储芯片按介质分为两种，最常见的一种是采用闪存（Flash 芯片）作为存储介质，另一种是采用动态随机存取存储器（DRAM）作为存储介质。

　　（1）基于闪存的固态硬盘

　　最为常见的固态硬盘采用闪存芯片作为存储介质。闪存芯片根据使用方式不同，可以被制作成多种电子产品，如固态硬盘、存储卡、U 盘等，这些设备都具有体积小、便携性高等特点。本章节所讨论的固态硬盘，都是基于闪存的固态硬盘。

　　（2）基于 DRAM 的固态硬盘

　　这一类固态硬盘采用 DRAM（动态随机存取存储器）作为存储介质。这种存储介质目前广泛应用于内存，性能非常好，而且使用寿命很长。美中不足的是，它只有在供电状态下才能保存数据，一旦失去供电，DRAM 存储的信息就会丢失，因此它需要额外的电源来保护。目前这类固态硬盘价格很高，应用范围较窄。

　　相比于传统硬盘，固态硬盘在很多方面都更具优势。

　　（3）读取速度快。由于固态硬盘是以闪存芯片为介质，没有磁盘与马达的结构，因此在读取数据时节省了寻道时间，在随机读取时尤其能体现速度的优势。同时，固态硬盘的性能不会受到磁盘碎片的影响。

　　（4）抗震性好。固态硬盘内部不存在任何机械活动部件，不会发生机械故障，也不怕碰撞、冲击、振动。这样即使在高速移动，甚至伴随翻转倾斜的情况下，也不会影响到正常使用，而且在笔记本电脑意外掉落或与硬物碰撞时，能够将数据丢失的可能性降到最小。

（5）无噪音。固态硬盘内部没有机械马达，因此是真正的无噪音静音硬盘。

（6）体积小，重量轻。一块很小的电路板上就可以集成一块固态硬盘。

（7）工作温度范围更大。典型的硬盘驱动器只能在 5℃～55℃范围内工作。而大多数固态硬盘可在−10℃~70℃温度范围内工作，一些工业级的固态硬盘还可在−40℃～85℃，甚至更大的温度范围下工作。

然而固态硬盘也有两个很大的缺点，导致它目前无法成为机械硬盘的替代品。一个缺点是成本较高。目前固态硬盘每单位容量的价格是传统硬盘的 10 倍左右，大容量固态硬盘在市场上仍然相当少见，因此对于那些对数据读写速度不敏感的应用，机械硬盘仍是第一选择。另一个缺点是固态硬盘的寿命有限，一般高性能的闪存可以擦除 1 万～10 万次，普通消费级的闪存只能擦除 3 千～3 万次。随着制造工艺的不断提升，存储单元的尺寸越做越小，闪存的最大擦除次数还将进一步降低。好在通常情况下，固态硬盘的主控芯片都具有平衡芯片损耗的功能，可以使存储芯片更加均匀地被消耗，从而提高使用寿命。

固态硬盘作为相比于传统硬盘拥有更高读写速度的存储介质，如今已受到人们的广泛关注。由于其原理与传统硬盘不同，没有任何机械的成分，因此固态硬盘在性能上提升很快，同时它还具有抗震、体积小、无噪音、散热小等传统硬盘不具有的优点，因此被很多人寄于希望取代传统硬盘，成为新一代的存储设备。然而，固态硬盘的成本目前还远远高于传统硬盘，加之现在硬盘的性能已经能满足很大一部分的需求，因此在很长一段时间内，传统硬盘与固态硬盘还将共存，共同发展。

3. 固态硬盘的工作原理

固态硬盘与机械硬盘采用了完全不同的存储介质，前者用闪存芯片，后者用磁盘，因而它们的工作原理也大不相同。

闪存芯片内最小的存储单元叫作浮栅晶体管，是一种尺寸极小的电子元件。这是一种场效应晶体管，它有源极、漏极和栅极，在栅极下面有一个浮栅（floating gate）可以长久地存储一定数量的电荷，并且电荷数量的多少会影响晶体管源极和漏极之间的导通效果。固态硬盘通过在晶体管的浮栅中注入不同数量的电子，改变晶体管的导通效果，实现不同状态的记录和识别。

读取数据时，只需在源极和漏极之间加一个电压。由于它们之间的导通性受到浮栅中电荷量的影响，因此通过检测导通的电流大小，就可以识别所存储的数据。

在写入数据时，首先需要将晶体管浮栅中的电子全部导出，相当于将数据全都置为 1。这个过程通常也叫作擦除。接下来，通过在晶体管的栅极和漏极施加高电压，就能将电子导入浮栅中，完成 0 的数据位的写入。

有一点很特别的是，闪存芯片上的读、写、擦除的最小单位是不同的。闪存上的存储空间被组织成页面和块，一个页面（page）的大小通常为 4K，而一个块（block）通常包含若干页面。读操作可以对任意存储单元进行，写操作一次会写整个页面，擦除操作一次会擦除整个块。因此在固态硬盘的操作中，擦除是最为耗时的，其次是普通写入，而读取则非常快。这一方式还带来更多问题，由于固态硬盘内的读取、写入、擦除操作无法简单地与机械硬盘的读入、写入操作对应起来，操作系统无法用操作机械硬盘的方式来操作固态硬盘。因此，固态硬盘内部还需要一个芯片来完成这两套操作之间的转换。

还有一点与传统硬盘不同的是，闪存芯片有寿命限制，这体现在其存储单元只能进行有限次的擦除操作，超过一个限度就会使存储单元变得不可靠。闪存的寿命通常以 P/E（program/erase）为单位，其含义是最大允许的擦除次数。典型的 SLC 闪存，其存储单元只记录 0、1 两种状态，它的寿命为 1 万～10 万次 P/E。

4. 固态硬盘接口

固态硬盘的接口类型多元，主要包括 SATA 接口、mSATA 接口和 PCI-E 接口。

（1）SATA 接口

SATA（serial ATA）已经是一种非常成熟的技术了，从 2001 年推出 SATA 1.0 到目前的 SATA 2.0 和 SATA 3.0，SATA 已经成为目前机械硬盘的主要接口。而固态硬盘也顺其自然地沿用了这一标准，从而能更广泛地应用于现有的设备上。SATA 3.0 高达 600MB/s 的传输速率，已经能满足主流 SSD 的传输速度需求。

（2）mSATA 接口

mSATA 是迷你版本的 SATA 接口，使用 Mini PCI-E 连接器传输 SATA 信号。它可支持 1.5Gbit/s、3Gbit/s 和 6Gbit/s 传输模式。mSATA 接口多用于固态硬盘，适用于需要尺寸较小的存储器的场合，如超薄笔记本电脑等。mSATA 固态硬盘形似 Mini PCI-E 扩展卡，尺寸很小，有助于节省机器内部空间。

（3）PCI-E 接口

PCI Express（peripheral componentInterconnect express）简称 PCI-E，是 PCI 的一种，它沿用了现有的 PCI 编程概念及通信标准，但基于更快的串行通信系统。

第一代 PCI-E 可支持每个传输通道单向 250MB/s 的数据传输率，而一个 16 通道的 PCI-E 卡理论上单向可以达到 250*16=4 000MB/s。随着 PCI-E 接口的升级，第四代 PCI-E 接口单个通道的单向传输速率已经能达到 2GB/s。PCI-E 接口常见于对数据传输要求很高的显卡，而对于机械硬盘来说，传统的 SATA 接口已经能满足速度需求。

固态硬盘相比于机械硬盘，有着更高的传输速率。目前消费级固态硬盘的顺序读写速度已经接近 SATA 3.0 接口的极限，而少量企业级固态硬盘已突破这一极限，因此采用了传输速率更高的 PCI-E 接口。

5. 固态硬盘性能

对于固态硬盘来说，影响其性能最主要的部件有两个：首先是主控芯片，这也是 SSD 产品核心的部分。第二是用于数据存储的闪存芯片，主要分为 SLC、MLC 与 TLC 三种。另外，固态硬盘还有一系列常见的性能指标，也将在这一部分详细介绍。

（1）固态硬盘的主控芯片

固态硬盘的主控芯片，承担了平衡各个芯片上的负载、数据中转，以及连接闪存芯片与外部接口的工作。不同的主控芯片采用的算法差异很大，对闪存芯片的读写控制会有很大不同，会直接导致性能上差距高达数十倍。主控芯片可以比作是固态硬盘的心脏，它的好坏直接影响固态硬盘的品质。

主控芯片的核心部件是闪存转换层（flash translation layer，FTL），它负责维护逻辑区块地址（logical block address，LBA）与物理区块地址（physical block address，PBA）之间的映射。这是由于固态硬盘的内部存储机制较为复杂，它的逻辑地址与物理地址不能直接对应。物理上，闪存芯片的存储空间分为页面和块，它的写操作是以页面为单位，而擦除操作则是以块为单位，并且它还有这样一个重要特性：数据写入之前一定要先擦除，而不能像传统硬盘一样直接覆盖。因此，在闪存芯片上删除数据，首先要将数据所在的页面标记为无效，当一个块上的所有页面全都被标记为无效时，才对它进行擦除操作，从而服务于新的写入操作。而写入数据时，先寻找可写的页面，如果没有，则要选取一些含有较多无效页面的块，读出块上的有效页面，使它们变成空闲块，然后擦除并写入新的数据。正是由于这个原因，数据的物理地址会经常发生改变，因此需要内置一个闪存转换层来维护逻辑区块地址到物理区块地址的映射。

增加 FTL 也使固态硬盘的对外接口和机械硬盘表现一致。操作系统只需要像对待普通硬盘一样给它读和写的操作，让固态硬盘在自己内部进行块与页面的分析，并转化为读取、擦除和写入的指令。FLT 的效率决定了固态硬盘的效率，因此采用高效算法的主控芯片能提升 SSD 的性能。

主控芯片除了维护地址映射之外，通常还具备一些其他的功能，如磨损平衡（wear leveling，WL），垃圾回收（garbage collection，GC）、坏块管理（bad block management，BBM）以及差错检测与修正（error checking and correcting，ECC）等。

在日常使用中，数据的访问频率通常是不均衡的，某些数据会被更频繁地更新，而闪存芯片有擦写次数限制，因此会使存放该部分数据的闪存先被消耗完，造成有效容量大幅减少。磨损平衡技术可以克服这一问题，通过在同一数据多次写入时分配不同的物理地址，将写入分摊在不同位置，从而使闪存损耗更加均衡。

垃圾回收是提高 SSD 空间利用率的机制。它将闪存芯片里零散的有效页面集中起来，复制到空白的块里，再将这些数据原来所在的块擦除，使其成为可写入的空闲块，由此增加了空闲块的数量。GC 通常会在 SSD 上的空闲块的数量告急时自动执行，但它也可以充分利用空闲时间运行，从而保证用户一直拥有良好的体验。

闪存芯片上存在一些无法使用或不可靠的块，叫作坏块，它们有的是出厂时就已标记为不可用，有的则是在使用过程中被自然损耗。坏块会导致闪存无法准确地记录数据，如果不对其进行检测和管理，会造成用户数据丢失。主控芯片中会维护一张坏块表，当发现系统尝试访问坏块时，FLT 会重新把它映射到好的块地址上。坏块的检测则依靠 ECC（一种查错检测和修正的算法）。当主控芯片多次检验到一个块出现错误时，就将其标记为坏块。

（2）固态硬盘的存储芯片

目前，固态硬盘通常用闪存作为存储芯片。闪存目前主要分为 SLC（single-layer cell）、MLC（multi-level cell）和 TLC（triple-level cell）3 种类型。

SLC 在每个存储单元（Cell）中存储一位信息。每个存储单元能存储一定数量的电荷，从而使其具有一个导通电压值。在 SLC 中，只需用低电压和高电压记录 0、1 两种状态。在读取时，利用位于数据 1 的阈值电压分布和数据 0 的阈值电压分布之间的参考电压，可以确定存储单元中存储的数据。SLC 的特点有，读写速度快、使用寿命长（有 10k～100k 次 P/E），然而其成本较高，相同容量下要比 MLC 贵出一到两倍，因此在市面上较为稀少。

MLC 采用双层设计，即每个存储单元能同时存储 2 位数据。每个单元有 4 种存储状态，分别是 00、01、10、11，因此需要用 4 种电压值来表示。相比于 SLC，MLC 在能耗及复杂性上均有一定程度的增加，写入的速度和寿命会相对降低（P/E 为 3k～30k 次）。然而 MLC 技术最大的优势就是提高存储密度，即同样大小的闪存颗粒能存储两倍的数据。

目前市面上主流消费级固态硬盘采用的都是 MLC 技术。尽管 SLC 具有更长的使用寿命，但是普通用户几乎不可能用到它的极限，而 MLC 在寿命上已经完全足够常规使用，并且成本更低，单位体积的容量也更大，从而成为更加理想的存储介质。此外，MLC 主控芯片技术的成熟也使得数据读写速度非常优异，能满足大部分用户的需求。

TLC 采用了三层设计，即每个存储单元能存储 3 位数据，因此它的一个单元需要用 8 种存储状态来表示二进制的 000~111。它的特点非常明显，存储密度比 MLC 更高，相同容量的制造成本更低，但代价是更低的写入速度和更差的耐久力。TLC 芯片的 P/E 只有 500~1 000 次。

（3）固态硬盘的性能指标

固态硬盘最常见的性能指标有：连续读取速度、连续写入速度、4K 随机读取速度、4K 随机写入速度等。这些指标可以帮助我们更直观地了解固态硬盘的好坏。

① 连续读取/写入速度。这两个指标的含义是，在固态硬盘上读写连续存放的数据，其每秒的传输速率是多少。这两个指标的单位通常是 MB/s。这是一个很直观的性能指标，表示在最理想的状态下，硬盘的传输速率为多少。

② 4K 随机读取/写入速度。在真实的使用环境中，读写小文件的性能通常是日常应用中最为普遍的系统瓶颈，因此 4K 随机读取/写入的指标更能反映出固态硬盘在真实环境下的使用性能。连续读写速度快的固态硬盘，未必 4K 随机读写速度也快，原因可能在于主控芯片、算法、缓存等各种因素。4K 随机读取/写入指标的单位通常为 IOPS（IO per second），表示每秒完成了多少次读写操作。通常，随机读写的性能会比连续读写的性能有所下降。

更多的评测指标还包含 512K 随机读取/写入速度、多线程下的读取/写入速度等，它们常见于一些磁盘性能测试软件。这些指标都是固态硬盘在不同场景下性能上的反映，具有很好的参考价值。

2.3　主机与应用

主机一般是指计算机完成其基本功能所需要的最主要的硬件，通常包括中央处理器、内存、电源、主板、硬盘、风扇等。同时，主机为了实现其功能，还需要一些必不可少的组件，诸如操作系统、设备驱动、文件系统、卷管理器等。这些硬件和软件的集合，共同构成了一个最简单的计算机（主机）系统。

本节着重介绍主机中与 I/O 过程密切相关的组成部分：操作系统、设备驱动、卷管理器以及文件系统。在这一节的最后，还会简单介绍计算机集群，它通过将许多台主机连接起来形成一个计算机网络，从而提供更强的运算能力。

2.3.1　操作系统

操作系统（operating system，OS）是一种用于管理计算机硬件与软件资源的程序，同时也是计算机系统的内核与基础。操作系统负责诸如系统资源管理、I/O 设备控制、文件系统管理、网络通信等基本事务，并为其他应用程序提供支持，使计算机系统所有资源能最大程度被利用，为用户提供方便、高效、友好的服务界面。操作系统是一个庞大的管理控制程序，主要包括 5 个方面的管理功能：进程与处理机管理、作业管理、存储管理、设备管理、文件管理。

目前计算机系统中常见的操作系统包括 OS/2、UNIX、Linux、Windows、Mac OS、Netware 等。

2.3.2　设备驱动

设备驱动（device driver），是一种可以使操作系统和设备通信的特殊程序。这种程序创建了一个硬件与软件沟通的接口，使得与硬件设备上的数据交换成为可能，而操作系统只有通过这个接口，才能控制硬件设备的工作。假如某设备的驱动程序未能正确安装，设备便不能正常工作。正因为这个原因，驱动程序在系统中的地位十分重要，一般当操作系统安装完毕后，首要的便是安装硬件设备的驱动程序。

通常来说，硬件的生产厂商会负责维护并更新驱动程序。好的驱动程序可以使硬件稳定流畅地工作，并充分发挥硬件的性能，而差的驱动则容易发生错误，甚至使硬件发挥不出应有的性能。

2.3.3　卷管理器

卷管理器，又称逻辑卷管理器（logical volume manager，LVM），它是计算机管理物理存储空间的重要工具，它的功能是对连接到计算机上的存储设备进行虚拟化。具体地说，卷管理器将计算机连接的所有物理存储设备的空间统一进行管理，并分配出逻辑卷（计算机所看到的一些相互独立的存储空间），每个逻辑卷上有一个单独的文件系统。而操作系统无需知道每个卷上的空间是来自于底层的哪块磁盘，也不用了解每块磁盘的物理结构和分区信息，在它看来，所有逻辑卷上的空间都是一样的。它对逻辑卷进行的读写操作，最终都将由卷管理器映射到真正的物理磁盘上。这使得操作系统使用这些存储空间变得更加便捷。

简而言之，卷管理器为操作系统操作磁盘提供了一层抽象。它不仅能简化操作系统对磁盘的操作，还可以更好地管理磁盘空间。它可以将多块磁盘合并为一个逻辑卷，也可以将一个磁盘分割成多个逻辑卷，大大增加了分配空间的灵活性。此外，卷管理器使得文件系统的大小不会再受单块磁盘大小的限制，也避免了单块磁盘空间过大时使用率很低的问题，因此它也提高了磁盘空间的存储效率。

2.3.4　文件系统

文件系统（file system）是操作系统的一个子系统，其实质是一种软件组件，能够通过对一个或者多个物理或虚拟磁盘上的地址空间的结构化，使应用程序能够更方便地处理大小可变的抽象命名的数据对象（文件）。文件系统不仅经常作为操作系统组件提供给用户，还能够作为独立的软件组件来实现和销售。

1. 文件系统的组成

文件系统负责维护和管理文件与存储介质之间的关系。文件系统由 3 部分组成：与文件管理有关的软件、被管理的文件以及实施文件管理所需的数据结构。文件是一种抽象数据对象，该数据对象由以下 3 部分组成。

（1）存储在磁盘或者磁带上的有序数据字节序列。

（2）能够唯一标识该数据对象的符号名称（文件名）。

（3）一系列属性集合，包括所有者、访问权限（允许文件系统或者备份管理器来管理该数据对象）等。

与存储介质的固定编址空间不同的是，文件可以被创建或者删除，并且在大多数的文件系统中，文件的大小在其生命周期内可以增加或者减小。从系统角度而言，文件系统是对文件存储器空间进行组织和分配，负责文件的存储并对存入的文件进行保护和检索的系统。具体而言，它负责为用户建立文件，存入、读出、修改、转储文件，控制文件的存取，以及文件的撤销等。

2. 文件系统的功能

文件系统的功能可以分为 3 个方面：分配（allocation）、管理（management）和操作（operation）。

（1）分配。文件系统具有将 I/O 设备组织成为功能性存储单元的能力。文件系统负责对存储介质中的卷和文件这两个最重要的元素进行分配。"卷"表示卷管理器控制软件所创建的虚拟磁盘（虚拟磁盘被定义为一个逻辑实体，有一个或多个提供实际存储容量的物理磁盘组）；而"文件"代表的是一组数据的集合，操作系统或者应用程序可以通过某种类型的命名方式对文件进行访问。

（2）管理。文件系统能够对保存在 I/O 设备上的数据进行跟踪、保护和控制。

（3）操作。文件系统可以对逻辑数据序列进行查找定位，其所使用的查找手段取决于数据的可还原性以及系统的严密性。

3. 常见的文件系统

常见文件系统根据操作系统的区别而不同，通常包括在 Linux 环境下使用的 Ext2、Ext3、Ext4、JFS，以及在 Windows 下使用的 Fat16、Fat32、exFat 和 NTFS 等。

2.3.5　集群

集群将许多计算设备通过软件或硬件连接起来，组成一个大型计算网络，并使这些计算设备高度紧密地协作完成计算任务。集群使得一些单台主机无法胜任的大规模运算任务的执行成为可能，如大数据的处理、大规模机器学习等。相比于使用性能更高的超级计算机来完成这些任务，采用集群的成本更低、可扩展性更高，并且可以充分利用闲置的计算设备来提高集群性能，因此这项技术更加受到人们的青睐。

但集群也带来了一些新的问题，如如何容忍集群中少量计算设备出现的错误、如何将一个任务分解成大家可以协同完成的子任务、如何分配集群资源，等等。现在，这一领域已经有很多成熟的技术来解决这些问题，使得集群的应用更加广泛。

2.4　大数据应用的挑战

2.4.1　大数据的概念

大数据（big data）是一个宽泛的概念，任何传统数据处理应用无法在指定时间内完成指定任务的庞大的，或复杂的数据集，都可以称为大数据。大数据的 4V 特点总结如下。

1. volume：数据量大

通过各种设备每天都产生海量数据。传统的数据处理技术能处理 GB 到 TB 的数据，而大数据技术处理的数据量往往超过 PB 级别。

2. velocity：数据处理速度快

对数据实时处理有着极高的要求，通过传统数据库查询方式得到的"当前结果"很可能已经没有价值。

3. variety：数据类型多样

传统的数据通常可以组织成表格形式，从而用关系数据库来存储与管理，这是典型的结构化数据。而大数据还包含了图片、视频、音频等非结构化或半结构化的数据。

4. value：价值密度低

大数据的价值体现在其样本丰富性，从而使挖掘出的信息更加精准，涵盖面更广，拥有更大价值。相反，在数据量不够时，数据可能无法体现出价值。

第 13 章，将对大数据进行详细介绍。

2.4.2　大数据应用对存储的挑战

大数据的核心是提升大量数据的分析能力。但是，大数据分析能力不仅在于数据管理策略、数据可视化分析能力等方面，从根本上也对数据中心 IT 基础设施架构等提出了更高要求。为了具备迅速、高效处理大数据的能力，整个 IT 基础设施需要进行整体优化设计，充分考虑后台数据中心的高效性、可靠性、业务连续性等。这些都是大数据应用给存储带来的挑战。

数据中心的高效性体现在访问数据的响应时间上。当处理巨量的数据时，除开计算所花费的时间外，在整个存储系统（通常是分布式系统）中数据的访问非常频繁。同时，大量数据与中间结果在网络中传输，给整个系统带来了巨大的压力。数据中心需要有更快的硬件、更大的带宽，以及更高效的存储算法，以满足大数据应用的需求。

可靠性也是大数据应用中不容忽视的问题。随着大数据时代的来临，数据应用产生庞大的数据碎片，数据计量单位由原本的 Byte、KB、MB、GB（GigaByte，1GB=1 024MB），到现在普遍达到了 TB（TeraByte，1TB=1 024GB）、PB（Peta Byte，1PB=1 024TB）级别。这样的数据规模已经无法通过传统的系统在合理的时间内完成指定的工作。因此，需要用到大量的硬盘进行存储，而硬盘数量的增加意味着出现故障的几率也将增加。为了避免数据丢失，数据中心需要有更强的容错能力，能在多块硬盘失效的情况下恢复出数据，并且要有更快的数据恢复能力，将硬盘故障带来的影响降至最低。

对于一些具有实时性的大数据应用来说，保证其功能在发生任何大型灾难下都能保持百分之百可用，即保证业务的连续性，具有非常高的价值。业务连续性是计算机容灾技术的升华概念，是一种由计划和执行过程组成的策略。可以这样说，业务连续性是覆盖整个企业的技术以及操作方式的集合，其目的是保证企业信息流在任何时候以及任何需要的状况下，都能保持业务连续运行。

在存储系统的层面上，要保证业务连续性，即要做应用级的容灾备份，保证当人为或自然灾难发生时，主要业务能最快时间转移至备份系统上，从而实现业务连续性。

2.5 本章总结

完成本章学习，将能够：

- 了解存储的应用环境。
- 了解机械硬盘及固态硬盘的结构和实现原理。
- 了解主机应用环境。
- 了解大数据应用对存储的挑战。

2.6 练习题

一、选择题

1. 网络存储结构大致分为（   ）3 类。

    A．DAS   B．SAN   C．DNA   D．NAS

答案（ABD）

2. SATA 3.0 接口的理论传输速率能达到（   ）。

    A．150MB/s   B．300MB/s   C．600MB/s   D．1GB/s

答案（C）

3. 固态硬盘相比于机械硬盘所具有的优点，不包括（   ）。

    A．抗震性好   B．无噪音   C．成本低   D．速度快

答案（C）

4. 固态硬盘的主控芯片中，（   ）功能可以延长使用寿命。

    A．ECC   B．WL   C．GC   D．BBM

答案（B）

5. 文件系统的功能可分为（   ）3 方面。

    A．分配   B．维护   C．管理   D．操作

答案（ACD）

6. 大数据的特点包括（   ）。

    A．数据量大   B．数据增长速度快

    C．数据类型多样   D．数据价值密度高

答案（ABC）

二、简答题

1. 存储的 I/O 流程需要经过哪些步骤？为何要采取这样的设计？

2. 机械硬盘与固态硬盘各自有哪些特点？分别列出 3 个适合于机械硬盘和固态硬盘的应用场景。

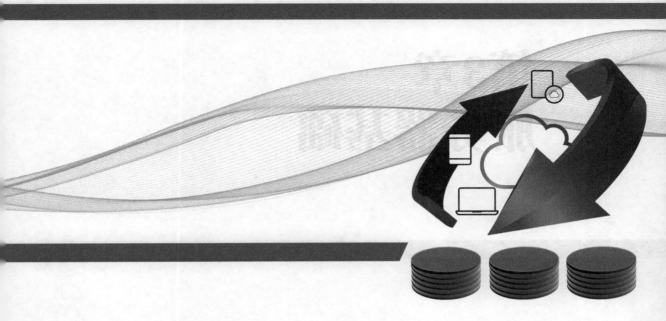

第3章
服务器基础

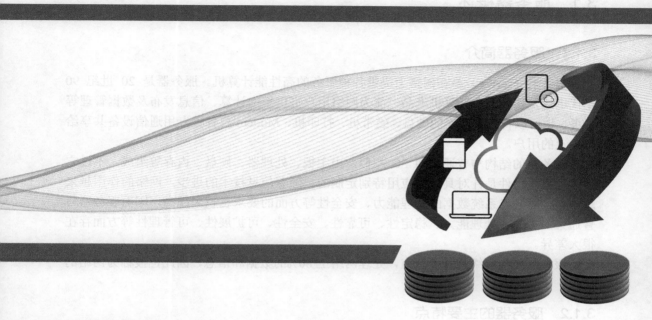

关于本章

　　服务器是整个IT系统的重要组成部分之一，随着技术的发展，服务器的相关技术也发生了巨大的变化。本章从服务器的发展历史、功能与作用等方面入手，对服务器进行全面介绍，包括服务器高级应用技术，如双机热备、集群等功能。

3.1　服务器概述

3.1.1　服务器简介

服务器（server）是在网络上提供各种服务的高性能计算机。服务器是 20 世纪 90 年代迅速发展的主流计算机产品，能为网络用户提供集中计算、信息发布及数据管理等服务，也可以将与其相连的硬盘、磁带机、打印机、Modem 及各种专用通信设备共享给网络上的用户。

服务器的结构与普通桌面 PC 相似，由主板、处理器、硬盘、内存等组成，不过它们上层系统软件是针对具体的应用特别定制的。随着信息技术的进步，网络的作用越来越明显，对信息系统数据的处理能力、安全性等方面的要求也越来越高，因而服务器与普通桌面 PC 在处理能力、稳定性、可靠性、安全性、可扩展性、可管理性等方面存在很大差异。

服务器作为网络的重要节点，处理网络上 80%的数据和信息，因此也被称为网络的灵魂。

3.1.2　服务器的主要特点

服务器是计算机网络中技术较为复杂的 IT 产品，下面将对服务器的特点进行介绍。

1. 处理能力强

通常，服务器在运行过程中需要接受大量来自外部的请求，并对请求进行处理，如数据的存储与读取、数据的计算等，再将请求处理的结果反馈给请求的发起方。因此，服务器需要强大的处理能力，以保证上述工作能够正确、高效地进行。

服务器具有强大的 CPU，通常采用多核，以保证服务器对多线程任务以及强大并行处理能力的支持。目前，大部分服务器甚至具有多处理器架构，从而进一步提升了服务器的并行处理能力。

向量处理器，又称数组处理器，是一种实现了直接操作一维数组（向量）指令集的中央处理器（CPU）。这与一次只能处理一个数据的标量处理器正好相反。向量处理器可以在特定工作环境中极大地提升性能，尤其是在数值模拟或者相似领域。

GPU（graphic processing unit）的中文意思为"图形处理器"。GPU 是相对于 CPU 的一个概念。在浮点运算、并行计算等部分计算方面，GPU 可以提供数十倍乃至于上百倍于 CPU 的性能。在异构协同处理计算模型中将 CPU 与 GPU 结合起来加以利用。应用程序的串行部分在 CPU 上运行，而计算任务繁重的部分则由 GPU 来加速。将 CPU 与 GPU 整合或者融合在一起更有利于二者之间协同发挥作用。

向量处理器以及 GPU 的相关技术也用于服务器，以并行执行大量的简单运算，从而提高处理效率并减轻 CPU 的负担。

2. 主板复杂且功能强大

一般而言，服务器主板要比 PC 主板大，这主要是因为在主板上要安装的组件比普通 PC 多，如 PCI（5 条以上）、PCI-X、内存插槽（4 条以上），还可能有多个 CPU 插座。有的为了节省主板的空间，把部分比较集中的功能件用另外一块单独的板卡提供。例如，有的服务器会在一块板卡上集成所有的 PCI 或 PCI-X 插槽。

3. 硬盘、内存容量大、速度快且可靠性高

一般而言，服务器需要安装一定的系统、应用软件，如操作系统、数据库管理系统等，这些都需要大量的存储空间；另外，服务器在处理大量的访问和数据时，也会产生大量需要保存的数据；再次，大型服务器还需要较大的 I/O 带宽以满足应用对读写速度的要求，以及一定的机制确保数据可靠性。因此，早期服务器通常采取磁盘阵列的方式组织磁盘，以解决早期磁盘容量过小而带来的存储空间不足的问题，从而提高服务器磁盘容量。随着技术的进步，目前的硬盘容量已经有了非常大的提高，最高已达到 4TB。因此，目前一般的中小型网络服务器由于对 I/O 带宽的要求并不太高，而在容量上只需一块硬盘就足够了，因此采用磁盘阵列的主要目的是利用磁盘阵列的数据冗余性提高数据的安全性与可靠性，此外磁盘阵列还可以提供并行读写能力，提升数据访问效率。当然，对于业务量巨大的大型服务器，如一些邮件服务器、数据库服务器、电子商务网站的服务器，其所需的存储空间在目前来说仍不可能由一块磁盘来满足，因为这种服务器通常所需的磁盘容量都是 PB 级的，这时仍需要使用磁盘阵列，以提供足够的存储空间。

在计算机运行过程中，系统程序与应用程序的数据大多存放在内存中。在操作系统的地址映射过程中，若发现所要访问的页面不在内存中，则产生缺页中断。当发生缺页中断时，操作系统必须在内存选择一个页面将其移出内存，以便为即将调入的页面让出空间。此时会发生访问外存的操作。然而内存和外存之间的存取速度差异巨大，访问外存与访问内存相比会带来巨大的响应延迟。内存越大，能够存储的页面越多，产生的缺页中断越少。因此，对于有着大量访问和计算请求需要处理的服务器而言，内存大小直接影响系统的运行速度。一般而言，服务器所处网络越大、越复杂、数据流量越高，对内存的需求也就越高。现在，一般的中小型服务器都在几十 GB 以上，而一些大型的服务器可以支持容量高达数 TB 的内存。此外，有些服务器内存采用了一定的容错与恢复机制，如 ECC 技术等，确保了内存数据的可靠性，从而提升了服务器的稳定性与可靠性。

4. 支持热插拔

服务器上承载的大部分业务是不允许中断的，所以"热插拔"显得尤为重要。"热插拔"是一项便于服务器部件替换的技术，它支持在服务器运行的过程中，增添或者移除服务器的一个或多个部件，而不需要服务器重新启动。热插拔技术的出现，极大地降低了服务器维护的难度与成本，保证了服务器的不间断运行。

目前大部分的服务器中支持热插拔技术的部件有硬盘、电源、风扇、PCI 适配卡等。此外，在一些高端服务器（如 HP 9000 系列）中，内存与 CPU 也是支持热插拔的，所有支持热插拔技术的部件均可在线直接安装或者从服务器上拆卸，这样极大地方便了服务器的维护，确保服务器持久地运行。

5. 冗余配置

服务器部件长时间运行会发生故障并导致服务器无法正常运行。目前大多数服务器都对这些部件进行冗余配置，以保证服务器的持续运行。各类冗余的部件之间互为备份，当某一个部件故障时，剩余部件能继续工作，从而保证服务器的持续运行。

3.2 服务器的分类

服务器发展到今天其种类繁多，拥有各种功能、不同应用环境下的特定服务器不断涌现。现阶段服务器分类汇总如表 3-1 所示。

表 3-1 服务器的分类

服务器分类划分标准	具体分类
按照体系架构来划分	非 x86 服务器
	x86 服务器
按应用层次划分	入门级服务器
	工作组服务器
	部门级服务器
	企业级服务器
按服务器的处理器架构划分	CISC 架构服务器
	RISC 架构服务器
	VLIW 架构服务器
按服务器用途划分	通用型服务器
	专用型服务器
按服务器的机箱结构划分	塔式服务器
	机架式服务器
	机柜式服务器
	刀片式服务器
	模块化服务器

3.2.1 按照体系架构来划分

目前，按照体系架构来划分，服务器主要分为以下两类。

1. x86 服务器

x86 服务器又称复杂指令集（complex instruction set computer，CISC）架构服务器，即通常所讲的 PC 服务器，它是基于 PC 体系结构，使用 Intel 或其他兼容 x86 指令集的处理器芯片的服务器。这一类服务器的价格便宜、兼容性好、稳定性和安全性相对较低，主要用在中小企业和非关键业务中。

2. 非 x86 服务器

非 x86 服务器包括大型机、小型机和 UNIX 服务器，它们是使用精简指令集（reduced instruction set computer，RISC）处理器，并且主要采用 UNIX 和其他专用操作系统的服务器。这一类服务器的价格昂贵、体系封闭，但是稳定性好，性能强大，主要用在金融、电信等大型企业的核心系统或大中型企业的关键业务中。

3.2.2 按应用层次划分

按应用层次对服务器进行划分是较为普遍的一种方式，它主要根据服务器在网络中应用的层次来划分。按这种划分方法，服务器通常可被分为：入门级服务器、工作组级服务器、部门级服务器和企业级服务器。

1．入门级服务器

入门级服务器设计简单，功能有限，是服务器中最为基础和低端的一类。较多入门级服务器在价格、配置方面甚至与个人电脑相差无几。

入门级服务器通常只具备以下几方面的特性。

（1）部分硬件具备冗余性，如硬盘、电源、风扇等。

（2）部分硬件支持热插拔。

（3）CPU 数量较少，通常只有一个。

（4）内存容量通常较小，一般在 10GB 以内，但通常会采用带 ECC 纠错技术的服务器专用内存。

2．工作组服务器

工作组服务器是一个比入门级高一个层次的服务器，但仍属于低档服务器的范围。它能连接的用户数限制在一个工作组（50 台左右），它的特点是网络规模较小，对服务器的性能要求不是很高。工作组服务器主要具有以下几方面的特点。

（1）通常仅支持单或双 CPU 结构的应用服务器。

（2）可支持大容量的 ECC 内存和增强服务器管理功能的 SM 总线。

（3）采用 Intel 服务器 CPU 和 Windows / NetWare 网络操作系统，但也有一部分采用 UNIX 系列操作系统。

（4）功能较全面，可管理性强，且易于维护。

（5）可以满足中小型网络用户的数据处理、文件共享、Internet 接入及简单数据库应用的需求。

（6）工作组服务器较入门级服务器来说性能有所提高，功能有所增强，有一定的可扩展性，但容错和冗余性能仍不完善，也不能满足大型数据库系统的应用。

3．部门级服务器

部门级服务器属于中档服务器。通常，部门级服务器采用了双 CPU 以及双 CPU 以上的对称处理器架构，具有较为完备的硬件配置，如磁盘阵列、存储托架等。因此，部门级服务器具有较强的处理与计算能力。

部门级服务器在继承工作组服务器全部特性的基础上，集成了大量的监测与管理电路，拥有较为全面的服务器管理能力。部门级服务器可以对温度、电压、风扇、机箱等状态参数进行检测，以使系统了解服务器当前的运行状态。

目前，部门级服务器通常采用 RISC 架构的处理器。在过去，所用的操作系统通常是 UNIX 操作系统。不过，随着 Linux 内核技术的发展与成熟，目前 Linux 操作系统也在部门级服务器中得到了较为广泛的应用。

部门级服务器适用于对处理速度和系统可靠性要求较高的中小型企业网络，其硬件配置相对较高，而且可靠性也比工作组级服务器高。

4．企业级服务器

企业级服务器属于高档服务器。企业级服务器采用了 4 CPU 以及 4 CPU 以上的对称处理器架构。通常，企业级服务器具有独立的双 PCI 通道以及内存扩展板的设计，具有较高的内存带宽、热插拔电源以及大容量的热插拔硬盘、较强的数据处理能力与群集性能等特点。企业级服务器机箱体积较大，通常为机柜式机箱，有的企业级服务器甚至像大型机一样，由多个机柜组成。

企业级服务器具有部门级服务器的全部特点，并且还具备较高的容错能力、较高的扩展性能、故障预警功能以及在线诊断能力，此外其 RAM、PCI、CPU 等部件具有热插拔能力。企业级服务器适用于需要处理大量数据、较高的处理速度以及对可靠性要求较高的应用环境，如金融、证券、交通、邮电、通信或大型企业。

3.2.3 按服务器的处理器架构划分

根据服务器采用的处理器架构，可分为 CISC 架构服务器、RISC 架构服务器和 VLIW 架构服务器 3 种。

1. CISC 架构服务器

CISC 的全称为 "Complex Instruction Set Computer"，即 "复杂指令集计算机"。目前，较多的处理器（CPU）厂商在研发 CISC 处理器，如 Intel 与 AMD。在 CISC 处理器中，每条指令都十分复杂，在指令的执行过程中需要耗费较多的时间进行指令的译码操作。此外，一条指令可能对应了较多的操作，因此，指令的执行需要耗费较多的时间，执行效率较低。但是，顺序执行的优点在于易于设计、控制简单。CISC 架构的服务器主要以 IA-32 架构（Intel architecture，英特尔架构）为主，多为中低档服务器。

每种操作系统都有其特定的硬件平台支持列表，通常基于 Windows NT 的应用基本上都定位于 IA 架构（CISC 架构）的服务器。如果服务器应用必须基于 Solaris，那么服务器只能选择 SUN 服务器。如果应用是基于 AIX（IBM 的 UNIX 操作系统）的，那么只能选择 IBM UNIX 服务器（RISC 架构服务器）。

2. RISC 架构服务器

RISC 的全称为 "reduced instruction set computing"，即 "精简指令集计算机"，相比于上面提到的 CISC，它的指令集较为简单，因为它只要求处理器执行简单的指令，其余的复杂操作则使用成熟的编译技术，由简单指令合成。目前，较多的中高档服务器采用 RISC 处理器，特别是高档服务器，几乎全都采用了 RISC 处理器。在中高档服务器中采用 RISC 指令的 CPU 主要有 Compaq(康柏，即新惠普)公司的 Alpha、HP 公司的 PA-RISC、IBM 公司的 Power PC、MIPS 公司的 MIPS 和 SUN 公司的 Spare。

3. VLIW 架构服务器

VLIW 的全称为 "very long instruction word"，即 "超长指令字"，VLIW 架构采用了先进的设计，我们也把这种架构叫作 "IA-64 架构"。在每个时钟周期中，相比于 CISC 通常只能运行 1～3 条指令，RISC 能运行 4 条指令，而 IA-64 却能够运行 20 条指令，可见 VLIW 拥有比 CISC 和 RISC 更为强大的处理能力。

3.2.4 按服务器用途划分

1. 通用型服务器

通用型服务器是可以提供各种服务功能的服务器，目前大多数服务器都是通用型服务器。由于这类服务器不是为实现某一功能而专门设计的,所以在设计时,需要兼顾多方面的应用需求,服务器的结构较为复杂,且要求性能较高,价格也较为昂贵。

2. 专用型服务器

专用型服务器是为实现某些功能而专门设计的服务器。因此,在某些方面与通用型服务器有着较大的不同。例如 FTP 服务器主要用于网络文件传输,这要求服务器在存储介质的稳定性、存取速度、网络带宽方面具有较大的优势。而电子邮件服务器主要是要求服务器配置高宽带、大容量并带有容错能力的磁盘。这些专用型服务器的性能要求比较低,因为它只要能够实现需要的应用即可,所以结构较为简单,在稳定性、扩展性等方面要求不高。

3.2.5 按服务器的机箱结构划分

1. 类型

按照服务器的机箱结构,通常可以划分为如下类型。

- 台式服务器。
- 机架式服务器。
- 机柜式服务器。
- 刀片式服务器。
- 模块化服务器。

2. 介绍

各种服务器的介绍如下。

（1）台式服务器

台式服务器通常也被称为"塔式服务器"。台式服务器大多是较为低端的服务器,由于低端服务器功能较弱,内部结构较为简单,因此体积不大,故使用台式机箱的结构进行设计。此外,立式机箱也属于台式机范围,目前这类服务器在整个服务器市场中占有相当大的份额。

（2）机架式服务器

机架式服务器有 1U（1U=4.45cm）、2U、4U 等规格,安装在标准的 19 英寸机柜里面。目前,机架式服务器多为专用型服务器。

机架式服务器的设计,是为了满足大多数大型企业的需要。对于这些企业而言,服务器是放置在机房中进行统一管理与维护的。机房具有良好的服务器运行环境,如气温与湿度控制、具有备份的电力供应、防火防震等,这些条件使得机房的建筑成本极高,因此对于较多的大型企业而言,服务器需要有尽可能小的体积以及适宜的形状,使固定大小的机房能够放置尽可能多的服务器。

1U 的机架服务器如图 3-1 所示。

图 3-1　1U 机架服务器

2U 的机架服务器如图 3-2 所示。

（3）机柜式服务器

对于一些高端服务器而言，由于服务器功能强大，因此在服务器设计的过程中，不免会集成较多的内部设备，从而使得服务器的内部结构复杂而庞大，甚至有时还具有许多不同的设备单元或几个服务器需要放置在一起，这样的服务器需要一个特殊的设备——机柜来放置，而这种服务器就是机柜式服务器。

机柜服务器具有完备的故障自修复能力的系统，关键部件采用了冗余的设计，甚至对于一些关键的业务，可以采用双机热备份高可用系统或者高性能计算机，从而提高服务器的可用性与可靠性。

（4）刀片式服务器

一般而言，服务器的功能越强大，拥有的部件越多，结构越复杂，因此体积也越庞大。实际上，服务器内部的部件密度并没有随着服务器性能的提升而增大，因此，提升服务器内部组件的密度，可以得到一种具有高密度计算机环境的服务器。

刀片式服务器是一种高可用高密度（high availability high density，HAHD）的低成本服务器。在这类服务器中存在多块"刀片"，每一块"刀片"实际上都是一块系统主板，因此可以将刀片视为一个个独立的服务器，而刀片服务器本身则是数个服务器的集合。每一块刀片作为一个独立的服务器，可以独立地运行并为用户提供服务。此外，刀片服务器可以将所有的刀片整合在一起，形成一个大的集群系统，利用高速的网络环境，可以统一协调地工作，为用户群提供统一的服务。

刀片服务器整机图如图 3-3 所示。

图 3-2   2U 机柜服务器   图 3-3   刀片服务器整机图

（5）模块化服务器

模块化服务器是 Intel 与联想、浪潮、航天联志（Aisino）等国内知名服务器厂商推出的基于 SSI 的服务器产品。在整合性、扩展性等方面，模块化服务器具备刀片服务器所具备的优势，此外在价格上，模块化服务器具有更大的竞争力。

模块化服务器将服务器的各项功能，如存储、计算、网络、管理等模块化，从而形成独立的功能单元，并通过一个独立的管理模块对各个功能单元进行管理。目前，刀片服务器的设计理念依然处于主导地位，然而随着模块化服务器的推出，虽然在高冗余、高可靠性等方面，刀片服务器依然保持着较大的优势，但在整合性、扩展性以及管理、安装等方面，模块化服务器却不输于刀片服务器。

3.3　处理器的发展与技术

3.3.1　处理器概述

CPU 是服务器上的核心处理单元，而服务器是网络中的重要设备，要处理大量的访问需求。因此，对服务器所承担的巨大的工作负担，实际上可以转变为对 CPU 处理能力的要求。可以说 CPU 是服务器最为核心的一部分，是制约服务器性能提升的关键因素。

目前，服务器的 CPU 类型根据 CPU 的指令系统，通常分为 CISC 型、RISC 型和 VLIM 型的 CPU。

3.3.2　常见的处理器

1．CISC 型 CPU

CISC 是英文 "complex instruction set computer" 的缩写，中文意思是 "复杂指令集计算机"，目前，较多的处理器（CPU）厂商一直在研发 CISC 处理器，包括 Intel、AMD，还有其他一些现在已经更名的厂商，如 TI（德州仪器）、Cyrix 以及 VIA（威盛）等。在 CISC 处理器中，程序的各条指令，以及每条指令中的各个操作都是按顺序串行执行的。顺序执行的优点在于易于设计、控制简单，但计算机各部分的利用率不高，执行速度缓慢。CISC 处理器大多为英特尔生产的 x86（Intel CPU 的一种命名规范）系列 CPU 及其兼容 CPU（其他厂商如 AMD、VIA 等生产的 CPU）。这种 CPU 一般都是 32 位的结构，所以也称其为 IA-32 CPU（IA: Intel Architecture，Intel 架构）。

2．RISC 型 CPU

RISC 是英文 "reduced instruction set computing" 的缩写，中文意思是 "精简指令集计算机"。它是在 CISC 的基础上发展起来的。相比于上面提到的 CISC，它的指令集较为简单，因为它只要求处理器执行简单的指令，其余的复杂操作则使用成熟的编译技术，由简单指令合成。除精简指令集以外，RISC 处理器还采用了超标量和超流水线的技术，大大增加了并行处理能力。也就是说，在同样的时钟周期下，RISC 处理器的性能比 CISC 处理器高出很多。目前中高档服务器大多采用 RISC 处理器，特别是高档服务器，全都采用了 RISC 处理器。RISC 指令集更加适合高档服务器的操作系统 UNIX 与 Linux。但是，RISC 处理器与 Intel 和 AMD 的 CPU 在软件和硬件上都不兼容。

目前，在中高档服务器中采用 RISC 指令的 CPU 主要有以下几类。

- PowerPC 处理器。
- SPARC 处理器。
- PA-RISC 处理器。
- MIPS 处理器。
- Alpha 处理器。

3．VLIW 型 CPU

VLIW 简化了处理器的结构，去除了处理器内部许多对于 CISC 与 RISC 而言必须的复杂的控制电路，因此，VLIW 简单的结构也使其芯片的制造成本与能耗降低，使得 VLIW 处理器价格低廉，能耗低，而性能确比超标量处理器高出许多。

最后值得注意的是，虽然 CPU 是决定服务器性能最重要的因素之一，但是如果没有其他配件的支持和配合，CPU 也不能发挥出它应有的性能。

3.4　内存的发展与技术

3.4.1　内存概述

服务器内存（memory）是用来存储服务器程序和数据的部件。内存就是服务器主板上的存储部件，CPU 直接与之沟通、存放当前正在使用的数据和程序，它的物理实质就是一组或多组具备数据输入输出和数据存储功能的集成电路。

内存性能对服务器性能有着极为重要的影响。作为一种高速器件，内存很容易发生各种各样的错误。因此，为了避免内存错误给服务器带来的影响，各个厂商都积极推出自己独特的服务器内存技术。例如，HP 的在线备份内存技术与热插拔镜像内存技术；IBM 的 ChipKill 内存技术、热更换和热增加内存技术等。而且随着服务器功能的扩展与处理能力的增强，内存的密度和容量也将得到相应的发展。

3.4.2　常见的内存技术

1．Advanced ECC Memory

目前，服务器几乎都需要 24 小时不间断运行，因此服务器对可靠性和稳定性的要求极为严格。为了避免内存出错影响服务器工作，ECC 指令纠错技术应运而生。需要注意的是，ECC 并不是一种内存型号，也不是一种内存专用技术，而是一种广泛应用的指令纠错技术。

错误检查和纠正（error checking and correcting，ECC）是为了弥补同位检查码的缺陷而产生的一种内存纠错技术，ECC 可以发现并纠正错误。比起奇偶校验技术，它更为先进，因为它不仅可以发现错误，还能够纠正这些错误，从而保证服务器能够正常工作，不受内存错误的影响。

2．Chipkill 技术

Chipkill 技术是由 IBM 公司开发的，为了弥补目前应用于服务器内存的 ECC 技术的不足的一项技术。实际上，它是一种新的 ECC 内存保护标准，由于 ECC 只能检测和纠正一位的错误，因此当两个或两个以上的位错误被同时检测到时，ECC 就无法对错误进行纠正。而 Chipkill 技术利用了类似于磁盘阵列中奇偶检验的存储保护思想，在写数据时，将数据写到多块内存芯片上。这样，每块芯片所起的作用实际上与存储阵列中每一块磁盘的作用类似。如果其中的一块芯片失效了，因为其余的位存储在另外的芯片上，所以只有字节上的某一位会受到影响。出现错误后，内存控制器能够从失效的芯片重新构造丢失的数据，从而使服务器继续工作。采用 Chipkill 技术的内存可以同时检测并纠正 4 个错误的数据位，比起 ECC，进一步提高了服务器的可靠性与稳定性。

目前，虽然服务器处理器的性能飞速提升，但磁盘的读写性能增长缓慢，因此，为了整体提升服务器的性能，需要大量的内存来临时保存处理器需要读取的数据，即将内存用作磁盘的缓存。但是服务器所具有的大量数据访问操作，要求单一的内存芯片在每次访问时能够提供 4 字节或 8 字节，甚至更多的数据。一次性读取如此大量的数据大大提高了多位数据出现错误的概率，而 ECC 只能纠正一位的错误，这样就很可能造成全部数据丢失，从而使系统崩溃。Chipkill 技术则利用了内存的子结构来解决这一问题。内存子系统的设计原理为：对于单一芯片，无论数据宽度是多少，只对应一个给定的 ECC 识别码，它的影响最多为一位。例如，如果使用 4 位的 DRAM，4 位中每一位的奇偶性将分别组成不同的 ECC 识别码，这个 ECC 识别码是用单独一个数据位来保存的，也就是说保存在不同的内存空间地址中。因此，即使整个内存芯片出了故障，每个 ECC 识别码也将最多出现 1bit 坏数据，而这种情况完全可以通过 ECC 逻辑修复，从而保证内存子系统的容错性，保证了服务器在出现故障时，有强大的自我恢复能力。采用这种内存技术的内存可以同时检查并修复 4 个错误数据位，服务器的可靠性和稳定性得到了更加充分的保障。

比起 ECC 技术，Chipkill 技术更加有效，对于每块内存芯片，它拥有纠正 4 位错误的能力。如果内存发生错误，Chipkill 技术就能够迅速地恢复数据，从而保证服务器能够正常工作。

3. 镜像内存（mirrored memory）技术

mirrored memory 的工作原理与硬盘的热备份类似，内存镜像是将内存数据做两个拷贝，分别放在主内存和镜像内存中。当某个内存芯片失效时，镜像保护技术能够自动利用备用的比特位找回数据。由于采用通道间交叉镜像的方式，所以每个通道都有一套完整的内存数据拷贝，从而保证服务器的平稳运行。

4. 热插拔 RAID 内存技术

热插拔 RAID 内存技术与硬盘的 RAID 技术类似，可以利用比 mirrored memory 少很多的容量来实现类似于 mirrored memory 的功能，需要热插拔内存板的支持。热插拔 RAID 内存（hot plug RAID memory）技术类似于 RAID 4 的存储技术，它在系统架构上更像磁盘，因此，采用了热插拔 RAID 内存技术的系统可以像 RAID 一样，随意替换内存。但是，热插拔 RAID 内存与 RAID 之间依然存在着不同之处，例如，在性能上会有不同，而两者的实现方式也不一样。不同于 RAID，热插拔 RAID 内存使用并行的点对点连接方式写入数据，而不是像磁盘阵列一样，通过连接多块磁盘的串行总线来写入数据，这种方式的优点在于，数据可以同时被写入多个存储区，不存在延时，从而消除了因 RAID 技术存在的写数据的瓶颈问题。RAID memory 原理如图 3-4 所示。

图 3-4　RAID memory 原理示意图

3.5　服务器 I/O 总线

3.5.1　I/O 总线概述

总线（bus）是处理器与外部设备连接通信的通道。处理器工作时需要与外部设备进行数据、控制信号等信息交换，但是假如每种设备都分别引入一组线路与处理器直接连接，那么系统线路会变得极其复杂、无序，且不易维护，因此，一组通用线路被设计用于实现处理器与外部设备之间的连接，它给不同的设备提供了相对统一的接口，从而大大简化了处理器同外部设备进行信息交换的过程，提高了工作效率。根据所连接设备的不同，总线可分为内部总线、系统总线和外部总线。内部总线用于连接处理器与系统内部芯片，系统总线用于连接主板、扩展卡等，外部总线则用于连接系统与外部设备。

3.5.2　常见的 I/O 总线技术

1. SCSI 技术

小型计算机系统接口（small computer system interface，SCSI）是一种用于计算机和智能设备（硬盘、软驱、光驱、打印机、扫描仪等）之间系统级接口的独立处理器标准。SCSI 是一种智能的通用接口标准。它是各种计算机与外部设备之间的接口标准。

（1）SCSI 接口是一个通用接口，在 SCSI 母线上可以连接主机适配器和 8 个 SCSI 外设控制器，外设可以包括磁盘、磁带、CD-ROM、可擦写光盘驱动器、打印机、扫描仪和通信设备等。

（2）SCSI 是个多任务接口，设有母线仲裁功能。挂在一个 SCSI 母线上的多个外设可以同时工作。SCSI 上的设备平等占有总线。

（3）SCSI 接口可以同步或异步传输数据，同步传输速率可以达到 10MB/s，异步传输速率可以达到 1.5MB/s。

（4）SCSI 接口接到外置设备时，它的连接电缆可以长达 6m。

2. PCI-X 总线技术

PCI-X 是由 IBM、HP 和 Compaq 公司提出来的，它是并行接口，是 PCI 的修正，兼容 PCI。

PCI 总线的时钟频率是 33Mhz，总线宽度 32 位，理论传输速率可以达到 132MB/s。

PCI-X 总线宽度达到了 64 位，总线频率最高可以达到 133MHz，理论传输速率达到 64 位*133MHz=1GB/s，而 PCI-X 2.0（PCI-X 266）版本在时钟的上升和下降沿均可传输数据，是 PCI-X 理论速度的二倍，可以到达达到 2.1GB/s

3. PCI-E 总线技术

2002 年公布的"PCI Express"是一个新的总线标准。这个新的总线标准将全面取代现行的 PCI 和 AGP 总线，最终实现总线标准的统一。它的主要优势就是数据传输速率高，目前最高可达到 10GB/s 以上，而且还有相当大的发展潜力。

PCI-E（PCI-Express）采用了目前较为流行的点对点串行连接的方式，相比 PCI 以及更早期的计算机总线所采用的共享并行架构，PCI-E 所连接的每个设备都有专用的连接通路，不需要向整个总线请求带宽，因此，可以达到很高的信道频率，提升数据传输速率，从而提供 PCI 所不能提供的高带宽。此外，相对于传统 PCI 总线的半双工传输方式，PCI-E 的双工连接能够提供更高的数据传输速率，并能更好地保证数据传输的质量。

PCI-Express 总线标准之所以能够迅速地得到业界的承认，并且被业界公认为下一个 10 年的总线标准，是因为它具备鲜明的技术特点，Intel 在开发 PCI-E 时就充分考虑到 PCI 目前存在的各种问题，并就此进行了充分的完善和优化。这些改进包括采用智能化总线架构、支持多种不同设备、解决资源共享问题、增强技术可靠性和极大提高带宽等方面，这些技术改进可以全面解决 PCI 总线技术面临的种种问题，从而 PCI-E 被认为是 PCI 真正的替代者。

4. InfiniBand 总线

InfiniBand 是一个能够在相对较短的距离内提供高带宽、低延迟的数据传输服务，并支持冗余 I/O 通道的统一互连结构。磁盘阵列、SAN、LAN、外部网络、服务器和集群系统等可以通过 InfiniBand 进行连接。

InfiniBand 与现存的 I/O 技术在许多重要的方面都不相同。不同于传统共享总线，InfiniBand 没有相关的电子限制、仲裁冲突和内存一致性问题。InfiniBand 在交换式互连网络上，采用点到点的、基于通道的消息转发模型，同时，采用网络架构能够为多个不同的节点提供多种可能的通道。

3.6　服务器 RAID 技术

3.6.1　RAID 概述

独立磁盘冗余阵列（redundant array of independent disks，RAID）是一种将多块独立的硬盘按不同方式组合起来形成一个硬盘组，从而提供比单个硬盘更高的存储性能和提供数据冗余的技术。

在服务器上使用 RAID 技术是为服务器的数据提供冗余的保障。同时，由于磁盘存取速度的提升跟不上 CPU 处理速度的发展，从而成为提高服务器 I/O 能力的一个瓶颈。RAID 技术利用条带技术提高磁盘存取速度，同时使用数据冗余技术提供磁盘数据备份，提高了系统可靠性。常用的服务器 RAID 级别有：RAID0、RAID1、RAID3、RAID5、RAID6、RAID10、RAID50，不同 RAID 级别代表不同的存储性能、数据安全性和存储成本。

3.6.2　服务器 RAID 卡

RAID 卡就是用来实现 RAID 功能的板卡，通常由 I/O 处理器、SCSI 控制器、SCSI 连接器和缓存等一系列组件构成。RAID 卡的基本功能是可以让很多磁盘驱动器同时传输数据，而这些磁盘驱动器在逻辑上又是一个磁盘驱动器，因此使用 RAID 可以达到单个磁盘驱动器数十倍的速率。RAID 卡的另一个重要功能就是可以提供 RAID 的容错功能。根据对冗余度和性能的不同需求，RAID 被分为多个等级：RAID 0~RAID 6，等等。每一个等级在可靠性、有效性、性能、容量之间有着不同的权衡。不同的 RAID 卡支持的 RAID 等级和功能有所区分。

RAID 卡支持的硬盘接口，目前主要有 3 种：IDE 接口、SCSI 接口和 SATA 接口。

1. IDE 接口

电子集成驱动器（integrated drive electronics，IDE）这一接口技术从诞生至今就一直在不断发展，性能也不断提高，其拥有价格低廉、兼容性强的特点，在 SATA 出现之前，IDE 在桌面电脑中保持了无法替代的地位。

IDE 代表着硬盘的一种类型，但在实际应用中，人们也习惯用 IDE 来称呼最早出现的 IDE 类型硬盘 ATA-1，这种类型的接口随着接口技术的发展已经被淘汰了，而其后发展分支出更多类型的硬盘接口，如 ATA、Ultra ATA、DMA、Ultra DMA 等接口都属于 IDE 硬盘。IDE RAID 卡外观如图 3-5 所示。

2. SATA 接口

使用 SATA（serial ATA）接口的硬盘又叫串口硬盘。2001 年，由 Intel、APT、Dell、IBM、希捷、迈拓等几大厂商组成的 Serial ATA 委员会正式确立了 Serial ATA1.0 规范。

Serial ATA 采用串行连接方式，串行 ATA 总线使用嵌入式时钟信号，具备了更强的纠错能力，SATA 能对传输指令进行检查，发现错误会自动纠错，这大大提高了数据传输的可靠性。串行接口还具有结构简单、支持热插拔等优点。SATA RAID 卡的外观如图 3-6 所示。

图 3-5　IDE RAID 卡的外观

图 3-6　SATA RAID 卡的外观

3. SCSI 接口

小型计算机系统接口（small computer system interface，SCSI）是与 IDE 完全不同的接口。SCSI 接口具有应用范围广、多任务、带宽大、CPU 占用率低以及支持热插拔等优点，但其价格较高，且由于串行总线技术相较于并行总线技术的优势，SCSI 接口硬盘目前已被 SAS 取代。SCSI RAID 卡外观如图 3-7 所示。

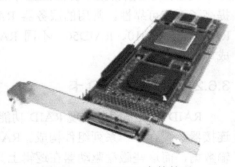

图 3-7　SCSI RAID 卡的外观

3.7 服务器高级技术与发展

3.7.1 服务器的智能监控管理技术

服务器的智能监控管理技术不是一个单一的服务器技术，它是一系列智能管理技术的总称，其中包括 EMP（应急管理端口）、ISM（Intel 服务器管理）、IPMI（智能平台管理接口）和 SNMP（简单网络管理协议）等技术。

把服务器的智能监控管理技术应用于服务器管理软件，业界开发出很多的配套服务器的管理软件。例如戴尔的 OpeManage 4、IBM Tivoli、HP Openview，华为公司的 iBMC（Intelligence Baseboard Management Controller）及浪潮的 LCSMS 等。第三方软件如Symantec 公司的 OpForce 3.0 和 TurboLinux 公司的 Linux 服务器管理软件等。

1. EMP

应急管理端口（emergency management port，EMP）是一个用于远程管理服务器的接口。安装控制软件之后，远程控制机可以通过调制解调器与服务器相连。通过 EMP Console 控制界面，远程控制机可以对服务器进行以下操作。

（1）开启或者切断服务器的电源。

（2）重置服务器，包括主板 BIOS 和 CMOS 的参数设置等。

（3）监测服务器的温度、电压、风扇等内部情况。

以上功能可以使技术支持人员远程通过 Modem（调制解调器）和电话线及时解决服务器的许多硬件故障。这是一种很好的实现快速服务和节省维护费用的技术手段。

2. ISM

ISM（Intel Server Management，Intel 服务器管理）是一种适用于 Intel 架构的，主板带有集成管理功能的服务器的网络监控技术。通过该技术，用户可以使用普通的客户机对服务器进行一定程度的操作。例如，可以通过网络对服务器电源进行开启或切断，可以配置服务器的 BIOS 参数，可以监控网络上所有使用该技术的服务器的运行状况。

3. IPMI

智能型平台管理接口（Intelligent Platform Management Interface，IPMI）是一种工业标准，用于管理 Intel 架构的企业系统的外部设备，该标准由英特尔、惠普、NEC、戴尔和 SuperMicro 等公司制定。通过 IPMI，用户可以监视服务器的内部状况，如温度、电压、风扇工作状态、电源状态等，从而获知服务器的工作状态。此外，IPMI 是一个开放的免费标准，用户无需为使用该标准而支付额外的费用，从而降低了服务器的运行与维护成本。

IPMI 的核心是基板管理控制器（baseboard management controler，BMC）。BMC 是一个独立于服务器的处理器、BIOS 与操作系统的元件，它可以在系统内独立地运行，是一个无代理管理的子系统，只要有 BMC 与 IPMI 固件，便可以工作。通常，BMC 是一个安装在服务器主板上的独立板卡，目前也有部分服务器主板直接提供对 IPMI 的支持。BMC 所具有的独立运行的特点使得 IPMI 摆脱了基于操作系统管理方式带来的限制。

一般来说，BMC 具有以下功能。

（1）通过系统的串行端口进行访问。

（2）访问系统事件日志和传感器状况。

（3）记录故障日志和发送 SNMP 警报。

（4）开启与关闭服务。

（5）不受系统电源与工作状态的限制。

（6）文本控制台重定向。

4．SNMP

简单网络管理协议（simple network management protocol，SNMP）是在简单网关监控协议（simple gateway monitoring protocol，SGMP）的基础上发展起来的。由于 SNMP 的目标是管理互联网上众多厂家生产的软硬件平台，因此 SNMP 受 Internet 标准网络管理框架的影响也很大。

SNMP 主要有以下 4 个特点。

（1）管理代理的软件成本低。

（2）远程管理的功能强大。

（3）体系结构具有较好的可扩展性。

（4）具有较强的独立性，不依赖于具体的计算机、服务器、网关和网络传输协议。

3.7.2　服务器的安全保护技术

现在服务器中存储的信息越来越多，也越来越重要。为防止服务器因发生意外或受到意外攻击而丢失大量重要的数据，服务器一般都会采用许多重要的安全保护技术来确保其安全。下面介绍一些主要的服务器安全保护技术。

1．全自动备份技术

全自动备份技术的实质是建立两台同步工作的相同服务器，当其中一台服务器出现故障时，另一台服务器可以立即接入系统并替代故障的服务器继续工作。全自动备份技术极大地提高了系统的可靠性，确保了系统的数据在损坏或丢失后能够快速恢复；此外，全自动备份技术还可以确保本地系统因发生不可预料或抵御的地域性灾难（地震、火灾、战争等）引起机器毁坏时，能够在异地快速恢复服务器数据及整个系统。

2．事务跟踪技术

事务跟踪技术是为了确保数据的一致性，针对服务器数据库和多用户环境而设计的，其核心的设计理念是保证操作的原子性，其工作方式是：对指定的事务（操作）要么一次完成，要么什么操作也不进行。

3．自动检验技术

对于系统而言，发现与纠正运行过程中的错误是很有必要的。一般来说，一个完善的系统离不开自动检验技术的支持。自动检验技术是快速检测服务器故障的一种有效手段。正确使用自动检验技术对于服务器的容错系统设计是至关重要的，因为正确地使用自动检验技术可以提高服务器系统对错误的反应能力，减少发现错误所需的时间，使错误存在的时间缩短，所以能够有效地阻止错误的进一步蔓延，并对错误进行及时纠正。

4. 内存纠错技术

内存纠错技术是一种服务器错误检测与纠错技术，该技术的核心思想是尽可能早地发现错误并纠正。由于内存中的错误大多是一位接一位陆续发生的，而一位的错误是可以纠正的，多位的错误则无法纠正，因此当发现与纠正一位的内存错误时，数据位便立刻被纠正。

5. 热定位技术

热定位技术是一种检测服务器数据错误的技术，该技术可以对写入磁盘的数据进行检查与比较，从而确定写入的数据是否正确。该技术的原理是：进行磁盘写操作时，将刚写入磁盘的数据立刻读出来，并与写缓冲区（通常位于内存中）中的原始数据比较。如果出现错误，则说明此处的磁盘区域已经损坏，需要将服务器的磁盘坏区情况记录在磁盘中的"热定位重定区"中，并将数据重新写入已确定的坏区以外的区域。

6. 自动重启技术

自动重启技术，是指服务器可以在无人管理的情况下，发现系统运行过程中出现的，不可由系统恢复的错误，并重新启动，以极快的速度恢复系统运行。

7. 网络监控技术

网络监控技术是一种可以让用户仅使用一台普通的客户机监测网络上所有使用的服务器，就能判断服务器是否正常工作的技术。当服务器出现错误时，管理人员很快便会收到提示。此外，监测端和服务器端之间通过网络连接，这样的网络可以是局域网，也可以是广域网。直接通过网络对服务器进行一系列的操作，极大地提高了管理和维护的工作效率。

8. 故障在线修复技术

故障在线修复技术包含故障部件热插拔和部件在线配置两项技术。可热插拔的服务器部件有硬盘、外设插卡、电源、风扇等，部分高端服务器甚至支持 CPU 和内存的热插拔。热插拔技术能在保障服务器不停止工作的前提下，更换与升级故障硬件，提高服务器的可用性与可扩展性。在线配置技术允许服务器在运行的过程中进行系统配置（通常是改写配置文件），并使服务器按照配置后的参数工作。

9. 文件分配表和目录表技术

文件分配表和目录表记录文件在磁盘上的位置、文件大小、文件类型等信息，如果它们出现故障，磁盘上的数据便会丢失。文件分配表与目录表技术采用了镜像冗余的思想，通过提供两份彼此同步的、存储于不同存储设备的文件分配表和目录表的方式备份文件分配表与目录表，从而达到容错与故障恢复的目的。

10. VersaStor 技术

VersaStor 技术是由康柏公司开发的，该技术利用网络存储池消除了目前广泛存在于不同存储设备之间的兼容性问题，从而使得在不同的存储设备之间进行存储和管理变得简单、高效。此外，存储池的容量可以根据不同服务器和应用程序动态、透明地增减，这使得存储系统拥有了良好的可扩展性，同时，该技术还支持不同服务器数据的无缝、透明移植，提高了数据的安全性与可靠性。VersaStor 技术能为任何一个与 SAN 网络连接的在线存储系统获取与存放存储空间，简化了存储系统的部署，也为存储系统的管理方式带来了新的变革。

11. Auto RAID 技术

该技术是一项综合利用不同 RAID 优点，从而弥补不同 RAID 缺陷的多级 RAID 技术。在该项技术中，经常使用的数据存储在具有较高读写性能的 RAID-10 一类的 RAID 磁盘中，而不太常用的数据则存储在具有较高存储空间利用率以及较高安全性的 RAID-5 一类的 RAID 磁盘中。在 Auto RAID 技术的支持下，存储系统的安装、配置、维护与扩展变得简单、高效，该技术不再需要将数据转移到 RAID 中的其他磁盘上，而仅需要安装好新的磁盘，接着，系统能够自动判断磁盘的容量，并将它加入 RAID 中，以供系统使用。

此外，Auto RAID 还能够管理由不同容量磁盘组成的 RAID。

3.7.3　服务器负载均衡技术与应用

随着网络技术的发展以及互联网应用范围的不断扩张，网络服务器面对的访问数量和不可预知性都极大地增加。目前，网络服务器必须具备快速处理大量访问的能力，但是，目前服务器的处理能力和 I/O 能力的增长速度落后于对其要求的增长，因此这已经逐渐成为服务器性能提升的瓶颈，这使得用户访问数量的增多导致通信量超出服务器所能承受的范围，服务器负载过重，甚至瘫痪。

前面已经提到，目前服务器处理能力和 I/O 能力增长的速度落后于网络访问数量增长所引起的对服务器要求的增长，那么，单台服务器有限的性能显然不能解决这个问题，因此，需要将多台服务器组成一个系统，并通过一定的软硬件技术将所有请求平均分配到所有服务器上，这样每台服务器的负载便被控制在一个合适的范围之内，而系统也拥有足够的处理能力，用户的访问能被有效、及时地处理。以上就是服务器负载均衡最初的基本设计思想。

在服务器负载均衡技术中，多台服务器以对称的方式工作，每台服务器都具有同等的地位，都可以在没有其余服务器协助的情况下独立运行。因此，通过一定的技术，可以将外部发来的访问请求任务均匀地分配到系统中的每一台服务器上，从而使每台服务器都能独立地处理被分配到的任务，然后将请求的结果反馈给前端的服务器，再由前端的服务器反馈给用户。图 3-8 所示为负载均衡结构示意图。

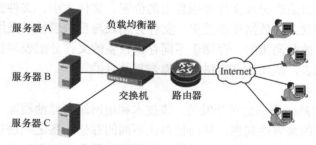

图 3-8　服务器负载均衡结构示意图

1. 基于特定服务器软件的负载均衡

由于发送请求所需的时间以及对服务器造成的负载比起执行服务请求要小很多，因此，可以设计一种负载均衡的机制，类似于目前很多网络协议都支持的"重定向"功能。

例如，HTTP 便支持访问请求的重定向，接收到这个请求的服务器将自动重定向到请求指明的另一个 URL 上。因此，在负载均衡机制下，当服务器认为自己负载较大时，它就不再直接处理持续而来的需要处理的请求，而是发送一个重定向请求，让用户去服务器集群中的其他服务器上获得所需的服务。

2. 基于 DNS 的负载均衡

上面提到的基于服务器软件的负载均衡技术存在个一个缺陷，由于需要对软件进行改动，因此负载均衡操作常常带来一定的性能损失，有时甚至是得不偿失的。因此，负载均衡最好能够在服务器软件之外来完成，这样才能充分利用现有服务器软件的种种优势。最早的负载均衡技术是通过 DNS 服务中的多 IP 地址解析来实现的，在这项技术中，DNS 服务器可以为多个不同的 IP 地址配置同一个域名，而解析这个域名的 DNS 服务器给予访问这个域名的用户其中任意一个 IP 地址。因此，对于同一个域名，不同的用户会得到不同的 IP 地址，即用户可以访问不同 IP 地址上的 Web 服务器，从而达到负载均衡的目的。

比起基于特定服务器软件的负载均衡，基于 DNS 的负载均衡的优点在于简单、易行，并且服务器可以位于互联网的任意位置上。然而它也存在不少缺点，第一，为了保证 DNS 数据能够及时更新，一般都要将 DNS 的刷新时间设置得较小，但是更小的刷新时间意味着更多的刷新次数，这样会造成极大的额外网络流量，并且在更改 DNS 数据之后也不能立即生效；第二，在 DNS 负载均衡技术中，服务器之间的性能差异无从得知，因此不能做到为性能较好的服务器分配较多的请求，而为性能较差的服务器分配较少的请求，从而使得服务器的利用效率较低，此外也不能了解服务器的当前状态，可能会出现客户请求集中在某一台服务器上的极端情况。

3. 反向代理负载均衡

为了加快网页的访问速度，可以使用代理服务器将请求转发给内部的 Web 服务器，由内部的 Web 服务器对请求进行处理，目前，使用这种加速模式可以极大地提升静态网页的访问速度。因此，可以考虑使用这种技术，将访问请求均匀地转发给多台内部 Web 服务器，使它们共同完成请求的处理，从而达到负载均衡的目的。不过，这种代理的使用方式与普通的代理使用方式有所不同，普通的代理使用方式是客户使用代理访问多个外部 Web 服务器，而这种代理方式是多个客户使用它访问内部 Web 服务器，因此也被称为反向代理模式。

虽然反向代理模式的实现并不复杂，但是由于负载均衡技术对效率的要求特别高，因此，实际上反向代理高效率地实现具有一定的难度。针对每一次的代理处理，代理服务器必须打开对外和对内的两个连接，因此当连接请求的数量较大时，代理服务器的负载也就非常大了，当连接请求的数量增大到一定的程度时，反向代理服务器会成为服务的瓶颈。

利用反向代理技术，可以将负载均衡技术和代理服务器的高速缓存技术结合在一起，从而实现更高的性能，并且由于外部客户不能直接访问真实的物理服务器，而使得系统具有较好的安全性。此外，该项技术可以实现较好的负载均衡策略，能够将负载非常平均地分配给内部服务器，从而避免负载集中到某个服务器的极端情况发生。

4. 基于 NAT 的负载均衡技术

网络地址转换（network address translation，NAT）可以实现内部地址和外部地址之间的转换，使不具有外部网络地址的计算机能够访问外部网络，而当外部网络中的计算机希望访问 NAT 连接的子网内部的某一台计算机时，NAT 技术能够通过外部网络中的计算机提供的外部地址，将其映射到一个唯一的内部地址上，从而实现外部网络与内部网络计算机之间的连接。因此，如果 NAT 能将每个连接均匀地转换为不同的内部服务器的网络地址，外部网络中的计算机就各自与自己转换得到的地址上的服务器连接，从而实现负载均衡。

NAT 有多种实现方式，可以通过软件方式或者硬件方式实现。

使用软件方式实现基于 NAT 的负载均衡更为简便可行，也是目前较为常用的方式。目前，除了一些厂商提供的解决方法之外，还可以使用免费的自由软件来完成这项任务，大大降低服务器负载均衡所需的安装维护成本，如 Linux Virtual Server Project 中的 NAT 实现方式。通常，使用软件方式实现的 NAT，其中心负载均衡器存在带宽限制。例如，在 100Mbit/s 的快速以太网条件下，理论上能够达到的最大带宽为 80Mbit/s，然而在实际应用中，可能只能够提供 40～60Mbit/s 的可用带宽。

使用硬件方式实现的 NAT 一般被称为交换，通常，交换必须保存 TCP 连接的信息，而这种针对 OSI 网络层的操作被称为第四层交换。目前，支持负载均衡的 NAT 是第四层交换机的一种重要功能，被大量的交换机厂商实现，由于它基于定制的硬件芯片，因此具有极高的性能与工作效率，很多交换机都具备 400～800Mbit/s 的第四层交换能力。

5. 扩展的负载均衡技术

扩展的负载均衡技术的提出，是为了解决上面提到的基于 NAT 的负载均衡技术存在的缺陷。在基于 NAT 的负载均衡技术中，由于所有的网络连接都必须通过中心负载均衡器实现 NAT，从而实现外部与内部网络的间接互连以及负载均衡，这样的中心负载均衡器的工作负担很重，极易成为制约整个系统性能的瓶颈。因此，解决这个问题的关键在于如何分散网络负载。在扩展的负载均衡技术中，通过 DNS 和 NAT 两种方法来实现。

当客户发送请求给负载均衡器时，在基于半中心的负载均衡方式中，中心负载均衡器只将请求打包并发送给某个服务器，而不再接受服务器的回应请求，服务器在处理完请求任务后，不再将回应请求返回给中心负载均衡器，而是直接返回给客户，因此中心负载均衡器只负责请求的接受与转发，其网络负担大大减小。

比较上面提到的 5 种负载均衡方式，可以发现，DNS 方式最容易实现，也是目前最常用的负载均衡方式，能够满足一般性的需求。但是，如果需要进一步管理和控制，DNS 方式在性能与效率上可能无法达到要求，此时可以选择反向代理方式或 NAT 方式，选择这两种方式中的哪一种主要是依据缓冲是否重要、最大的并发访问数量等条件。

3.7.4 服务器容错技术与应用

服务器容错技术是指在服务器硬件或软件出现故障时，仍能完成处理和运算，不降低系统性能，即用冗余的资源使计算机具有容忍故障的能力，这可通过硬件和软件方法来实现。

1. 服务器容错方法

目前，服务器容错方法有基于软件和硬件两种。服务器软件容错通常采用多处理器或者特别设计的具有容错功能的操作系统来实现，这样的方法主要提供以检查点为恢复基础的恢复机能。具体的实现方法是，每个运行中的进程都在另一个处理机上具有完全相同，但并不活动的后备进程。当运行的进程发生了不能恢复的错误时，操作系统将发现这一错误并启用后备进程替换，后备进程从最后一个检查点开始恢复计算。

随着硬件技术的不断发展，硬件性能逐渐提高，成本则不断下降，但是软件成本由于软件开发难度的不断提升而升高，因此，目前服务器硬件容错技术的应用越来越普遍，通常，硬件容错系统应具有以下特性。

（1）使用双总线体系结构，确保系统的某一部分发生故障时仍能运行，不降低系统性能。

（2）CPU、内存、通信子系统、磁盘、电源等具有冗余，确保这些关键部件的可靠性。

（3）具有自动故障检测部件、故障隔离部件和联机更换故障部件。

2. 服务器容错技术

目前应用的服务器容错技术主要有 3 种，分别是服务器群集技术、双机热备份技术和单机容错技术。

服务器集群技术在上面的小节中已详细介绍，这里不再赘叙，仅对双机热备份技术和单机容错技术进行介绍。

3. 双机热备份技术

双机热备份技术是一种容错级别较高的服务器容错技术。该方案具有专门的软硬件基础，由两台服务器、一个外接的共享磁盘阵列及相应的双机热备份软件组成。

在双机热备份方案中，在两台服务器独有的本地磁盘上安装操作系统与应用程序，即仅与服务器相关的数据存放在服务器独有的本地磁盘上，而整个系统的数据是通过磁盘阵列集中管理和备份的，可以被两台服务器共享。这样，所有的系统数据直接通过一个统一的中央存储设备进行读取和存储，并由专业人员管理，从而极大地提高了数据的安全性和可靠性性。因此，在主服务器出现故障时，备用服务器能够主动替代主服务器工作，保证网络服务不间断。

双机热备份系统中，主服务器与备用服务器能够互相监测对方的运行状态。具体的实现方法是，主服务器与备用服务器之间相互按照一定的时间间隔发送通信信号，表明各自系统当前的运行状态。一旦通信信号表明服务器系统发生故障，或者无法收到另一服务器系统的通信信号时（一般是备用服务器无法收到主服务器的通信信号），系统的管理软件便会认为主服务器发生了故障，使主服务器停止工作，并将系统资源转移到备用系统上，备用系统将替代服务器工作，从而保证网络服务运行不间断。

在双机热备份方案中，根据两台服务器的工作方式可以有 3 种工作模式，分别是双机热备模式、双机互备模式和双机双工模式。

4. 双机热备模式

双机热备模式也叫 Active/Standby 模式，其中 Active 服务器处于工作状态，处理系统的访问请求，Standby 服务器则处于监控准备状态，数据同时向两台服务器写入，以保证数据的即时同步。当 Active 服务器出现故障时，通过软件诊测或手工方式将 Standby 机器激活，从而保证原先运行在 Active 服务器上的应用程序能够在短时间内完全恢复正常。双机热备模式的典型应用环境是证券资金服务器或金融行业服务器，这也是目前采用较多的一种双机热备份方案，但由于另外一台服务器长期处于后备状态，资源利用率并不高。

5. 双机互备模式

相比于双机热备模式中，一台服务器长期处于后备状态而无法充分发挥其处理能力，在双机互备模式中，两台服务器同时运行，它们既是主服务器，同时也是另一台服务器的备用服务器，当某一台服务器出现故障时，另一台服务器可以在短时间内将故障服务器的应用接管过来，并替代故障服务器继续工作，从而保证应用的持续性，但由于服务器在运行自身应用的同时还需要运行故障服务器的应用，因此该模式对服务器的性能要求比较高。

6. 双机双工模式

双机双工模式是目前广泛使用的集群技术的一种形式，该模式中的两台服务器均处在活动状态，不同于双机互备模式，在双机双工模式中，两台服务器同时运行相同的应用，既保证了系统的整体性能，又实现了负载均衡以及服务器的相互备份。目前 Web 服务器或 FTP 服务器等用该模式比较多。

7. 单机容错技术

从上面的分析以及 3.7.3 小节中的内容可知，采用双机热备份技术的系统需要两台配置完全一样的服务器，而采用服务器群集技术的系统需要多台服务器，那么，是否存在一种服务器容错技术，使得系统仅需一台服务器便够了呢？

答案是肯定的，单机容错技术便是一种在一台服务器实现高性能容错的服务器容错技术，比起服务器集群和双机热备份技术，它的容错能力更高，因此在一些对系统容错能力要求极高的行业或领域，如证券、电信、金融等，单机容错技术具有更为广泛的应用。

在服务器集群技术和双机热备份技术中，当服务器出现故障时，系统只有中断服务器的运行，然后用一定的时间将故障服务器所运行的应用程序转移到备用的服务器上运行，才能维修和恢复。这一过程会消耗较多的时间，且系统无法继续提供服务，因此其所付出的成本以及带来的损失是用户不愿看到的。而采用单机容错技术的系统配备了具有容错技术的容错服务器，系统能够自动分离故障模块，在不中断运行的情况下，替换模块，再对损坏的部件进行维护，从而有效地解决了服务器集群技术和双机热备份技术的缺陷。

容错服务器的容错技术是通过 CPU 时钟锁频实现的。该技术会对系统中所有的硬件进行冗余备份，尤其是处理器、内存以及总线等服务器的关键部件，此外，还会对系统内的所有冗余部件进行同步，从而实现真正意义上的容错，系统任何部件的故障都不会造成系统停顿和数据丢失，以达到快速恢复的目的。

双机热备份技术与单机容错技术在适用环境上的不同主要是由两者能够实现的可用性的差异决定的。一般，双机热备份可以实现 99.9%的可用性，而容错服务器可以实现的可用性高达 99.999%。因此，从可用性数据上来看，双机热备份技术大多适用于对于业务连续性要求不是很严格的环境中，如政府、教育以及个别的制造企业，因为这些行业的应用通常允许数据或者服务有一小段时间的中断。但是在电信、金融、证券和医疗等对业务的可连续性要求极高的行业中，单机容错技术得到了更为广泛的应用。

此外，由于采用双机热备份技术的系统需要两台服务器，因此在软件付费授权、软件维护升级、系统硬件升级等方面都需要投入比采用单机容错技术的系统多出一倍的额外成本，系统安装与维护的成本较高。由于双机备份软件也会出现故障，且其出现故障后，系统失去容错能力，给用户带来较大影响。因此虽然单机容错技术的硬件成本高于双机备份方式的硬件投入，但其总成本却等于甚至小于双机热备份技术的成本。

但是，在系统配置灵活性方面，双机热备份技术由于可以对不同厂商的服务器产品进行组合，从而更具优势，以满足不同应用的需求。

3.7.5 服务器虚拟技术与应用

随着网络技术的不断发展以及网络服务的日益多样化，对服务器的要求也日益提高。单个服务器性能的缓慢增长已经成为网络服务发展的瓶颈，因此，服务器虚拟技术被提出并迅速得到了广泛的应用。服务器虚拟化是一种方法，它能够区分资源的优先次序，并将服务器资源合理分配给不同的工作任务，从而简化管理，提高效率，使得为单个工作负载峰值而储备的资源减少，提高了系统资源的利用率。

1. 服务器虚拟化概述

服务器虚拟化将适用于 70%的工作负载。现在只有 12%的 x86 服务器工作负载是在虚拟机上运行的。在 2008 年配置或者重新配置的 x86 服务器工作负载中，有四分之一是安装在虚拟机上的。现在有 70%的虚拟机被用于运营环节，而就在几年前，大多数虚拟机还只是用于测试和配置环节。桌面虚拟化技术也开始迅速发展，虚拟 PC 的数量从 2007 年不足 500 万台增长到如今 10 亿台规模。

服务器虚拟化的主要功能是集中工作量，以提高资源的有效利用率。它可以减少运营费用（包括硬件、能源与空间费用等），增加正常运行时间与可用性，增强灾难备份功能，减少维护带来的干扰，简化资源配置与扩展流程。

有了虚拟化技术，用户可以动态启用虚拟服务器（又叫虚拟机），每个服务器实际上可以让操作系统（以及在上面运行的任何应用程序）认为虚拟机就是实际硬件服务器。运行多个虚拟机还可以充分发挥物理服务器的计算潜能，迅速应对数据中心不断变化的需求。

2. 服务器虚拟化技术的选择

目前，主要有 3 种服务器虚拟化技术，分别是硬件虚拟化、并行虚拟化和操作系统虚拟化。

（1）硬件虚拟化

硬件虚拟化是目前最为常见的服务器虚拟化技术，该技术的核心在于对硬件资源进行虚拟化，从而获得可以单独工作与管理的"虚拟机"，目前，硬件虚拟化技术的主要产品有 VMware 和 Microsoft 的 Virtual Server。

（2）并行虚拟化

并行虚拟化也可以在一台服务器上实现多种操作系统，这一点与硬件虚拟化类似，不过与硬件虚拟化相比，并行虚拟化能够对操作系统进行修改，以降低额外的资源损耗，从而提高服务器的工作效率与资源利用率。目前，只有 Xen 的开源项目实现了并行虚拟化技术。

（3）操作系统虚拟化

操作系统虚拟化的概念是基于操作系统的，由于不包含额外的处理层，所以它提供了一个更加微小的体系架构，这样可以使虚拟化需要消耗的资源更少，也提高了效率。

但是，这项技术并不支持在一台物理服务器实现多种操作系统。因此不适合在单台物理服务器上集成或部署多种不同操作系统的虚拟服务器。

3.8　服务器操作系统

3.8.1　操作系统概述

服务器操作系统（server operating system，SOS）实际上是一组应用程序。它提供了服务器网络环境下用户与网络资源之间的接口，并实现对网络的管理和控制。

服务器操作系统的基本功能有：设备共享、多用户文件管理、名字服务、网络安全、容错及多协议支持、用户界面、网络互连及应用软件支持，等等。

3.8.2　常见的操作系统

目前服务器主要使用以下几类网络操作系统。

1. Windows 类

Windows 系列操作系统是由全球最大的软件开发商——Microsoft（微软）公司开发的。微软公司的 Windows 系统不仅在个人操作系统中占有绝对优势，在服务器操作系统中也占据了巨大的市场份额。

微软的网络操作系统主要有：Windows NT Serve、Windows 2000 Server、Windows Server 2003，以及最新的 Windows Server 2012 等。

2. NetWare 类

NetWare 操作系统由于对硬件条件的要求较低而受到一些设备比较落后的用户青睐。此外，由于兼容 DOS 命令，应用环境与 DOS 相似，NetWare 在经历了长时间的发展以后，已经具备了极为丰富的应用软件支持，且技术完善。目前，NetWare 的常用版本有 3.11、3.12、4.10、V4.11、V5.0 等，常用于教学网和网吧环境。不过目前 NetWare 的市场占有率呈下降趋势，其占有的市场逐渐被 Windows 和 Linux 抢占。

3. UNIX 类

UNIX 网络操作系统历史悠久，其良好的网络管理功能已为广大网络用户所接受，支持丰富的应用软件。UNIX 本是针对小型机服务器环境开发的操作系统，是一种集中式分时多用户体系结构。

目前服务器常用的 UNIX 系统主要有 IBM 的 AIX、HP-UX，SUN 的 Solaris，SCO 的 UNIX 及 UNIX SUR 等。UNIX 系统最早由 AT&T 和 SCO 公司推出，支持网络文件系统服务，提供数据等应用，功能强大。这种网络操作系统稳定性和安全性非常好，但由于它多数是以命令方式来进行操作的，不容易掌握，特别是初级用户。因此，小型局域网基本不使用 UNIX 作为网络操作系统，UNIX 一般用于大型的网站或大型的企事业网络中。

4. Linux 类

这是一种新型的网络操作系统，它最大的特点就是源代码开放，可以免费得到许多应用程序，并且在安全性和稳定性方面与 UNIX 有许多类似之处。目前也有中文版本的

Linux，如 REDHAT（红帽）、SuSE Linux、红旗 Linux 等。

总地来说，系统对特定计算环境的支持，使得每一个操作系统都有适合于自己的工作场合。例如，Linux 目前较适用于小型的网络，而 Windows Server 2012 和 UNIX 则适用于大型服务器应用程序。因此，对于不同的网络服务器应用，需要有目的、有针对性地选择合适的网络操作系统。

3.9　服务器文件系统

3.9.1　文件系统概述

文件系统为用户访问底层数据提供服务。文件系统将存储设备（一般是磁盘）分为若干大小相同的区域，称之为块，数据以块为单位存储在存储设备中。文件系统负责将这些块分配给各个文件与目录，并记录哪些块被分配给了哪个文件或目录，哪些块还未被分配。

3.9.2　常见的文件系统

服务器中常见的文件系统主要有以下几种。

1. 磁盘文件系统

磁盘文件系统是一种利用数据存储设备存储文件的文件系统，目前最为常见的数据存储设备是磁盘，磁盘可以直接或者间接地与计算机连接。常用的文件系统有很多，MS-DOS 和 Windows 3.x 使用 FAT16 文件系统，默认情况下，Windows 98 也使用 FAT16，Windows 98 和 Windows Me 可以同时支持 FAT16、FAT32 两种文件系统，Windows NT 支持 FAT16、NTFS 两种文件系统，Windows 2000 可以支持 FAT16、FAT32、NTFS 三种文件系统，Linux 可以支持多种文件系统，如 FAT16、FAT32、NTFS、Minix、ext、ext2、ext3、ext4、xiafs、HPFS、VFAT 等，不过 Linux 一般都使用 ext2 文件系统。

2. 数据库文件系统

不同于磁盘文件系统将存储介质划分为一个个的块，再将文件存放在若干块上，并在逻辑上为文件建立分层的目录结构，数据库文件系统是一种基于数据库的文件系统。它不使用分层结构进行管理，而是将文件按照特征，如文件类型、作者这样一些文件的亚数据，进行区分。因此数据库文件系统所管理的文件可以使用 SQL 检索。

WinFS 是一种典型的数据库文件系统。事实上，WinFS 服务可以看作是在 NTFS 的基础上增加了一个数据库层，这个数据库层以 SQL Server 的"Yukon"版为基础。对于 WinFS 来说，文件除了我们熟悉的属性，诸如文件名称、大小、日期外，还将通过作者名、图像大小之类的元数据建立索引。系统底层的目录结构仍将存在，但用户使用的将是一个由相似文件构成的库（library）。每个库由一组通过查询 WinFS 数据库获得的文件构成。

3. 网络文件系统

网络文件系统（network file system，NFS）是一种将远程主机上的分区（目录）经网络挂载到本地系统的一种机制。NFS 由 SUN 公司研制的 UNIX 表示层协议

（pressentation layer protocol），能使用户访问网络上的文件就像访问本地文件一样。NFS 是基于 UDP/IP 协议的应用，其实现主要是采用远程过程调用 RPC 机制，RPC 提供了一组与机器、操作系统以及低层传送协议无关的存取远程文件的操作。RPC 基于 XDR 协议，XDR 是一种与机器无关的数据描述编码的协议，它以独立于任意机器体系结构的格式对网上传送的数据进行编码和解码，支持在异构系统之间传送数据。其具有以下 3 个特点。

（1）提供透明文件访问以及文件传输。

（2）容易扩充新的资源或软件，不需要改变现有的工作环境。

（3）高性能，可灵活配置。

3.10　服务器高可用集群技术与应用

3.10.1　集群技术概述

集群（cluster）是出于提高可靠性、可用性、适用性或者提高性能（通过平衡分配负载）的目的，而连接到一起的计算机的集合。通常，集群中的计算机能够访问某个公共的存储池，并且都运行某种特定的软件，以协调各个计算机的运行。采用集群系统通常是为了提高服务器系统的稳定性和网络中心的数据处理能力及服务能力。

一个集群包含了多台拥有共享数据存储空间的服务器。当一个应用运行于其中的一台服务器时，应用数据存储于服务器共享的存储空间内。而每台服务器的操作系统与应用程序存储在其独占的本地储存空间中。通过一个内部局域网，集群内的各个节点服务器可以相互通信。当一台节点服务器发生故障时，这台服务器上运行的应用程序可以被另一节点服务器自动接管，从而继续运行。当一个应用服务发生故障时，该应用将重新运行，或者被另一台服务器接管。因此，当以上故障发生时，用户能够快速连接到新的应用服务上。

在集群中，集群软件是必须的，它提供错误侦测与恢复功能，并在逻辑上将多台服务器抽象为一台服务器，因此，集群中的每一台节点服务器都必须运行集群软件。在工作中，集群内的每个节点必须知道其余节点的状态，为了保证节点间清晰通信，目前使用专一的网络接口卡来实现节点间的连接与通信。该线路传播正常工作节点间的信号，只要一个节点故障，信号就会消失，此时错误接管进程开始运行。

3.10.2　常见的集群技术

1. 服务器镜像技术

通过软件或者其他特殊的网络设备，如镜像卡，可以使同一局域网内的两台服务器形成镜像，这称为服务器镜像技术。在两台服务器中，一台是主服务器，另一台是从服务器。用户只能对主服务器进行操作，如将数据写入主服务器的磁盘，因此，只有主服务器通过网络向用户直接提供服务，而从服务器上相应的卷被锁定以防存取数据。两台服务器均通过心跳监测线路互相监测对方的运行状态，当主服务器故障时，从服务器将在很短的时间内替代主服务器继续工作。

服务器镜像技术的特点在于成本低廉，实现较为简单，具有较高的可用性，保证在一台服务器故障的情况下系统仍然可用，但是这种技术仅能使两台服务器形成镜像，系统的可扩展性较差，从而限制了这项技术的应用范围。

2. 应用程序错误接管集群技术

通过集群技术，同一网络中的多台服务器可以连接起来，使集群中的每台服务器能够各自运行不同的应用。每台服务器都具有单独的广播地址，并对前端的用户提供服务，同时，每台服务器又能够监测其余服务器的运行状态，当某台服务器故障时，集群系统中对应的服务器能够在很短的时间内替代其继续为前端用户提供服务，这被称为应用程序错误接管集群技术。

通常，应用程序错误接管集群技术要求服务器具有共享的磁盘阵列，多台服务器通过 SCSI 电缆或光纤与磁盘阵列相连。不同于几台服务器同时为一台服务器备份，这种集群系统中通常是两个节点互为备份，它们通过串口、共享磁盘分区或内部网络来互相监测对方的运行状况。

目前，应用程序错误接管集群技术大多用于数据库、邮件等应用服务器的集群中。而部分集群软件已经可以实现上百台服务器的集群，提高了服务器系统的可用性与可扩展性。

3. 容错集群技术

容错集群技术可以将集群抽象为一个独立的系统，集群中的每个节点都是该系统的一部分。在容错集群系统中，每个节点都与其余节点紧密地联系在一起，它们拥有共享的内存、磁盘以及 CPU 等重要的部件。在容错集群系统中，各种应用可以在不同节点之间以几乎可以忽略的时间切换。

目前，容错集群技术的缺点在于成本很高，由于其实现需要特殊的软硬件设计，但是，容错系统极大地提高了系统的可用性与可靠性，故障恢复能力极强，是财政、金融和安全部门的最佳选择，这是容错集群技术独有的优势。

4. 基于软件的集群技术

（1）Windows 平台的集群软件

Microsoft 的 MSCS，也有许多第三方的专业软件公司开发的集群软件，如豪威的 DATAWARE、VINCA 公司的 STANDBY SERVER、NSI 公司的 DOUBLE-TAKE。

（2）Linux 下的主要集群软件

Linux 下的集群软件主要有 Red Hat Cluster Suite（简称 RHCS）、Novell Cluster Service、Turbo Linux Cluster HA、Symantec VCS 等。

（3）UNIX 下的主要集群软件

UNIX 下的集群软件主要有 HP 的 MC/SG、IBM HACMP、Symantec 的 VCS、SCO 的 GDS。

3.11　华为服务器产品介绍

3.11.1　RH2285 V2

Tecal RH2285 V2 服务器（以下简称 RH2285 V2）是华为公司针对互联网、IDC

（integrated data center）、云计算、企业市场以及电信业务应用等需求推出的具有广泛用途的 2U 双路服务器。

RH2285 V2 适用于数据库、视频、照片共享、备份服务器、Web 搜索以及企业基础应用和电信业务应用，具有高性能计算、大容量存储、低能耗、扩展能力强、高可靠、易管理、易部署等优点。

RH2285 V2 有以下 3 种规格，这 3 种规格的主要差异在硬盘配置方面。

（1）RH2285 V2-8S。支持 8 个 2.5 英寸 SAS/SATA/SSD 硬盘，外观如图 3-9 所示。

图 3-9　RH2285 V2-8S

（2）RH2285 V2-12L。支持 12 个 3.5 英寸 SAS/SATA 硬盘和 2 个 2.5 英寸 SAS/SATA 硬盘，外观如图 3-10 所示。

（3）RH2285 V2-24S。支持 24 个 2.5 英寸 SAS/SATA/SSD 硬盘和 2 个 2.5 英寸 SAS/SATA 硬盘，外观如图 3-11 所示。

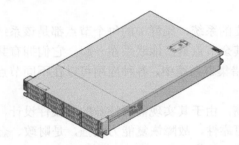

图 3-10　RH2285 V2-12L

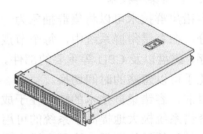

图 3-11　RH2285 V2-24S

3.11.2　RH5885 V2

Tecal RH5885 V28 路服务器（以下简称 RH5885 V2）是华为公司针对 IDC、云计算、企业市场以及电信业务应用等需求推出的高性能计算服务器产品，适用于高性能计算、数据库、Web 服务器、虚拟化以及企业基础应用和电信业务应用。

RH5885 V2 外观如图 3-12 所示，一台 RH5885 V2 包括两个节点，分别是主节点和从节点，两个节点作为一台服务器运行。

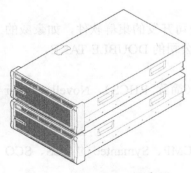

图 3-12　RH5885 V2 服务器

3.11.3　E6000

E6000 的系统组件如图 3-13 所示，包括：

- 1 个机箱。
- 10 个服务器刀片。
- 2 个 MM（management module）模块。

- 6 个电源模块。
- 6 个交换模块。
- 9 个风扇模块。
- 1 个 DM（data module）模块。

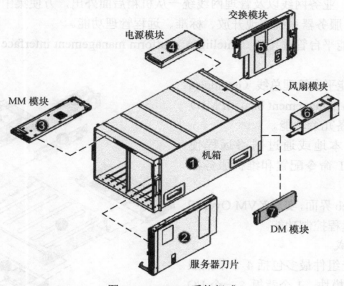

图 3-13　E6000 系统组成

3.11.4　X6000

1. 简介

下面介绍 X6000 的基本特性和外观形态。

Tecal X6000 服务器（以下简称 X6000）提供高性能计算能力，具有高可靠性和模块化设计的特点，高度为 2U（88.90mm），能够安装在标准 19 英寸机柜中。X6000 的外观如图 3-14 所示。

2. 功能特性

X6000 共用基础部件，提供高性能数据计算、高速数据传输的功能以及灵活 I/O 扩展、易维护和易管理等特点。

（1）X6000 服务器共用机箱、供电和散热等基础部件。

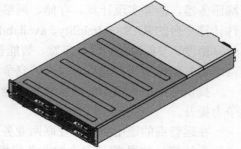

图 3-14　X6000 示意图

- 提供 4 个节点服务器槽位，可以部署 1~4 个节点服务器，实现集中管理。
- 配置 2 个 750W 交流输入的 AC/DC 电源模块，每个电源模块通过背板集中对整个机箱提供 DC 电源。
- I/O 框配置 3 个风扇模块为机箱设备集中散热，支持 2+1 冗余。

（2）节点服务器支持高性能数据计算和高速数据传输。

- 节点服务器支持 Intel Xeon 处理器。
- 节点服务器上集成一个以太网控制器，提供 2 个 GE 网口，通过 I/O 框外出。

（3）X6000 服务器系统实现容易维护的设计架构。

- 节点服务器和电源模块支持热插拔操作，具有防误插特点。
- 电源线、业务网线以及管理网线统一从机箱后面外出，方便集中维护。

（4）X6000 服务器系统实现开放、标准、远程管理功能。

- 遵从智能平台管理接口（intelligent platform management interface，IPMI）2.0 标准。
- 两条智能平台管理总线（intelligent platform management bus，IPMB）实现主备冗余功能。
- 可以在本地或通过网络远程使用 IPMI 命令配置和维护服务器系统。
- 通过 Web 界面，实现 KVM Over IP 和虚拟媒体等远程控制功能。

3．系统组成

X6000 系统组件最多包括 4 个节点服务器、2 个电源模块、1 个背板、一个 I/O框（包括 3 个风扇模块）。X6000 系统组件如图 3-15 所示。

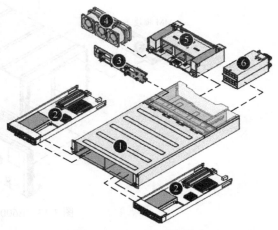

图 3-15　X6000 系统组成

3.11.5　E9000

1．产品定位

E9000 定位为高端计算平台。E9000 是面向弹性计算、电信计算的高性能企业级高端服务器，能够实现计算、存储、网络的融合，支持运营商、企业高端核心应用。在硬件计算平台的 RAS（reliability、availability、serviceability，可靠性、可用性、可服务性）、计算密度、节能减排、背板带宽、智能管控与服务、计算与存储的弹性配置和灵活扩展、网络低时延和加速方面具有领先的竞争力。

提供与小型机相当的品质和服务能力，为电信运营商、企业软件业务提供持续的竞争力提升。

在运营商的通用业务、互联网业务，提供与业界通用低成本服务器相同的竞争力。

为计算与数据/媒体融合的业务提供高带宽、低延时的交换能力，支持计算与媒体的融合。

E9000 作为满足任意工作负载需求的支持计算、存储、网络融合的模块化基础设施，其典型应用场景如下。

云计算：E9000 提供高性能 CPU 和超大容量内存计算节点，适用于虚拟机灵活部署，更内置大容量低功耗存储节点，能提供高吞吐的共享存储，满足弹性计算应用的要求。

传统 IT 应用：在 E9000 提供的计算节点上创建多个虚拟机，在虚拟机上部署 Web

服务器、应用服务器（中间件）和数据库等服务进程，并外接存储设备，可实现 OA（办公自动化）、ERP（企业资源规划）、BI（business intelligence，商业智能）等传统 IT 应用。

Hadoop 应用：Hadoop 是由 Apache 基金会所开发的分布式系统架构。它实现了一个分布式文件系统，能够以高吞吐量访问应用程序所需的数据，是目前较为成熟、功能强大的分布式计算平台。它可以作为大数据的分析处理核心引擎。在第 13 章和第 14 章中，会详细介绍 Hadoop 的应用场景、基本工作流程。E9000 提供计算存储合一的计算节点，配合超高带宽的交换模块，为大数据以及高性能计算提供一个极佳的平台。

高性能计算：E9000 可应用于高性能计算，提供高性能、低延时的 InfiniBand 交换。

2. 系统概述

E9000 的系统架构从逻辑上可分为计算系统、交换系统和管理&机电系统。

计算系统、交换系统以及管理&机电系统之间既相互独立又相互依存，实现统一的交换架构，并由管理&机电系统提供统一的设备管理界面。系统逻辑架构如图 3-16 所示。

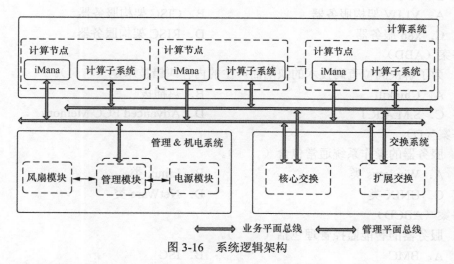

图 3-16 系统逻辑架构

计算系统包含各个计算节点和存储节点，通过交换系统的 I/O 模块提供外部数据接口，并通过计算系统内部的 iMana 实现机框级以及更高层级的设备管理。

交换系统包含核心交换和扩展交换，完成机箱内计算子系统之间的交换，并通过 I/O 模块提供外部数据接口。交换系统和管理&机电系统相通，通过配置可组成业务交换和业务管理交换合一的物理网络或者相互隔离的物理网络。

管理&机电系统由风扇、电源、管理模块组成，实现对机箱各部件的管理和系统供电、散热，并连接各槽位计算节点和存储节点的 iMana、交换模块的 BMC。

3.12 本章总结

完成本章学习，将能够：

- 了解服务器的历史及发展。
- 掌握服务器基本硬件架构及软件组件。
- 熟悉服务器具备的常用技术。
- 了解服务器的基本应用。
- 了解服务器的选型需求。

本章主要介绍服务器的基本知识，包括服务器的概念、服务器的分类与技术应用、服务器中各组件的概述与具体的技术、服务器的高级技术与发展、服务器操作系统与文件系统、服务器集群、数据库以及华为服务器的实现与应用。

3.13　练习题

一、选择题

1. 按照服务器的处理器架构划分，可分为（　　　）。
　　A. VLIW 架构服务器　　　　　　　　B. CISC 架构服务器
　　C. x86 服务器　　　　　　　　　　　D. RISC 架构服务器
答案（ABD）

2. 为了解决同位查码技术的缺陷而产生的内存纠错技术是（　　　）。
　　A. Chipkill　　　　　　　　　　　　B. 热插拔
　　C. S.M.A.R.T　　　　　　　　　　　D. Advanced ECC Memory
答案（D）

3. 服务器的操作系统通常包含（　　　）。
　　A. Windows 类　　　　　　　　　　B. Linux 类
　　C. UNIX 类　　　　　　　　　　　　D. NetWare 类
答案（ABCD）

4. 服务器的智能监控管理包括（　　　）。
　　A. BMC　　　　　　　　　　　　　　B. ISC
　　C. EMP　　　　　　　　　　　　　　D. SNMP
答案（CD）

5. 华为公司的服务器管理软件是（　　　）。
　　A. Openview　　　　　　　　　　　B. OpForce
　　C. USM　　　　　　　　　　　　　　D. LCSMS
答案（C）

6. 服务器常用总线技术包括（　　　）。
　　A. PCI　　　　　B. PCI-E　　　　　C. PCI-X　　　　　D. AGP
答案（BC）

7. 服务器的组件中，支持冗余的包括（　　　）。
　　A. 风扇　　　　　B. 电源　　　　　C. 网卡　　　　　D. 硬盘
答案（ABD）

二、简答题

1. 简述 CISC、RISC 以及 VLIW 的特点。

2. 有人认为服务器朝着大的方向发展，形成功能强大的服务器系统；也有人认为服务器朝着小的方向发展，以满足个人用户日益增长的需求，你怎么认为？

第4章
RAID技术及应用

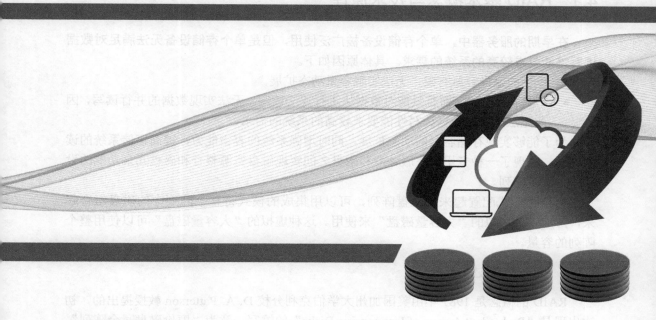

关于本章

　　单个磁盘的容量和性能非常有限，也不具备容错性，为了能够实现大规模存储设备并行，增强系统的容错能力，一种专用于磁盘资源整合和冗余保护的技术应运而生，这就是冗余磁盘阵列（redundant arrays of independent disks，RAID，简称磁盘阵列）。随着云计算和大数据技术的飞速发展，具有高性能和高可靠性的磁盘阵列，在大规模的数据中心中已得到越来越广泛的应用。

　　磁盘阵列既可以单独使用，也可以通过集成的方式将整个阵列中的磁盘组合起来，形成一个虚拟的"大容量磁盘"。在实际应用中，应用服务器将此磁盘阵列视作一个磁盘来进行操作，而数据究竟存储在该阵列的哪一个磁盘上，则交给阵列控制器负责管理，这就是磁盘阵列等高级存储系统功能的基础。

　　本章将从RAID的基本概念与技术原理、RAID级别、RAID中的数据保护技术、RAID与LUN、以及云计算和大数据时代RAID的发展趋势几个方面对RAID技术及应用进行介绍。

4.1　RAID 基本概念与技术原理

在早期的服务器中，单个存储设备被广泛使用，但是单个存储设备无法满足对数据读写性能要求较高的系统的需求。具体原因如下。

- 单个的磁盘容量有限，无法实现容量动态扩展。
- 不具备容错性，而且只能对数据块进行逐一读写，无法实现数据的并行读写，因此无法满足对数据读写性能要求较高的系统的需求。

为了能够实现存储容量的动态扩展，同时增强系统的容错能力，提高存储系统的读写性能，出现了一种专用于在服务器和磁盘之间实现磁盘资源整合和磁盘冗余功能的设备——磁盘阵列。

用这种形式配置起来的磁盘阵列，可以用集成的模式将整个阵列中的磁盘组合起来，形成一个虚拟的"大容量磁盘"来使用。这种虚拟的"大容量磁盘"可以使用整个阵列的容量。

4.1.1　RAID 概述

RAID 的概念是 1987 年由美国加州大学伯克利分校 D. A. Patterson 教授提出的，初次出现是"Redundant Arrays of Inexpensive Disks"的缩写，意为"廉价磁盘冗余阵列"。RAID 是在高容量、高可靠性磁盘价格极为昂贵的背景下提出的，其主要目的是采用价格低廉的磁盘通过某种算法为服务器提供高可靠性的大容量存储空间。随着技术的发展和磁盘价格的降低，人们更看重的是系统的冗余性，RAID 逐渐演变为了独立磁盘冗余阵列，主要是指多个独立磁盘通过一定的算法组成一个高可靠性的存储系统。它比单个存储设备在速度、稳定性和存储能力上都有很大的提高，并且具备一定的数据安全保护能力。由于 RAID 通常需要多个磁盘驱动器协同工作，所以在一个 RAID 内的磁盘驱动器的性能（容量和转速）需要保持一致，通常建议在同一个 RAID 内，使用同一厂商、同一型号的磁盘驱动器。

1. RAID 的主要特征

RAID 具备如下主要特征。

（1）对磁盘上的数据进行条带化分布，实现对数据条带化存取，通过同时读取阵列中的几块磁盘，如图 4-1 所示，减少磁盘的机械寻道时间，提高数据存储的速度。

Data

图 4-1　并行读取示意图

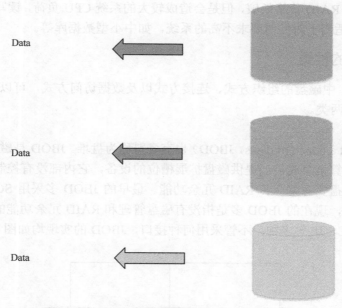

图 4-1 并行读取示意图（续）

（2）通过镜像或者存储奇偶校验信息的方式，实现对数据的冗余保护。如图 4-2 所示。

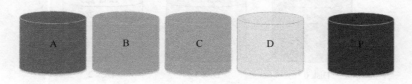

A⊕B⊕C⊕D=P

图 4-2 奇偶检验示意图

2. RAID 的实现方式

目前 RAID 的实现方式有**硬件 RAID 方式**和**软件 RAID 方式**两种。

基于硬件的 RAID 采用集成了处理器的 RAID 适配卡（简称 RAID 卡）来实现。它拥有自己的控制处理器、I/O 处理芯片和存储器，减少对主机 CPU 运算时间的占用，提高数据传输速率。RAID 控制器负责数据路由、缓冲以及主机和磁盘阵列之间的数据流管理。硬件 RAID 又分为基于 I/O 处理器和基于 I/O 控制器两种类型。

由于自带的处理器能够分担系统 CPU 计算 RAID 的资源分配的任务，所以给系统造成的负荷轻，具有较好的读写性能。但是价格较为高昂，适用于对性能和可靠性要求较高的系统，如 Web 应用、电子交易等。

基于软件的 RAID 功能的实现完全依赖于主机的 CPU，没有额外的处理器和 I/O 芯片，所以低速 CPU 很难满足这个需求。软件 RAID 又分为基于驱动程序和基于操作系统两种类型。软件 RAID 需要占用 CPU 的处理周期，依赖于操作系统，并且不能提供以下功能：硬件热插拔、硬件热备份、远程阵列管理、S.M.A.R.T（Self-Monitoring Analysis and Reporting Technology，自我监测、分析及报告技术）硬件支持等。

　　基于软件的 RAID 价格低廉，但是会造成较大的系统 CPU 负荷，读写性能不如基于硬件的 RAID，适用于对性能要求不高的系统，如中小型数据库等。

4.1.2　RAID 的种类

　　根据 RAID 中磁盘的组织方式、连接方式以及数据访问方式，可以将 RAID 分为 JBOD 和 SBOD 两类。

　　1. JBOD

　　磁盘簇（just a bunch of disks，JBOD）也有资料称为盘堆。JBOD 是磁盘阵列的雏形，可以看作是将计算机总线扩展提供磁盘扩展槽位的设备，它内部没有控制软件提供协调控制，不具备磁盘资源整合和 RAID 冗余功能。最早的 JBOD 多采用 SCSI 总线接口，随着时间的推移，现在的 JBOD 多是指没有磁盘管理和 RAID 冗余功能的磁盘柜，连接形式有 SAS、FC、IP 等多种。不管采用何种接口，JBOD 的实现均如图 4-3 所示。

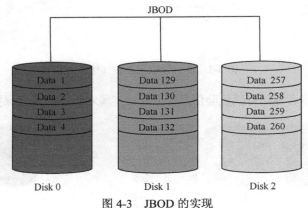

图 4-3　JBOD 的实现

　　JBOD 其目的纯粹是为了增加磁盘的容量，通常又被称为 Span。Span 是在逻辑上把多个物理磁盘连接起来构成一个阵列，其中的每个磁盘驱动器都是一个可寻址的单元，从而为主机系统提供一个容量更大的逻辑磁盘。Span 上的数据存储方式非常简单，从第一个磁盘开始存储，当第一个磁盘的存储空间用完后，再依次从后面的磁盘开始存储数据。因为 Span 不提供数据安全保障，所以当阵列中的某个磁盘出现故障时，这种配置方式不能提供任何容错能力。

　　从逻辑结构上来看，JBOD 使用的是光纤仲裁环路（fiber channel arbitrated loop，FC-AL）结构作为其连接到系统中的方式，这样的连接方式虽然简单易行，因为可以将多个磁盘合并到共享电源和风扇的盒子里，较 RAID 阵列具有成本低的优势，但是也由于一个光纤仲裁环路上连接的众多设备共享其带宽，其性能难以提高，而且诊断和隔离故障磁盘的困难也大大影响系统的可靠性、可用性和服务能力（reliability、availability and serviceability，RAS），系统的延时也会随着环路上设备的增加而增大，因此，JBOD 目前已几乎失去了应用价值。

　　2. SBOD

　　SBOD：switched bunches of disks，交换式磁盘捆绑。早期的 JBOD 磁盘阵列使用共

享式的 FC-AL，环路中 JBOD 数量的增加，会显著增加系统的传输延时，导致性能急剧下滑。为了改善传输性能和链路稳定性，技术人员将目光瞄准在交换式光纤架构上，由此，SBOD 应运而生。SBOD 的实现如图 4-4 所示。

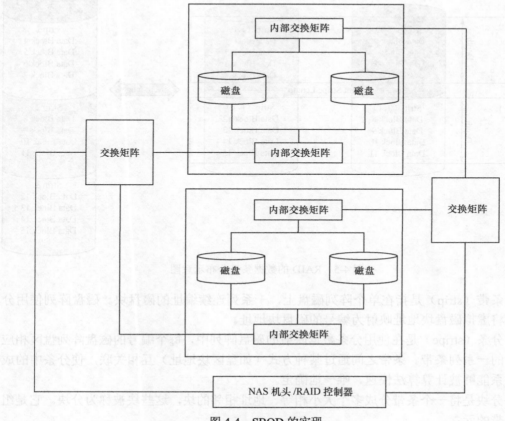

图 4-4   SBOD 的实现

SBOD 使用内置的交换式光纤架构来链接阵列内的众多磁盘驱动器，从而能够在避免单个磁盘失效影响数据可用性并智能监视每个磁盘的同时，获得 2～3 倍的性能提升，RAID 控制器到所有磁盘间的路径也大为缩短。在一个 SBOD 阵列内的磁盘驱动器、SBOD 阵列与控制器之间的链路均实现无阻塞的交换式光纤交换，直接的数据路径提高了可扩展性和服务能力。

相较于 JBOD 而言，SBOD 采用的全交换架构的性能可以随磁盘数量的增加而上升，而共享带宽的环路架构在磁盘数量达到 30～40 个时就显露出性能增势减缓的迹象，并随着磁盘数量的进一步增加而渐趋停滞不前，两者的差距显而易见。

4.1.3   RAID 的原理

下面介绍 RAID 原理，包括 RAID 的数据组织方式、数据存取方式以及数据冗余方式。

1. RAID 的数据组织方式

RAID 的基本示意图如图 4-5 所示。

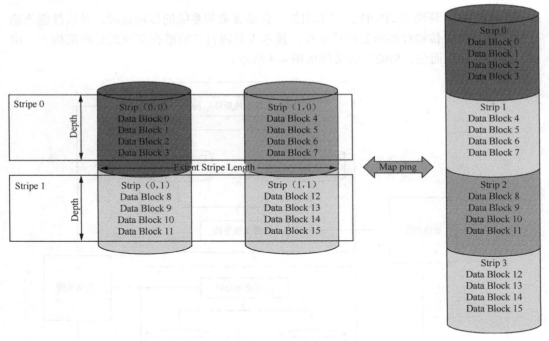

图 4-5　RAID 的数据条带分布示意图

条带（strip）是指在单个阵列磁盘上，一系列连续编址的磁盘块。磁盘阵列使用分条来将虚拟磁盘块地址映射为编号的磁盘块地址。

分条（stripe）是在使用分条数据映射的磁盘阵列中，每个编号的磁盘阵列盘区相应位置的一系列条带。条带之间通过某种方式（如盘区块地址）互相关联，使分条中的成员关系能够被计算算法快速、唯一地确定。

分块是将一个条带分成多个大小相等、地址相邻的块，这些块被称为分块。它是组成条带的元素。

用于描述条带中容量大小的术语通常有两个：分条深度和分条尺寸。

（1）分条深度（stripe depth）

分条深度是指在使用分条数据映射的磁盘阵列中，条带内的块数量，也指在磁盘阵列的单个成员盘区中，连续编址的虚拟磁盘块映射到连续编址的块的数量。分条深度的大小直接影响应用效果，应根据任务配置，总的原则是如果是大的数据流/块任务，则分条深度可以大些，反之可以设置得小些。如果任务数据流/块较大而分条深度较小，则会导致数据流/块跨越多个分块，读取多个分块需要更多的操作与时间，使系统开销增大，降低系统性能；如果数据流/块较小而分条深度较大，由于块是 RAID 中最小的存储单元，所以会使每个分块的实际空间利用率较低。

（2）分条尺寸（stripe size）

分条尺寸是指分条中块的数量。分条阵列的分条尺寸，是分条深度乘以成员盘区的数量。

在 RAID 的数据存储中，数据不是连续地存储到某一块磁盘上的，而是被分成若干段，将每一段数据分布存储在各块磁盘上。在这个过程中，每块磁盘上用来存储数据段的空间叫作分块。而在同一磁盘阵列中的多个磁盘上相同"位置"（或者说相同编号）的分块就构成了条带。通过这样的构建方式，形成一个虚拟的磁盘，当主机端发送的 I/O 请求传送到磁盘阵列时，阵列管理软件会同时产生多个内部的 I/O 请求并确定在每块磁盘上的对应地址。阵列中的分条被映射为虚拟磁盘中逻辑上连续的块，当主机向阵列也就是从虚拟磁盘写数据时，阵列管理软件将输入的 I/O 请求转换为阵列中的分条，逐块向磁盘写入数据。块（block）是磁盘中存储数据的最小单位。

2. RAID 的数据存取方式

由于 RAID 实际上是多个磁盘的集合体，当主机系统在向 RAID 读写数据时，实际上是由控制器将 I/O 流分给 RAID 中的磁盘进行读写操作。因此，对磁盘的控制方式，也是 RAID 系统中重要的功能之一。

RAID 具有两种数据存取方式：并行存取和独立存取。

（1）并行存取

并行存取是精密控制所有磁盘的主轴马达，使每个磁盘的位置都彼此同步，然后对每一个磁盘进行很短的 I/O 数据传送，如图 4-6 所示，如此一来，从主机来的每一个 I/O 指令，平均分布到每一个磁盘。为了达到并行存取的功能，RAID 中的每一块磁盘，都必须具备几乎完全相同的规格：转速必须一致，磁头搜寻速度必须相同，缓存的容量和存取速度要一致，CPU 处理指令的速度要相同，I/O Channel 的速度也要一样。实际上，要利用并行存取，RAID 中的所有磁盘应该使用同一厂商相同型号的产品。并行存取 RAID 架构，利用精细的马达控制和分布的数据传输，将阵列中每一个磁盘的性能发挥到最大，同时充分利用存储总线的带宽，因此特别适合应用在大型、数据连续的档案存取任务，例如：

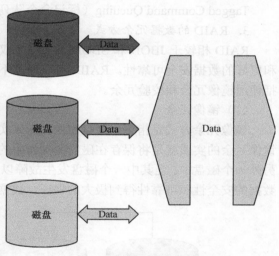

图 4-6　并行存取示意图

影像、实训档案服务器。

数据仓储系统。

多媒体数据库。

电子图书馆。

印前或底片输出档案服务器。

其他大型且连续性档案服务器。

由于并行存取 RAID 架构的特性，RAID 控制器一次只能处理一个 I/O 请求，无法执行多个任务，因此并不适合应用在 I/O 频繁、数据随机存取、每次数据传输量小的环境。同时，并行存取无法执行多个任务，无法避免磁盘的寻道时间，而且在每一个 I/O 第一次数据传输时，都要等待第一个磁盘驱动器的旋转寻道延迟（平均为磁盘旋转半圈的时间）。因此磁盘驱动器的机械延时是并行存取架构面临的最大问题。

（2）独立存取

独立存取并不对成员磁盘作同步转动的控制，其对每块磁盘的存取都是独立且没有顺序和时间间隔的限制。因此，独立存取可以尽量利用多任务 TCQ 来避免磁盘驱动器的机械时间延迟（寻道时间和旋转延迟）。由于独立存取可以做重叠多任务，而且可以同时处理来自多个主机的不同 I/O 请求，在多主机环境（如 Clustering）中，能发挥更大的性能。由于独立存取可以同时接收多个 I/O 请求，因此特别适合应用在数据存取频繁、每次数据量较小的系统中。例如：

在线交易或电子商务应用。

多用户数据库。

ERM 以及 MRP 系统。

以小文件传输和存储为主的文件服务器。

Tagged Command Queuing（标记命令队列）等的高阶功能。

3. RAID 的数据冗余方式

RAID 相较于 JBOD 和 SBOD 而言，不仅提供更大的容量，而且能提供更高的性能和更好的数据安全可靠性。RAID 可以通过不同的方式对数据进行不同级别的保护，包括使用镜像冗余和校验冗余。

（1）镜像冗余

镜像冗余方式是指使用磁盘镜像技术来实现冗余，以提高数据的可靠性和可用性。镜像冗余的实质就是将保存在磁盘驱动器中的数据做一份另外的完整拷贝，然后存储在另外一个磁盘中。当其中一个磁盘发生故障以后，数据仍然能够从另一个磁盘中被读出，数据的安全性和可靠性得到极大的保证。数据镜像如图 4-7 所示。

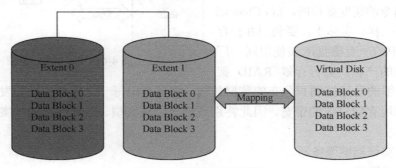

图 4-7　数据镜像示意图

镜像冗余可以得到最好的数据冗余保护，并且由于每个磁盘上都保存有完整的数据，所以当有数据读操作时，多个读操作可以被分散到各个磁盘以分担工作负荷，提高数据读取速度，但是镜像冗余的磁盘空间利用率相对较低，最高只有 50%。镜像冗余方式适用于对数据安全性和可靠性要求极高的场合，如金融、保险和证券行业等。

（2）校验冗余

校验冗余是通过计算保存在阵列中磁盘上的数据的校验值，并将计算出来的校验值保存在另外的磁盘上的方法。当数据出错或者某个阵列中的磁盘故障时，通过剩余数据和校验信息计算出丢失的数据来提供数据的安全性和可靠性。RAID 使用的校验算法主要包括海明码校验算法和 XOR 异或算法。由于海明码计算过程较为复杂，需要多块磁盘用于检验数据的保存，因此应用较少，目前比较常用的算法为 XOR 异或算法。

当新的磁盘要替代阵列中失效的磁盘时，会运行一个校验恢复进程来读出所有其他磁盘上的数据（包括校验数据），然后在新加入的磁盘上使用校验算法恢复数据。

相较于镜像冗余而言，校验冗余为保证数据可用性而占用的磁盘资源要远远少于镜像冗余。但是，对于磁盘故障或者数据出错的恢复而言，校验冗余需要占用额外的 CPU 资源或者需要专用硬件来对剩余数据和校验信息一起计算出丢失的数据，而镜像冗余方式只需要读取备份盘中的数据即可。对于数据的写入操作，镜像冗余方式可以同时将数据写入主用盘和备用盘，对数据写入效率基本没有影响。但是如果使用校验冗余，对阵列中的任何一块磁盘的写操作都会涉及校验信息的重新计算，因此会对存储系统的写性能带来一定的影响。

（3）海明码

海明码（Hamming code）是一种可以纠正一位差错的编码。它是利用在信息位为 k 位，增加 r 位冗余位，构成一个 $n=k+r$ 位的码字，然后用 r 个监督关系式产生的 r 个校正因子来区分无错和在码字中的 n 个不同位置的一位错。它必须满足以下关系式：

$$2^r>=n+1 \text{ 或 } 2^r>=k+r+1$$

海明码的编码效率为：

$$R=k/（k+r）$$

式中 k 为信息位位数，r 为冗余位位数。

海明码的构建方法如下。

把所有 2 的幂次方的数据位标记为奇偶校验位（编号为 1、2、4、8、16、32、64 等的位置）。

其他数据位用于待编码数据（编号为 3、5、6、7、9、10、11、12、13、14、15、17 等的位置）。

每个奇偶校验位的值代表了码字中部分数据位的奇偶性，其所在的位置决定了要校验和跳过的位顺序。

如果全部校验的位置中有奇数个 1，则将该奇偶检验位置为 1，否则置为 0。

例如：

原始数据为：10010111

增加码位为：_ _0_001_0111

生成海明码为：101000110111

（4）XOR 异或算法

异或是一个数学运算符，可应用于逻辑运算。XOR 检校的算法为：相同为假，相异为真。部分计算机系统用 1 表示真，用 0 表示假，两个位按位异或结果如下。

$0 \oplus 0=0$

$1 \oplus 0=1$

$0 \oplus 1=1$

$1 \oplus 1=0$

XOR 的逆运算仍为 XOR。所以 XOR 运算具备以下两个特征：

① 结果与运算顺序无关。

② 各个参加运算的数字与结果循环对称。

比较上述两种检校算法，虽然海明码能够提供更好的冗余，提升数据的可靠性，但是，由于其复杂的计算过程极大地降低了系统的读写性能以及冗余磁盘数较多，比起性能的巨大亏损与空间利用率的降低，安全性的提升并不显著，因此目前应用较多的检校算法是 XOR 异或算法。

4.2　RAID 级别

RAID 技术经过不断的发展，现在已拥有了 RAID-0～RAID-6 7 种基本的 RAID 级别。另外，还有一些基本 RAID 级别的组合形式，如 RAID-10（RAID-1 与 RAID-0 的组合）、RAID-50（RAID-5 与 RAID-0 的组合）等。不同 RAID 级别代表不同的存储性能、数据安全性和存储成本。以下会逐一介绍各个 RAID 级别的工作原理。

4.2.1　RAID-0

RAID-0 也称为条带化（stripe），其原理是将多个物理磁盘合并成一个大的逻辑磁盘，它代表了所有 RAID 级别中最高的存储性能，不具有冗余，不能并行 I/O，但速度最快。在存放数据时，根据构建 RAID-0 的磁盘个数对数据进行分段，然后同时将这些数据并行写进磁盘中，因此在所有的级别中，RAID-0 的速度是最快的。但是 RAID-0 没有冗余功能，如果一个物理磁盘损坏，则所有的数据都会丢失。

从理论上讲，磁盘个数和总磁盘性能应该成倍数关系，总磁盘性能等于"单一磁盘性能×磁盘数"。但实际上受限于总线 I/O 瓶颈及其他因素的影响，RAID 性能随磁盘个数的增加不再是倍数关系，也就是说，假设一个磁盘的性能是 50MB/s，两个磁盘的RAID-0 性能约为 96MB/s，3 个磁盘的 RAID-0 也许是 130MB/s 而不是 150MB/s，所以两个磁盘的 RAID-0 最能明显感受到性能的提升。

RAID-0 实现原理如下。

图 4-8 中有 Disk 1 和 Disk 2 两个磁盘，RAID-0 的做法是将要储存的内容（A1，A2……）根据磁盘数目分成两部分同时储存。A1 和 A2 分别储存到 Disk 1 和 Disk 2 中，等到 A1 储存完成后，开始将 A3 储存进 Disk 1 中，其余数据块同理。这样可以将两个磁盘看成一个大磁盘，并且两侧同时进行 I/O。不过如果某块数据坏掉，整个数据就会丢失。

RAID-0 的读写性能较好，但是没有数据冗余，因此 RAID-0本身适用于对数据访问具有容错能力的应用，以及能够通过其他途径重新形成数据的应用，如 Web 应用以及流媒体。

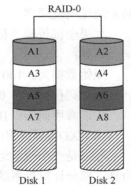

图 4-8　RAID-0 示意图

4.2.2　RAID-1

RAID-1 又称为 Mirror 或 Mirroring（镜像），它的目的是最大限度地保证用户数据的可用性和可修复性。RAID-1 的原理是把用户写入硬盘的数据百分之百地自动复制到另外一个硬盘上。

RAID-1 在主硬盘上存放数据的同时，也在镜像硬盘上写同样的数据。当主硬盘损坏时，镜像硬盘代替主硬盘的工作。因为有镜像硬盘做数据备份，所以 RAID-1 的数据安全性是所有 RAID 级别中最好的。但是无论用多少磁盘做 RAID-1，有效数据空间大小仅为单个磁盘容量，是所有 RAID 上磁盘利用率最低的一个级别。

RAID-1 实现原理如下。

图 4-9 中，在储存数据时，将要储存的内容（A1，A2……）存储进主磁盘 Disk 1，同时在 Disk 2 中再次将数据储存一遍，以达到数据备份的目的。

RAID-1 是所有 RAID 级别中单位存储成本最高的，但因其提供了几乎最高的数据安全性和可用性，所以 RAID-1 适用于读操作密集的 OLTP 和其他要求数据具有较高读写性能和可靠性的应用，如电子邮件、操作系统、应用程序文件和随机存取环境等。

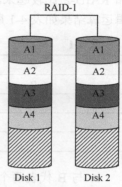

图 4-9 RAID-1 示意图

4.2.3 RAID-2

RAID-2 是一种大型机和超级计算机用来储存的带海明码校验的磁盘阵列，在磁盘中，有一部分磁盘驱动器是专门的校验盘，用于校验和纠错。由于有校验盘的存在，所以数据整体的空间占用会比原始数据大一些。RAID 2 对大数据量的读写具有极高的性能，但读写少量数据时的性能反而不好，所以 RAID 2 实际使用较少。

RAID-2 实现原理如下，如图 4-10 所示，左边的 Disk 1、Disk 2、Disk 3、Disk 4 为数据阵列，阵列中的每个硬盘一次只存储一位的数据。右边的阵列（即为校验阵列）则是存储相应的海明码，也是一位一个硬盘。因此 RAID 2 中的硬盘数量取决于所设定的数据存储宽度。如果是 4 位的数据宽度，那么需要 4 个数据硬盘和 3 个海明码校验硬盘，根据海明码的计算方法，如果有 2 的 N 次幂位的数据宽度，则需要 2^N 块磁盘，校验阵列需要 N 块磁盘。例如，如果是 64 位的位宽，则从海明码的计算方法中，可以算出来，数据阵列需要 64 块硬盘，校验阵列需要 7 块硬盘。可以看出数据越大，RAID-2 需要的校验矩阵数就越小，这也是为什么 RAID-2 适合大颗粒数据储存而不适合一般数据储存的原因。

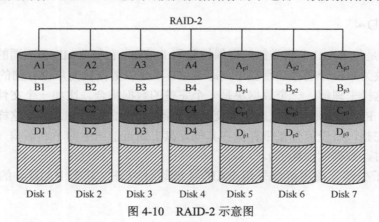

图 4-10 RAID-2 示意图

4.2.4　RAID-3

RAID-3 为带有专用奇偶位校验码的 RAID，其利用异或逻辑运算原理来进行校验，和 RAID-2 比较起来，异或逻辑运算比汉明码简单实用，并且能大量降低成本。异或逻辑运算结果如表 4-1 所示。

表 4-1　异或运算结果表

A	B	异或结果
0	0	0
0	1	1
1	0	1
1	1	0

A 与 B 代表两个值，当 A=B 时，异或结果为 0，当 A≠B 时，异或结果为 1。知道其中任意两个值就可以得到第 3 个值，从而可以达到校验码的目的。

从图 4-11 中可以看到，RAID-3 采用和 RAID-0 一样的分成条带（strip）储存数据，Disk 4 则是用来储存校验码信息，其中 $A_{p(1-3)}$ 为 A1、A2 和 A3 的奇偶校验信息，其他以此类推。由于储存方式和 RAID-0 类似，因此 RAID-3 拥有很高的数据传输效率。

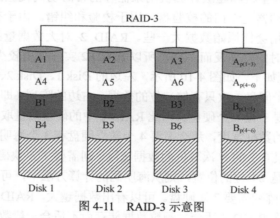

图 4-11　RAID-3 示意图

4.2.5　RAID-4

RAID-4 是与 RAID-3 相类似的奇偶校验码 RAID。它与 RAID-3 不同的是，它在分区时是以区块为单位分别存在硬盘中，即 RAID-4 是以数据块为单位存储的，如图 4-12 所示，可以这样来理解，一个数据块是一个完整的数据集合，比如一个文件就是一个典型的数据块，RAID-3 则是按位或字节交叉存取的。对比之下，RAID-4 这样按块存储可以保证块的完整，不受因分条带存储在其他硬盘上而可能产生的不利影响（如当其他多个硬盘损坏时，数据就损坏了）。

目前除了少部分商用机器采用 RAID-4 的设计以外，其余 RAID-4 的应用已经较少了。

4.2.6　RAID-5

RAID-5 是高级 RAID 系统中最常见的一种 RAID 级别，由于其出色的性能与数据冗余平衡设计而被广泛采用。其全名为"独立的数据磁盘与分布式校验块"。与前面的 RAID-3 和 RAID-4 一样，RAID-5 也是用奇偶校验来进行校验和纠错。但设计得更为巧妙，并且实用性更好。

在图 4-13 中，RAID-5 也是采用了和 RAID-4 一样的数据块存储方式，但是相比较 RAID-3 和 RAID-4，RAID-5 没有独立的校验磁盘，这是因为它在每个磁盘都存放了用户数据和冗余数据。例如，A_p 是 A1、A2、A3 的奇偶校验数据，其他以此类推。

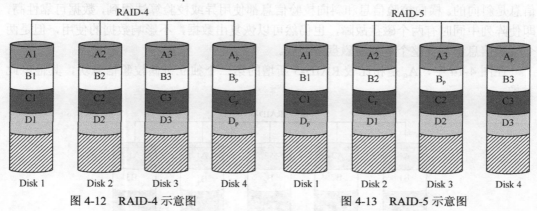

图 4-12　RAID-4 示意图　　　　图 4-13　RAID-5 示意图

当 RAID-5 的一个磁盘数据损坏后，可以利用剩下的数据和相应的奇偶校验信息恢复被损坏的数据。因此，RAID-5 是一种存储性能、数据安全和存储成本兼顾的存储解决方案。

RAID-5 尽管有一些容量上的损失，但是能够提供最佳的整体性能，因而也是被广泛应用的一种数据保护方案。它适合于 I/O 密集、高读/写比率的应用，如联机事务处理等。

4.2.7　RAID-6

RAID-6 是为了进一步加强数据保护而设计的一种 RAID 方式，与 RAID-5 相比，RAID-6 增加了第二种独立的奇偶校验信息块。这样一来，等于每个数据块有了两个校验保护屏障（一个分层校验，一个是总体校验），因此 RAID-6 的数据冗余性能非常好。但是，由于增加了一个校验，所以写入的效率较 RAID-5 还差，而且控制系统的设计也更为复杂，第二块的校验区也减少了有效存储空间。

常见的 RAID-6 技术有 P+Q 和 DP，两种技术获取校验信息的方法不同，但是都可以允许整个阵列中两块磁盘数据丢失。

P+Q：P+Q 需要计算出两个校验数据 P 和 Q，当有两个数据丢失时，根据 P 和 Q 恢复出丢失的数据。校验数据 P 和 Q 是由以下公式计算得来的。

$$P = D0 \oplus D1 \oplus D2$$
$$Q = (\alpha \otimes D0) \oplus (\beta \otimes D1) \oplus (\gamma \otimes D2)$$

在 P+Q 中，P 和 Q 是两个相互独立的校验值，它们的计算互不影响，都是由同一条带上其他数据磁盘上的数据依据不同的算法计算而来的。其中 P 值是通过同一条带上除 P 和 Q 之外的其他所有数据盘上数据的简单异或运算得到。Q 值的获得过程就相对复杂一些，它首先对同一条带其他磁盘上的各个数据分别进行变换，然后再将这些变换结果进行异或操作而得到校验盘上的数据。这个变换被称为 GF 变换，它是一种常用的数学变换方法，可以查 GF 变换表得到相应的变换系数，再将各个磁盘上的数据与变换系数进行运算就得到了 GF 变换后的数据，这个变换过程是由 RAID 控制器来完成的。

DP：两次奇偶校验（double parity，DP）就是在 RAID-4 使用的一个行 XOR 校验磁盘的基础上又增加了一个磁盘用于存放斜向的 XOR 校验信息。

DP 同样也有两个相互独立的校验信息块，但是与 P＋Q 不同的是，它的第二块校验信息是斜向的。横向校验信息和斜向校验信息都使用异或校验算法得到，数据可靠性高，即使阵列中同时有两个磁盘故障，也仍然可以恢复出数据，不影响数据的使用，但是两个校验信息都需要整个单独的磁盘来存放。

在图 4-14 中，A_q 是相比较 RAID-5 新增的第二个独立奇偶校验信息块，其他以此类推。

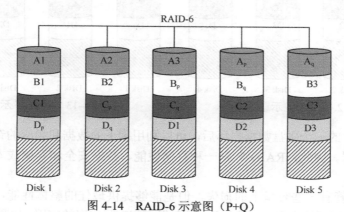

图 4-14　RAID-6 示意图（P+Q）

RAID-6 的数据安全性比 RAID-5 高，即使阵列中有两个磁盘故障，阵列依然能够继续工作并恢复故障磁盘的数据。但是控制器的设计较为复杂，写入速度不是很高，而且计算校验信息和验证数据正确性所花的时间也比较多，当对每个数据块进行写操作时，都要进行两次独立的校验计算，系统负载较重，而且磁盘利用率相对 RAID-5 低一些，配置也更为复杂，适合用在对数据准确性和完整性要求更高的环境中。

4.2.8　RAID-10

RAID-10 是由 RAID-1 与 RAID-0 组合而成的 RAID 级别，因为它先进行 RAID-1 镜像再做 RAID-0，所以它继承了 RAID-0 的快速和 RAID-1 的安全。我们知道，RAID-1 在这里负责阵列的冗余，RAID-0 则负责数据的读写。

图 4-15 很好地诠释了 RAID-10 的构成思想。

RAID-10 兼具 RAID-1 的高安全性和 RAID-0 的高速度的优点，但是它需要至少 4 个磁盘，成本较高，而且磁盘容量利用率也只有 50%，目前 RAID-10 多用于既要求高性能，又要求高安全性的金融、保险、政府和军队等行业中。

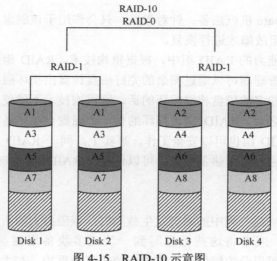

图 4-15　RAID-10 示意图

4.2.9　RAID 级别总结

　　如今的 RAID 技术已经相当成熟，在各个领域中都得到了广泛的应用，RAID 的级别从 RAID 概念的提出，已经发展了多个级别，其级别分别是 0、1、2、3、4、5、6 等。但是最常用的是 0、1、5、6、10 四个级别。在不同的应用环境中，根据数据储存的要求，选择适当的 RAID 级别，已经成为一件必须认真考虑的事情，因为只有最合适的 RAID 级别，而没有最好的 RAID 级别，这也是为什么有这么多的 RAID 级别都得到广泛运用的原因。

4.3　RAID 中的数据保护技术

4.3.1　热备

　　当一块磁盘发生故障时，RAID 组就会进入降级状态，如果继续有磁盘故障，RAID 组就可能进入失效状态，导致用户无法对该阵列执行读写操作。

　　当具备数据冗余能力的 RAID 组中的某块磁盘失效时，如果事先配置好了一块备用的磁盘，就能够启动重构，把恢复的数据存储在这块备用盘上，使其替代失效的磁盘，作为 RAID 组成员盘继续工作，这样的备用磁盘，称为热备盘。当失效的磁盘被管理员更换后，存储阵列会将热备盘内的数据拷贝到已经更换的磁盘中，热备盘恢复为备用状态。

　　热备盘的工作模式主要分为以下 3 类。

　　（1）Local Spare 特定热备：针对某一 RAID 组，只有该组硬盘出现问题后，才启用恢复。

　　（2）Global Spare 全局热备：针对所有 RAID 组，只要某一个 RAID 组出现问题，就进行恢复。

（3）Enclosure Spare 机框热备：针对盘柜，只会作用于该磁盘所在盘柜，当该磁盘所在盘柜中的 RIAD 组故障才进行恢复。

在具备数据冗余能力的 RAID 组中，根据重构技术，RAID 组允许在一个磁盘损坏的状态下工作。存储管理器可以通过剩余的完好磁盘计算出损坏磁盘里的内容，以供前端使用。但是若组内较多的磁盘相继损坏的话，则重构技术不能使用。

采用热备盘策略之后，RAID 组内损坏的第一个磁盘会被热备盘替换，这样即使损坏了第二块磁盘，RAID 组也可以安全工作。事实上，同一 RAID 组中连续损坏多块磁盘的概率微乎其微，因此采用热备技术，可以使整个 RAID 组的安全性大大提升。

4.3.2　重构

具有冗余数据的磁盘阵列中的磁盘发生故障时，该磁盘上的所有用户数据或校验数据重新生成的过程，或者将这些数据写到一块或多块备用磁盘上的过程称为重构（regenaration）。重构可以分为镜像冗余重构与校验冗余重构，在大多数的阵列中，应用程序访问阵列的虚拟磁盘上数据时会引发重构的过程。

1. 镜像冗余重构

镜像冗余重构的过程较为简单，在其中的一块磁盘故障之后，由于备份盘上保存有相同的数据（当然故障的也有可能是备份盘），我们可以直接从存有相同数据的磁盘上读取我们所需要的数据并将数据写入备用的磁盘中，从而实现阵列的重构。

由于镜像冗余的阵列的重构仅仅是数据的读取与写入的过程，没有涉及到数据的运算操作，因此重构的过程较为简单。

2. 校验冗余重构

不同于镜像冗余，校验冗余仅仅根据用户的数据生成较少的校验数据，因此在磁盘出现故障时的恢复能力不如镜像冗余。校验冗余的编码在 4.1 节中已有阐述，校验冗余的重构是校验冗余计算校验数据的逆过程，即根据校验数据和剩余的成员盘数据恢复出故障磁盘上的数据（当然故障的也可能是存放校验数据的磁盘或者同时存放了用户数据和校验数据的磁盘，此时的重构过程包含了部分校验数据生成的过程）。

使用海明码生成校验数据的阵列，可以进行简单的逆运算来恢复。例如，海明码为101000110111，其中第 3 位由于磁盘故障而丢失了数据，变为了 10_000110111，由于第1 位是第 3、5、7、9、11 位的异或运算的结果，所以只需要将第 1、5、7、9、11 位异或便可以知道第 3 位为 1。其他位数据的缺失可以根据类似的方法恢复。

使用 XOR 算法生成校验数据阵列的重构，以 RAID-5 为例，当一个磁盘故障后，可以从剩余的所有磁盘中读取数据并恢复出故障磁盘中的数据，由于校验数据是用户数据的异或结果，因此根据异或运算的法则和规律，将剩余的数据异或便可以得到丢失的数据，从而进行恢复。

总的来说，比起镜像冗余，校验冗余由于拥有较少的冗余数据而使得自身的重构能力较弱，当较多的磁盘故障时，如 RAID-5 中超过一块磁盘故障，则无法重构，而且由于需要进行额外的计算来获得丢失的数据，所以重构的过程较之镜像冗余更加复杂。

4.3.3　预拷贝

预拷贝（redundant copy）是磁盘自我诊断的一项功能，在存储系统中所有的故障都自动报告。磁盘中的数据在磁盘出现故障预警时自动拷贝到热备盘中，当拷贝完成时，故障磁盘被隔离，热备盘替换原磁盘加入 RAID 组中，如图 4-16 所示。

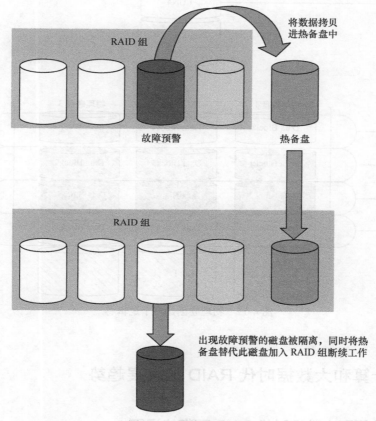

图 4-16　预拷贝示意图

通过磁盘预拷贝功能，提供可靠的不停机操作，保护了数据，另外一定意义上减少了重构操作，提高了 RAID 组的使用效率。

4.4　RAID 与 LUN

在存储系统中，多个硬盘可以组成一个 RAID 组，一个 RAID 组的空间在存储控制器中是以物理卷的形式存在的。存储控制器若要把存储空间给前端的服务器使用，还需要将物理卷划分为逻辑卷，并通过逻辑单元号（logic unit number，LUN）来区分。应用系统实际应用的存储空间是对逻辑卷来进行操作的。由物理卷创建多个逻辑卷，如图 4-17 所示。

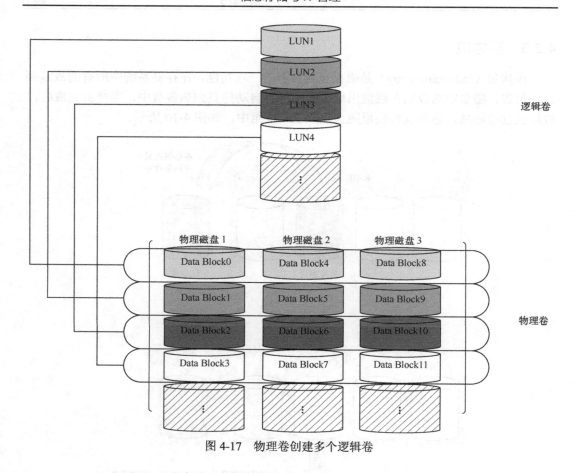

图 4-17　物理卷创建多个逻辑卷

4.5　云计算和大数据时代 RAID 的发展趋势

4.5.1　云计算和大数据时代 RAID 面临的问题

　　如今已进入大数据时代，而 RAID 是各大数据中心经常采用的一种存储方式。在实践中，现有的 RAID 方式呈现出了诸多的不足。

- 可靠性：随着数据规模的扩大，故障发生的几率也会提高，使得人们对存储方式可靠性的需求愈加迫切。
- 性能：在数据流量迅速增加的现在，阵列性能已成为限制数据流通的一大因素。性能包括很多方面，除了磁盘阵列的读写性能之外，RAID 阵列的恢复性能也十分重要。
- 可扩展性：即在 RAID 阵列中增减磁盘时，通过尽可能少的移动数据来维持读写性能的能力。为了满足如今云计算时代越来越多在线应用的需求，RAID 阵列也需要具备较好的可扩展性。

　　在上述的 3 个方面中，同时追求可靠性和性能似乎是矛盾的。同等条件下，性能最好的 RAID-0 完全不具备容错能力。而为了追求容错能力，RAID-5、RAID-6 计算校验的过程中不仅使用了更多的磁盘空间，而且牺牲了写性能。因此在实际应用中，从 RAID 的可靠性和性能中找到一个合适的平衡点，也是十分重要的。

4.5.2　云计算和大数据时代 RAID 发展的实践

RAID-5 作为一种单盘容错方法，当一个盘发生故障时，可以通过其他盘来恢复。但是，若同时有两个盘失效，或者在恢复过程中发生故障，则整个阵列中的数据都会失效。RAID-6 采用了纠删码，能够双盘容错，大大提升了磁盘的安全性。现如今，能够多盘容错的 RAID 也被纷纷使用到了存储领域。

一种实现多盘容错 RAID 阵列使用 Reed-Solomon（RS）编码。在 4.2.7 小节中介绍了基于 RS 编码的 P+Q 是实现 RAID-6 的一种方式。事实上，RS 编码也可以实现多盘容错。

RS 码的生成矩阵如图 4-18 所示，可以看出，调整参数即可生成不同的 RS 编码。

这个方法的优点是对于任意规模，RS 码都可以保证其正确性。另外，在 RS 码的编码过程中只采用了水平校验，它也具有比较优越的恢复性能和扩展性。

RS 码的缺点在于其中使用的伽罗瓦域运算速度较慢，限制了它的性能。比起其他的纠删码，如 RDP、X-Code 来说，同等条件下它的性能更差。

除了多盘容错外，有些学者正试图寻找新的发展方向。例如，2013 年提出的 SD 编码，可以容忍 r 个磁盘和另外任意 s 个块发生错误，如图 4-19 所示。这是一种全新的解决多个数据块同时失效问题的方案。

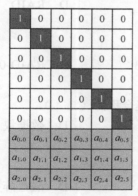

图 4-18　RS 码的生成矩阵

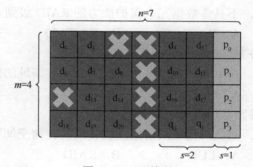

图 4-19　SD 编码

4.6　本章总结

完成本章的学习，将能够：

- 了解磁盘阵列的产生背景。
- 掌握磁盘阵列的工作原理和分类。
- 掌握 RAID 的基础概念和常见 RAID 级别。
- 熟悉常用 RAID 的特征和应用场景。

- 了解大数据时代 RAID 未来发展趋势。

本章从 RAID 的基本概念与技术原理、RAID 级别、RAID 中的数据保护技术、RAID 与 LUN 以及云计算和大数据时代 RAID 的发展趋势几个方面对 RAID 技术及应用进行了介绍。

读者需要掌握 RAID 的基本概念与技术原理包括：

- RAID 的分类：JBOD、SBOD 等。
- RAID 的数据组织、存取和冗余方式等。对于几种常见的数据冗余方式，如镜像冗余、奇偶校验码以及海明码，要掌握其原理。
- RAID 各项级别的特点、优劣以及适用范围。对于常用的 RAID 级别（如 RAID-0、RAID-1、RAID-5、RAID-6、RAID-10 等）要求较为深入地掌握相关的知识。
- RAID 中的数据保护技术，对于热备、重构和预拷贝等，要熟悉其定义、操作过程等。
- 了解 RAID、LUN 以及 RAID 未来的发展趋势。

4.7　练习题

一、选择题

1．常见磁盘阵列的分类包括（　　　）。

    A．JBOD　　　　　　B．SBOD　　　　　　C．MAID　　　　　　D．RAID

答案（ABD）

2．不具备数据冗余保护能力的 RAID 级别是（　　　）。

    A．RAID-10　　　　B．RAID-50　　　　C．RAID-3　　　　　D．RAID-0

答案（D）

3．在单个阵列盘区中，一系列连续编址的磁盘块的集合称为（　　　）。

    A．磁盘阵列　　　　B．RAID　　　　　　C．条带　　　　　　D．数据块

答案（D）

4．磁盘阵列中映射给主机使用的存储空间称为（　　　）。

    A．LUN　　　　　　B．RAID　　　　　　C．磁盘　　　　　　D．磁盘阵列

答案（A）

5．镜像阵列或者 RAID 阵列中发生故障的磁盘上的所有用户数据和校验数据的重新生成过程称为（　　　）。

    A．重计算　　　　　B．重构　　　　　　C．热备份　　　　　D．恢复

答案（B）

6．相同条件下，以下具备最佳读取性能的 RAID 级别是（　　　）。

    A．RAID-1　　　　　B．RAID-3　　　　　C．RAID-0　　　　　D．RAID-5

答案（A）

7．以下不是采用奇偶校验作为数据冗余方式的 RAID 级别是（　　　）。

    A．RAID-2　　　　　B．RAID-3　　　　　C．RAID-4　　　　　D．RAID-5

答案（A）

8．在同一 RAID 组中最多允许两块磁盘同时失效的 RAID 级别是（　　）。

　　A．RAID-2　　　　　B．RAID-6　　　　　C．RAID-5　　　　　D．RAID-4

答案（B）

9．在相同磁盘数量情况下，以下所能够提供的存储空间最少的 RAID 级别是（　　）。

　　A．RAID-5　　　　　B．RAID-50　　　　　C．RAID-1　　　　　D．RAID-3

答案（C）

10．对于 E-mail 或者是 DB 应用，以下（　　）级别是不被推荐的。

　　A．RAID-10　　　　　B．RAID-50　　　　　C．RAID-5　　　　　D．RAID-0

答案（D）

11．不考虑缓存，如果将一个数据块写入一个 RAID-6 的阵列中，需要（　　）次写操作。

　　A．1　　　　　　　　B．2　　　　　　　　C．3　　　　　　　　D．4

答案（C）

二、简答题

1．RAID-6 有哪两种常见的实现方式，它们各有什么优劣？

2．从 RAID-5 到 RAID-6 实现的变化，设计一种能够容纳任意 3 块磁盘失效的 RAID。

第5章
存储阵列技术及应用

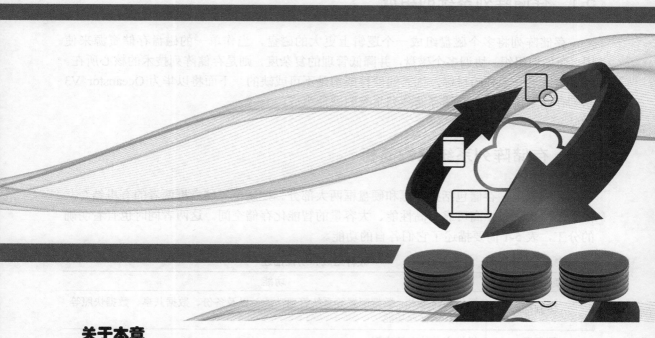

关于本章

存储阵列技术伴随着信息快速增长带来的数据爆炸而出现。在现代IT系统不断升级的今天，数据存储需求也在爆炸性增长，存储阵列设备已然成为了IT系统的核心组成部分之一。本章将从存储阵列系统的硬件组成出发，进而引出一系列存储阵列通用技术，最后介绍华为存储系统及其应用。

5.1 存储阵列系统的组成

存储阵列将多个磁盘组成一个逻辑上更大的磁盘，当作单一的磁盘存储资源来使用。而如何组织、协调多个磁盘，并降低管理的复杂度，则是存储阵列技术的核心所在。为了达成这一系列的目标，优秀的硬件架构是不可或缺的。下面将以华为 Oceanstor V3 系列存储系统为例，介绍存储阵列系统的硬件组成。

5.2 存储阵列系统架构简析

在外形上，存储包括控制框和硬盘框两大部分。控制框与硬盘框两者的有机结合共同为用户提供一个高可靠、高性能、大容量的智能化存储空间。这两者同时也有着明确的分工，表 5-1 简要描述了它们各自的功能。

表 5-1	硬件组成和功能描述
硬件组成	**功能**
控制框	提供存储接入、数据配置等系统管理功能，以及备份、数据共享、数据快照等数据安全管理功能
硬盘框	提供充足的存储空间

华为 OceanStor V3 系列存储系统如图 5-1 所示。

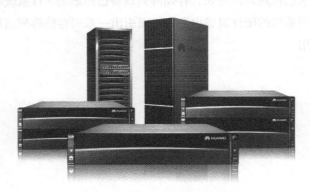

图 5-1　华为 OceanStor V3 系列存储系统

5.2.1 控制框

控制框提供存储接入、数据配置等系统管理功能，还可提供备份、数据共享、数据快照等数据安全管理功能。控制框采用部件模块化设计，主要由系统插框、控制器模块、BBU（backup battery unit）模块、风扇模块、电源模块、接口模块和硬盘模块组成。根据控制框内部模块的组织方式，可将控制框分为盘控一体与盘控分离两类。例如，5500 V3

采用盘控一体架构（见图 5-2），而 5600 V3 采用盘控分离架构（见图 5-3）。两种设计的主要区别在于盘控分离架构中除去了硬盘模块，盘控一体架构则包含硬盘模块，同时将盘控分离架构中的一些独立模块进行融合，如将 BBU 模块与风扇模块结合为风扇-BBU 模块，将接口模块融入控制器模块等。这两种架构的不同主要来源于用户的需求不同。以 5500 V3 与 5600 V3 为例，表 5-2 列举了它们的部分区别。

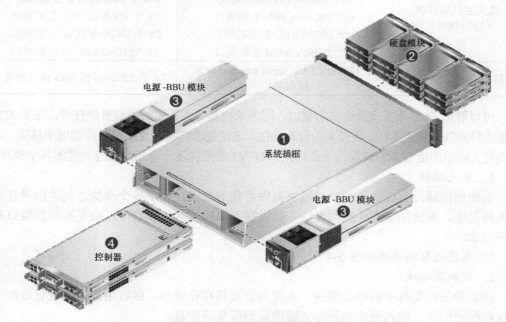

图 5-2　5500 V3 控制框整体结构图

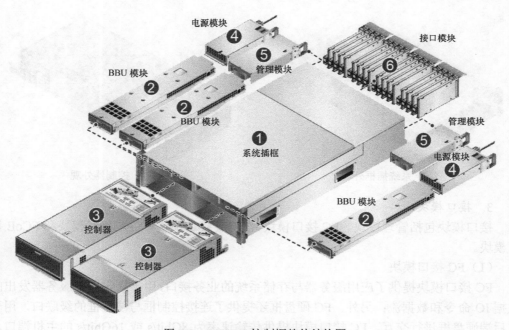

图 5-3　5600 V3 控制框整体结构图

表 5-2 5500 V3 与 5600 V3 的比较

参数名称	5500 V3	5600 V3
最大级联硬盘框数	30 个	40 个
最大硬盘数	775 个	1000 个
最大主机端口数（每控制器）	12 个 8Gbit/s FC 主机端口 4 个 16Gbit/s FC 接口模块 8 个 10Gbit/s TOE 主机端口 8 个 10Gbit/s FCoE 主机端口 8 个 1Gbit/s iSCSI 主机端口	28 个 8Gbit/s FC 主机端口 14 个 16Gbit/s FC 接口模块 28 个 10Gbit/s TOE 主机端口 28 个 10Gbit/s FCoE 主机端口 28 个 1Gbit/s iSCSI 主机端口
级联端口（每控制器）	6 个 12Gbit/s SAS（serial attached SCSI）级联端口	28 个 12Gbit/s 的 SAS 级联模块

可以看出 5600 V3 支持更多的端口，同时承担着更大数量的硬盘管理任务，这要求它将模块分离以提供更专一、更强大的管理功能，这也要求它将硬盘模块从控制框中移除，以腾出更大的空间给增多的模块。下面将按 5600 V3 的架构逐一介绍组成控制框的各个模块。

1. 系统插框

系统插框通过背板为各种接口模块提供可靠的连接，实现各个模块之间的信号互连与电源互连。系统插框硬件结构灵活，通过插入不同的接口模块可以满足不同的接口和业务需求。

3U 系统插框的外观如图 5-4 所示。

2. 控制器模块

控制器是控制框中的核心部件，主要负责处理存储业务、接收用户的配置管理命令并保存配置信息、接入硬盘和保存关键信息到保险箱硬盘。

控制器外观如图 5-5 所示。

图 5-4 系统插框外观

图 5-5 控制器外观

3. 接口模块

接口模块包括管理模块、FC 接口模块、iSCSI 接口模块、SAS 级联模块和 FCoE 接口模块。

（1）FC 接口模块

FC 接口模块提供了应用服务器与存储系统的业务接口，用于接收应用服务器发出的数据 IO 命令和数据流；另外，FC 硬盘框还提供了连接控制框与硬盘框的级联口，用于与后端硬盘框进行交互。FC 接口模块提供传输速率为 8Gbit/s 或 16Gbit/s 的主机端口。

当端口速率设置为自适应且连接的设备传输速率低于端口速率时，端口将自动适应传输速率，以保证数据传输通道的连通性和数据传输速率的一致性。当手动设置速率时，如果速率不一致，则会导致连接中断。

8Gb FC 接口模块外观如图 5-6 所示。

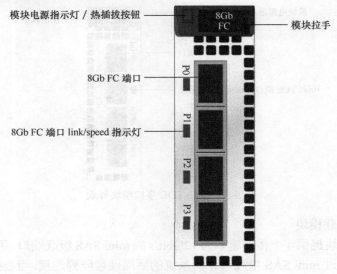

图 5-6　8Gb FC 接口模块外观

（2）iSCSI 接口模块

GE 电接口模块提供了应用服务器与存储系统的业务接口，用于接收应用服务器发出的数据读写指令和数据流。**GE 电接口模块**提供 4 个传输速率为 1Gbit/s 的 iSCSI 接口，用于接收应用服务器发出的数据交换命令。

GE 电接口模块的外观如图 5-7 所示。

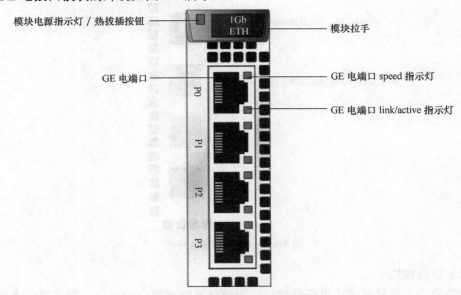

图 5-7　GE 电接口模块外观

10Gb TOE 接口模块提供了 4 个传输速率为 10Gbit/s 的 iSCSI 接口,作为应用服务器与存储系统的业务接口,用于接收应用服务器发出的数据读写指令,以及应用服务器和存储系统之间的数据传输。

10Gb TOE 接口模块的外观如图 5-8 所示。

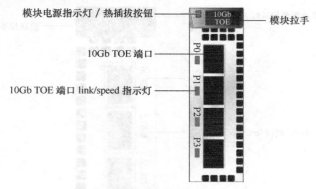

图 5-8 10Gb TOE 接口模块外观

（3）SAS 级联模块

SAS 级联模块提供 4 个传输速率为 12Gbit/s 的 mini SAS 级联端口,用于级联硬盘框。SAS 级联模块通过 mini SAS 电缆与存储系统的后端硬盘阵列连接。当连接的设备传输速率低于级联端口速率时,级联端口将自动适应传输速率,以保证数据传输通道的连通性和数据传输速率的一致性。

SAS 级联模块外观如图 5-9 所示。

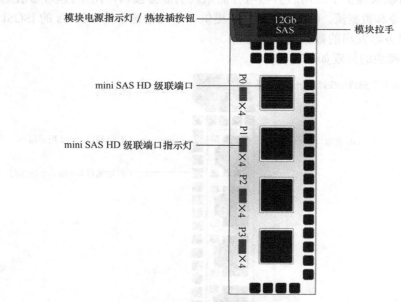

图 5-9 SAS 级联模块外观

（4）管理模块

管理模块为存储系统提供管理接口,主要包括管理网口和串口。管理模块将系统配置数据、告警信息以及日志信息保存到管理模块的指定存储介质上。

管理模块的外观如图 5-10 所示。

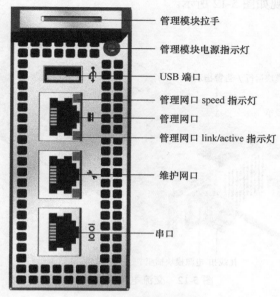

图 5-10　管理模块外观

4. BBU 模块

BBU 能够在系统外部供电失效的情况下，提供后备电源支持，以保证存储阵列缓存中业务数据的安全性。在系统电源输出正常时处于备份状态，当外部电源断开时，BBU 能够继续给系统供电。BBU 支持失效隔离，当 BBU 出故障时不会影响系统的正常运行。

BBU 的外观如图 5-11 所示。

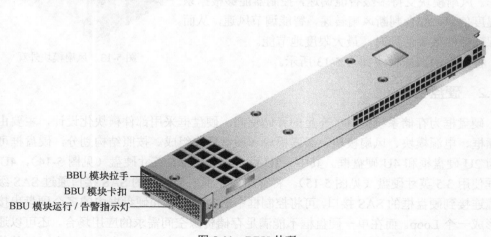

图 5-11　BBU 外观

5. 电源模块

控制框配置了多个电源模块形成冗余，其中任一电源模块故障都不会影响控制框的正常工作，保证了电源模块的高可靠性；同时，多个电源模块可以支持控制框在最大功耗下的正常运行。

交流电源模块外观如图 5-12 所示。

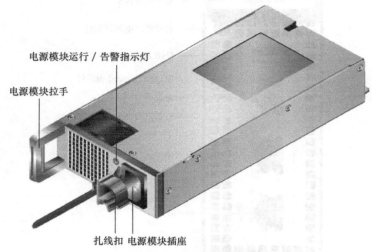

图 5-12　交流电源模块外观

6. 风扇模块

风扇模块为系统提供散热功能，可以支持控制框在最大功耗模式下的正常运行。每个风扇模块支持热插拔功能。控制框配置了多个风扇模块，每个风扇模块又会内置多个小风扇，为控制框提供冗余备份的散热功能，其中任意一个风扇出现故障，都不会影响控制框的正常工作。风扇模块支持多级智能调速，控制器能够根据系统温度信息，综合判断风扇转速，智能调节风速，从而在保证散热效果的同时，最大限度地节能。

控制框的风扇模块如图 5-13 所示。

图 5-13　风扇模块外观

5.2.2　硬盘框

硬盘框为存储系统提供了充足的存储空间。硬盘框采用部件模块化设计，主要由系统插框、电源模块、风扇模块、级联模块和硬盘模块组成。按照结构划分，硬盘框可以分为 2U 硬盘框和 4U 硬盘框。其中，2U 硬盘框使用 2.5 英寸硬盘（见图 5-14），4U 硬盘框使用 3.5 英寸硬盘（见图 5-15）。将存储控制框中控制器的 SAS 接口通过 SAS 级联电缆连接到硬盘框的 SAS 接口，可将控制框中的多个硬盘和硬盘框中的多个硬盘串接起来形成一个 Loop。而在单一硬盘框不能满足存储资源空间需求的应用场合，还可以通过级联多个硬盘框的级联端口，将多个硬盘框中的硬盘连接到同一个 Loop 中，以整体提升磁盘阵列的存储容量。

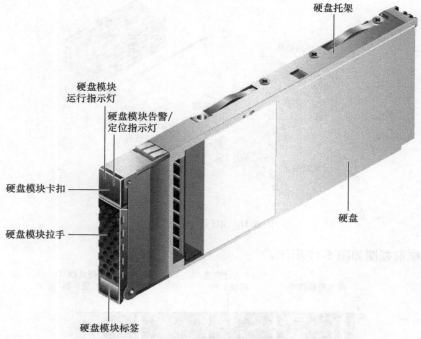

图 5-14　2.5 英寸硬盘模块外观

图 5-15　3.5 英寸硬盘模块外观

下面通过介绍 4U 硬盘框来详细了解硬盘框的组成。

1. 4U 硬盘框整体简析

在逐一介绍各模块之前，先了解 S5600T 的 4U 硬盘框的整体结构、工作原理、信号流和面板，为了解其各模块做好准备。

硬盘框的整体结构如图 5-16 所示。

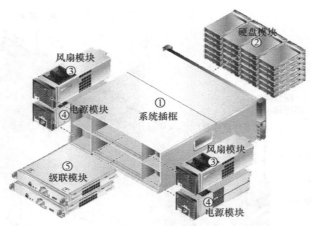

图 5-16　4U 硬盘框结构

硬盘框前视图如图 5-17 所示。

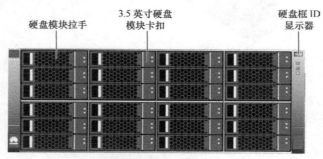

图 5-17　4U 硬盘框前视图

硬盘框后视图如图 5-18 所示。

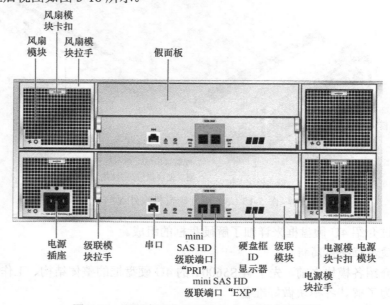

图 5-18　配置交流电源模块的 4U 硬盘框后视图

2. 系统插框

系统插框通过插入不同的部件实现硬件的灵活配置。系统插框的主要功能是实现各个模块之间的信号互连与电源互连。系统插框的外观如图 5-19 所示。

3. 级联模块

级联模块通过级联端口来级联控制框或硬盘框，实现与控制框或硬盘框的通信，是控制框和硬盘框之间进行数据传输的连接点。每个级联模块提供一个 PRI 级联端口和一个 EXP 级联端口，一个硬盘框的 PRI 级联端口可以和另一硬盘框的 EXP 级联端口间级联。

级联模块的外观如图 5-20 所示。

图 5-19　系统插框外观　　　　　　　　　图 5-20　级联模块外观

5.3　存储阵列通用技术

在存储阵列系统的发展过程中，产生了很多被广泛应用的存储阵列技术。其中，具有代表性的是磁盘预拷贝、LUN 拷贝、块虚拟化、SmartTimer、SmartQoS、Smart Thin、操作分级、硬件冗余、掉电保护、保险箱、镜像通道、热插拔、SSD 缓存、多路径、流量控制和 SAS 级联等。这些技术分别从可靠性、性能、可扩展性、易管理 4 方面为存储阵列的发展做出贡献。这些技术的分类如表 5-3 所示。

表 5-3　　　　　　　　　　　　存储阵列通用技术分类

	可靠性	性能	可扩展性	易管理
磁盘预拷贝	√	√		
LUN 拷贝	√			
块虚拟化		√		
SmartTimer				√
SmartQoS				√
SmartThin				√
操作分级				√
硬件冗余	√	√		

（续表）

	可靠性	性能	可扩展性	易管理
掉电保护	√			
保险箱	√			
镜像通道	√	√		
热插拔	√		√	√
SSD 缓存		√		
多路径	√			
流量控制		√		√
SAS 级联			√	

下面，逐一介绍这些通用技术。

5.3.1　磁盘预拷贝

磁盘预拷贝技术是指，系统实时从磁盘的 SMART 信息中读取磁盘的状态信息，当发现磁盘错误统计超过设定阈值后，立即启动，将数据从疑似故障盘中迁移到热备盘，同时向管理人员告警，提醒更换疑似故障盘。这样可以大大降低重构事件发生的概率，提高系统的可靠性。

磁盘预拷贝技术可以充分利用从检测到即将失效到磁盘真正失效这段时间来降低风险，与数据重构技术相比，磁盘预拷贝技术具备以下优势。

（1）低风险：在整个预拷贝过程中，RAID 组处于正常状态，所有成员盘均处于可用状态，RAID 组的数据冗余信息是完整的，客户数据无丢失风险。而在重构过程中，RAID 组处于降级状态，RAID 组的数据冗余信息不完整（或已丢失），客户数据处于高风险状态。

（2）高效率：重构过程中要涉及 RAID 中的多个盘，速度较低，而且占用后端带宽也较大。而磁盘预拷贝技术只是两个硬盘之间的数据拷贝，速度快，占用资源少（和重构相比）。

5.3.2　LUN 拷贝

LUN 拷贝是一种基于块的将源 LUN 的数据复制到目标 LUN 的技术。它的特点如下。

（1）将数据从本存储系统复制到一个或多个其他存储系统。

（2）将数据从一个或多个其他存储系统复制到本存储系统。

（3）将数据从本存储系统中的一个 LUN 复制到另一个 LUN。

LUN 拷贝一般用于实现分级存储、系统升级、异地备份等。

LUN 拷贝的优势如下。

（1）高性能。LUN 拷贝的实现过程比基于主机拷贝的实现过程更加简洁，因此 LUN 拷贝的性能将大大高于基于主机的拷贝。

（2）业务无关性。在 LUN 拷贝的执行过程中，不需要主机参与，不会占用主机的资源。主机可以将更多的资源用于处理生产业务。

（3）高兼容性。LUN 拷贝能够在异构环境下部署，支持不同品牌存储系统间的 LUN 拷贝。

LUN 拷贝支持全量和增量两种拷贝模式。

5.3.3　块虚拟化

块虚拟化是一种新型 RAID 技术。将硬盘划分成若干固定大小的块（chunk），然后将其组合成小 RAID 组（CKG），如图 5-21 所示。RAID 的组成不再以硬盘为单位，而以 chunk 为单位。

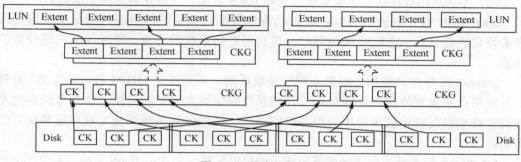

图 5-21　块虚拟化技术

块虚拟化技术的特点如下。

（1）将数据分布到系统中的所有硬盘，充分发挥系统的读写处理能力。

（2）某一硬盘失效时，存储池内的其他硬盘都会参与重构，消除传统 RAID 下的重构性能瓶颈，提高重构数据的速度。

（3）存储系统按照用户设置的"数据迁移粒度"将 CKG 划分为更小的 extent，若干 extent 组成了用户需要使用的 LUN。在存储系统中申请空间、释放空间、迁移数据都是以 extent 为单位进行的。

5.3.4　SmartTier

存储系统支持的存储介质包括：SSD（solid state drive）硬盘、SAS（serial attached SCSI）硬盘、NL（near line）SAS 硬盘。

不同存储介质在存储成本和存储性能方面的差异很大，这导致用户难以在存储成本和存储性能之间权衡。SSD 硬盘的响应时间很短，每单位存储请求处理成本很低，但每单位存储容量成本很高。NL SAS 硬盘每单位存储容量成本较低，但响应时间很长，且每单位存储请求处理成本很高。SAS 硬盘介于以上两者之间。

SmartTier 进行 LUN 级别的智能化数据存放管理。SmartTier 统计和分析数据的活跃度，将不同活跃度的数据和不同特点的存储介质动态匹配，提高存储系统性能并降低用户成本。SmartTier 通过数据迁移将活跃度高的"繁忙"数据迁移至具有更高性能的存储介质（如 SSD 硬盘），将活跃度低的"空闲"数据迁移至具有更高容量且更低容量成本的存储介质（如 NL SAS 硬盘）。

SmartTier 的统计、分析和迁移活动基于 SmartTier 的实现策略和数据的性能要求。在统计、分析、迁移活动期间，不会对现有业务的连续性和数据可用性造成影响。

5.3.5　SmartQoS

随着存储技术的不断进步，存储系统能够提供的存储容量越来越大，越来越多的用户选择将不同的应用程序后端存储部署在同一台存储设备上，但同时也带来了如下问题。

（1）不同应用程序之间由于业务模型和 I/O 特征不同相互影响，导致存储系统整体性能受到影响。

（2）不同应用程序相互争抢系统带宽和 IOPS 资源，关键业务性能无法得到保证。

SmartQoS 是一种性能特性，通过动态地分配存储系统的资源来满足某些应用程序的特定性能目标。它能够帮助用户合理利用存储系统的资源，同时保证关键业务的性能。

SmartQoS 特性允许用户根据应用程序数据的一系列特征（IOPS 或占用带宽）对每一种应用程序设置特定的性能目标。存储系统根据设定的性能目标，动态分配存储系统的资源来满足特定应用程序的服务级别要求，优先保证关键性应用程序服务级别的需求。

SmartQoS 技术基于令牌桶原理实现，用户每配置一个 SmartQoS 策略，系统都会根据用户设置的性能目标生成一个令牌桶。按照用户配置的性能目标周期性向令牌桶中放入一定数量的令牌。每一个受这个 SmartQoS 策略控制的 I/O 请求都必须从令牌桶中获得一个令牌才能得到处理，如果令牌桶中的令牌取空，则只能在等待队列中等待系统下一次放入令牌，如图 5-22 所示。

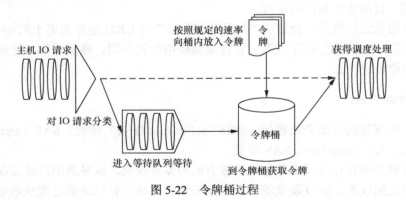

图 5-22　令牌桶过程

5.3.6　SmartThin

SmartThin 是一种以按需分配的方式来管理存储空间的技术，利用虚拟化方法减少物理存储部署，可最大限度提升存储空间利用率。在存储空间配额范围内，应用服务器用到多少空间，存储系统就给它分配多少空间，从而节省了宝贵的存储资源。SmartThin 与传统空间分配方式比较如图 5-23 所示。

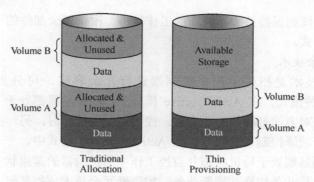

图 5-23 SmartThin 与传统空间分配方式比较

Smart Tier、Smart Thin、Smart Qos 可以同时启用。

5.3.7 操作分级

操作分级技术通过对产品所有软件操作带来的影响进行失效模式与影响分析（failure model and effects analysis, FMEA），按影响级别设计对应的防误操作，有效预防由于人为因素引起的错误操作。

根据系统、业务与数据、性能 3 个关键因素对操作进行分级，有效区分操作对存储阵列的影响，根据不同级别的操作给出对应的提示信息，确保不会出现误操作如图 5-24 所示。

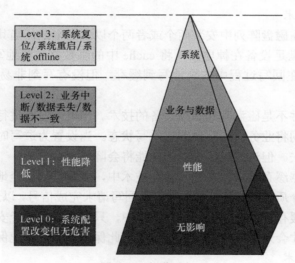

图 5-24 操作分级

5.3.8 硬件冗余技术

高可靠性是磁盘阵列最重要的特性之一，特别在中高端应用场景要求任何一个部件的故障都不能影响到业务的正常运行，这就决定了磁盘阵列必须对硬件进行冗余设计。硬件冗余技术是磁盘阵列最常用、最基本的技术之一。硬件冗余配置双份或者多份完全相同的硬件部件，当存储系统发现某一部件失效后，通过相应的技术使冗余的正常部件接管业务，使磁盘阵列保持持续不间断的工作状态。根据冗余部件的不同，主要分为如下几种硬件冗余方式。

1. 控制器冗余技术

控制器冗余技术是指采用两个控制器进行冗余容错，可分为 Active/Active、Active/Standby 两种模式。在 Active/Active 模式中，两控制器都处于工作状态并实现负载分担，相互监控对方的健康状态。当某一控制器发生故障时，另一控制器在处理本身业务的同时，接管故障控制器的业务。在 Active/Standby 模式中，一个控制器处于工作状态，另一个控制器则处于待机状态并监控工作中的控制器的健康状态，当检测到其发生故障时，立即进行业务切换并接管业务。控制器冗余技术使得任何一台控制器发生故障时，都不会造成系统崩溃和业务中断。

2. 电源冗余技术

电源是失效率最高的部件之一，几乎所有的磁盘阵列都实现了电源冗余。电源冗余是指在一套磁盘阵列中提供两个或两个以上的电源，通常这些电源都有均流功能，并且输出合路到同一线路上。当某一电源发生故障时，其他电源提高输出功率，直至总电源输出功率满足设备要求，使任何一个电源故障都不会造成设备掉电。

3. 风扇冗余技术

风扇冗余是指磁盘阵列中安装两个或者两个以上的风扇对整个设备进行散热，当某一风扇发生故障时，依靠其他正常风扇对设备进行散热，使设备始终工作在正常的温度范围内。

4. 电池冗余技术

电池冗余是指在磁盘阵列中安装两个或者两个以上的电池，当其中一个电池发生故障时，其他电池能满足设备在掉电后，将 cache 中的脏数据完整地写到保险箱硬盘中。所谓脏数据，就是在回写过程中安全地写到缓存，但没有写到非易失性存储介质中的数据。

电池冗余技术并不是磁盘阵列必须具备的技术。当电池没有进行冗余设计而发生故障时，系统可以自动将业务由回写设置为透写状态。当设置为透写时，即使设备掉电，也不会造成数据丢失。但透写时，设备的性能将会降低。

回写是一种数据缓存技术，在回写缓存技术中，当数据已安全地写到缓存，但没有写到非易失性存储介质中时，会向上层应用返回写请求完成信号，以此提高系统的性能。透写也是一种数据缓存技术，在透写缓存技术中，只有在数据已经安全地写到非易失性存储介质中之后，才会返回写请求完成信号，以此保证数据可靠地保存。

5. 硬盘冗余技术

硬盘冗余是磁盘阵列最基本的冗余方式，通常采用应用最广泛的硬盘冗余阵列技术（RAID）来实现硬盘冗余。RAID 技术可根据不同的冗余方式，设置不同的 RAID 级别。RAID 技术在前面的章节已经进行了较为详细的介绍。此外，在对磁盘阵列的硬盘进行 RAID 创建时，原则上需要保留 1 个或者 1 个以上型号相同的硬盘，并将该硬盘设置为热备盘工作状态。当 RAID 中的某一硬盘失效时，系统能将失效硬盘的数据自动、及时地备份到热备盘中。此时即使 RAID 中再有一块硬盘发生故障，也不会造成数据丢失。待设备维护工程师更换 RAID 中的故障硬盘后，系统可以再将已备份到热备盘的数据回拷到更换后的硬盘中。使用硬盘冗余技术，大大提高了数据的可靠性和一致性。

5.3.9　掉电保护技术

为了提高存储系统的性能，存储系统将控制器中的内存作为高速缓冲（cache）区域，主机系统的数据写入存储系统时，只要写入控制器的 cache 完成，存储系统即响应写操作已完成，主机系统可进行其他数据的写操作，当写入 cache 的数据容量达到设置值时，再将数据写入硬盘，从而提高存储系统的性能。然而内存作为易失性存储器件，当没有工作电压对数据进行定时刷新时，保存在内存中的数据将会丢失。为了保护内存中的数据不在磁盘阵列发生故障时丢失，磁盘阵列的供电电源需要外接 UPS 或切换成内置的 BBU 模块进行供电。供电电源掉电时，系统在非常短的时间内控制 UPS 或 BBU 给磁盘阵列供电，并在这段时间内，将内存中的数据完整地写入硬盘中，防止数据丢失。

5.3.10　保险箱技术

保险箱技术是为了有效防止外部电源断电对系统可能造成的影响而采用的技术。在意外断电的情况下，cache 中的数据会由于 DRAM 的易失性而丢失。而保险箱盘能够在外部电源断电的情况，通过 BBU 模块得到供电，确保断电后 cache 中的数据能够安全写入保险箱中，保证了数据的完整性和可靠性。同时，保险箱盘还具有特殊的保护机制，能够保证保险箱盘自身的可靠性。

保险箱技术的工作原理如图 5-25 所示。

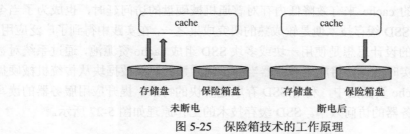

图 5-25　保险箱技术的工作原理

5.3.11　镜像通道技术

在掉电保护技术章节中介绍到，为了提高系统的性能，主机系统的数据写入 cache 中而没真正写入到硬盘时，存储系统响应写操作已完成，主机系统将进行其他数据的写操作。此时，如果控制器发生故障，cache 中的数据将会丢失。为了解决该问题，设计硬件时，在两个冗余的控制器中增加了高速链路通道，即镜像通道。在主机系统的数据写入控制器的 cache 的同时，通过镜像通道将数据写入另一控制器的 cache，即主机系统的数据同时保留在磁盘阵列的两个控制器的 cache 中，即使某一控制器发生故障，也可通过另一控制器将未写入硬盘的数据完整地写入硬盘中。

镜像通道技术的工作原理如图 5-26 所示。

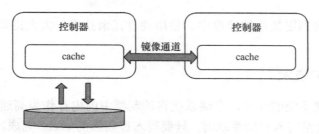

图 5-26　镜像通道技术的工作原理

5.3.12　热插拔技术

硬件冗余技术可以实现某一部件发生故障时，不造成系统业务中断。但在部件发生故障后，需要及时更换故障部件，以降低整机故障的风险。但在更换部件时，为保证业务正常运行，不能对系统下电，这就要求系统部件支持热插拔功能。所谓热插拔（hot swap），就是允许用户在不关闭系统、不切断电源的情况下，取出和更换发生故障的控制器、电源、风扇、电池和硬盘等部件，从而极大地提高系统扩展性、灵活性和对灾难的及时恢复能力等，使磁盘阵列的容错能力大大提高，为用户提供了最大限度的可靠性和可用性。

热插拔功能需要软、硬件的共同支持，包括支持热插拔功能的硬件设备、操作系统以及支持热插拔功能的总线，等等。其中 PCI-Express 热插拔技术对于热插拔硬件的应用来说意义重大，目前已经有着非常广泛的应用。

5.3.13　SSD 缓存技术

近年来，SSD 硬盘发展迅猛，如何利用 SSD 硬盘存取速度快的特点，通过将 SSD 硬盘作为存储系统的 cache 来有效降低内存对普通机械硬盘的访问延时，也成为了当今的研究热点。其中，SSD 缓存技术便是较成熟的研究成果之一，在实践中得到了广泛应用。

SSD 缓存技术的设计思想是使用一块或多块 SSD 组成 cache 资源池，通过系统对数据块访问频率的的实时统计，将应用服务器当前访问频繁的热点数据块从传统机械硬盘中动态地缓存至 cache 资源池中，利用 SSD 存取速度快的特点，提升应用服务器的读写性能，提高应用服务器的访问效率。SSD 缓存技术的工作原理如图 5-27 所示。

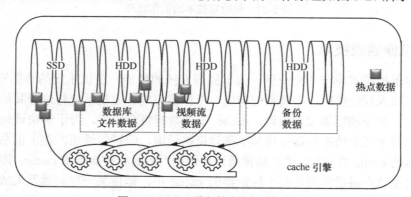

图 5-27　SSD 缓存技术的工作原理

SSD 缓存技术在高性能、高可用性、高扩展性等方面也有其独特的优势。

高性能：测试表明，SSD 缓存技术针对 Web Server 类及 File Server 类应用，随机读性能均有数倍提升。

高可用性：cache 资源池由多块 SSD 组成，当单个 SSD 盘片失效时，不影响 cache 的功能。

高扩展性：SSD 缓存技术支持在线添加 SSD 盘片。

5.3.14　多路径技术

在实际使用中，存储阵列中的数据常常由与之相连的主机系统（通常为服务器）调度。当某台主机发生故障时，与之相关的业务也会中断，造成数据与业务的丢失。为了防止这种情况出现，磁盘阵列与多台主机相连，当某台主机发生故障时，可以将故障主机的业务切换到其他主机上，而这必须借助多路径技术实现。

多路径技术包括硬件与软件两方面。在硬件上，磁盘阵列冗余的控制器需要通过交换机实现路径的冗余配置，在主机系统和磁盘阵列中建立两条或多条并行的连接。在软件上，需要在主机系统上安装多路径软件，同时必须在磁盘阵列中增加相应的设备驱动程序，以完成负载均衡、故障切换、逻辑单元屏蔽等功能。

多路径技术的工作原理如图 5-28 所示。

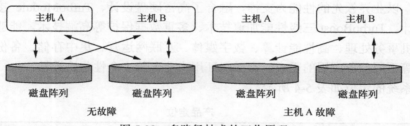

图 5-28　多路径技术的工作原理

5.3.15　SAS 级联技术

SAS 级联技术是重要的用于整体提升磁盘阵列存储容量的技术。如果将控制框的 SAS 接口通过 SAS 级联电缆连接到硬盘框的 SAS 接口（对于 FC 硬盘框，则为 SFP 接口，可通过光纤连接），可将控制框中的多个硬盘和硬盘框中的多个硬盘串接起来形成一个 Loop。而在单一硬盘框不能满足存储资源空间需求的应用场合，还可以通过级联多个硬盘框的级联端口，将多个硬盘框中的硬盘连接到同一个 Loop 中，以整体提升磁盘阵列的存储容量。

SAS 级联技术的工作原理如图 5-29 所示。

图 5-29　SAS 级联技术的
工作原理

5.4　华为存储阵列产品及应用

华为存储阵列产品主要包括 OceanStor V3 系列统一存储产品与 OceanStor 高端存储

系统。

　　其中，OceanStor 高端存储系统是华为存储的高端旗舰产品系列，包括 OceanStor 18500 和 OceanStor 18800 两种型号。OceanStor 高端存储系列基于 Smart Matrix 智能矩阵架构和 XVE（extreme virtual engine）全虚拟化专用操作系统，最大可扩展至 16 个控制器、3 216 块硬盘、7 168TB 容量、192GB 系统带宽、3TB Cache、192 个主机接口（FC/FCoE/iSCSI），支持企业级 SSD、SAS 和 NL-SAS 硬盘，最大支持 65 536 台服务器共同使用。软件方面，OceanStor 高端存储配备 SMART 系列资源管理软件和 Hyper 系列数据保护软件，最大提升资源利用效率，提供关键业务智能优先保障和 7×24 小时业务可用性。鉴于第 7 章和第 13 章将会对 OceanStor 高端存储系统进行详细介绍，这里不再赘述。

　　华为 OceanStor V3 系列产品是面向中高端存储应用的新一代产品，V3、2600 V3、5500 V3、5600 V3、5800 V3 和 6800 V3。下面将分别从产品定位、软硬件形态和组件、典型应用、关键特性、安装方法方面深入了解 OceanStor V3 系列存储系统。

5.4.1　产品定位

　　OceanStor V3 系列存储系统在实现文件和块的统一、协议的统一和管理界面的统一的基础上，以业界领先的性能为支撑，融合了高密硬盘设计、TurboModule 接口模块及热插拔设计、TurboBoost 三级性能加速技术、多重数据保护等高端技术，能够满足大型数据库联机事务处理、高性能计算、数字媒体、互联网运营、集中存储、备份、容灾、数据迁移等不同业务应用的需求，有效保证用户业务的安全性与连续性。

　　存储系统的定位如表 5-4 所示。

表 5-4   产品定位

产品型号	市场定位
2200 V3	入门级
2600 V3	入门级
5500 V3	中高端
5600 V3	中高端
5800 V3	中高端
6800 V3	高端入门

5.4.2　软硬件形态和组件

　　存储系统的硬件结构在 5.1 节中已经充分而深入的展开介绍了，在这里不再赘述。下面简要介绍其软件结构。

　　存储系统提供丰富的全套存储管理软件，方便用户轻松快捷地管理和维护存储系统。

　　存储系统软件由存储系统端软件、维护终端软件、应用服务器端软件（SAN）组成，软件总体架构如图 5-30 所示。

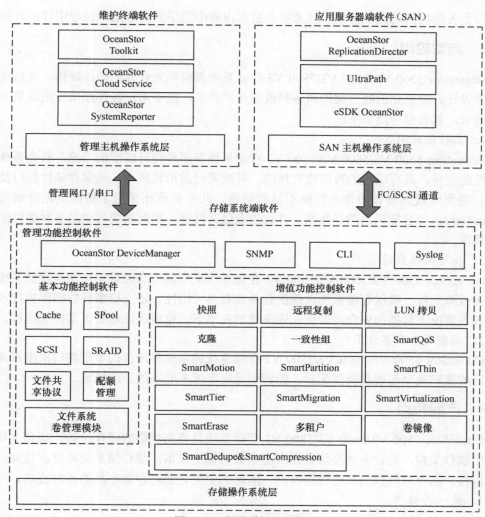

图 5-30　存储系统软件架构

存储系统软件组成和功能如表 5-5 所示。

表 5-5　　　　　　　　　　　　存储系统软件组成和功能

软件组成	功能说明
存储系统端软件	存储系统端软件采用 XVE（eXtreme virtualization engine）专用操作系统，实现硬件管理和支撑存储业务软件的运行。存储系统通过基本功能控制软件实现基础的数据存储和读写功能；通过增值功能控制软件实现各种备份、容灾和性能调优等高级功能；通过管理功能控制软件实现对存储系统的管理功能
维护终端软件	维护终端软件用于系统配置与维护。用户可以通过维护终端的 OceanStor Toolkit、OceanStor SystemReporter 和 OceanStor Cloud Service 等软件对存储系统进行配置和维护
应用服务器端软件（SAN）	在 SAN 网络下，应用服务器端软件可与存储系统通信，使双方能够配合执行某些操作。应用服务器端软件包括 ReplicationDirector、UltraPath 和 eSDK OceanStor

以上各模块的功能、特性、技术将在后面内容中或华为相应培训课程中详细介绍。

5.4.3　典型应用

OceanStor 5500 V3/5600 V3/5800 V3 存储系统具有领先业界的硬件规格、灵活可靠的硬件设计、虚拟化的底层架构和各种数据保护技术，能够满足各种存储应用场景下的使用要求。其典型应用如下。

1. 高性能应用

OceanStor 5500 V3/5600 V3/5800 V3 存储系统有多种提升性能的措施。首先系统采用高性能硬件，具有出色的数据读取性能。其次采用虚拟化技术，确保存储性能可持续提升，避免因数据增长而带来性能不足的问题。此外系统还采用了智能数据分级技术（SmartTier），可智能识别热点数据，并优先保证其性能。因此系统可满足各种高性能应用的需求。

2. 高可用性应用

OceanStor 5500 V3/5600 V3/5800 V3 存储系统采用高可靠性设计，保证存储系统长时间无故障运行，确保存储系统承载的业务具有高可用性。还支持多种数据保护技术，保证各种情况下数据的安全，即使在毁灭性的灾难下，也能确保业务正常持续运行。

3. 高密度多业务应用

OceanStor 5500 V3/5600 V3/5800 V3 存储系统提供业界出色的单框接口密度以及高度灵活的接口类型与硬盘类型配置，能够满足高密度多业务的应用场景。

5.4.4　产品特点

OceanStor 5500 V3/5600 V3/5800 V3 存储系统具有高规格的硬件结构、块和文件一体化的软件架构，结合多种高级数据应用和数据保护技术，使存储系统具有高性能、高可扩展性、高可靠性和高可用性等特点，满足大中型企业对存储产品的各种要求。

1. 统一存储

（1）SAN 和 NAS 存储技术的统一

包含 SAN 和 NAS 存储技术的统一存储系统可同时支持结构化和非结构化数据存储。

（2）存储协议的统一

支持 iSCSI、FC、NFS、CIFS 等主流存储网络协议。

2. 高性能

OceanStor 5500 V3/5600 V3/5800 V3 存储系统具备 3 级性能加速技术，能够逐步提升存储性能，满足各种应用对存储性能的需求。3 级性能加速包括以下几种。

（1）高规格硬件加速

OceanStor 5500 V3/5600 V3/5800 V3 存储系统配备 64 位多核处理器、高速大容量缓存和多种高速数据主机接口模块，与传统的存储系统相比，能够提供更加卓越的存储性能。

（2）SmartTier 技术加速

SmartTier 技术能够识别热点数据，并定期将热点数据迁移到性能更高的存储介质上，从而提升存储性能。同时，SmartTier 技术支持 SSD（solid-state drive）盘数据缓存，有效提高热点数据的访问速率。

（3）SSD 盘加速

当业务需要极高的存储性能时，OceanStor 5500 V3/5600 V3/5800 V3 存储系统可以满配 SSD 盘，利用 SSD 盘的高性能，存储系统性能将提升到最高。

3. 高可扩展性

OceanStor 5500 V3/5600 V3/5800 V3 存储系统具备出色的可扩展性，它支持多种硬盘类型和主机接口模块。同时，主机接口模块密度也处于业界领先水平，从而带来出色的高可扩展性。

OceanStor 5500 V3/5600 V3/5800 V3 存储系统支持的硬盘类型、主机接口模块类型如下。

（1）硬盘类型：SAS、NL-SAS 和 SSD。

（2）主机接口模块类型：8Gbit/s FC、16Gbit/s FC、GE、10Gbit/s TOE 和 10Gbit/s FCoE。

4. 高可靠性

OceanStor 5500 V3/5600 V3/5800 V3 存储系统对部件失效和设备断电均有保护措施，同时在降低硬盘故障和数据丢失风险方面也采用了先进的技术，保障了系统的高可靠性。

（1）部件失效保护

存储系统部件采用双冗余设计和 A/A 工作模式（active-active mode）。在正常情况下，两个部件同时工作，处理存储业务。当其中一个部件出现故障或离线时，另外一个部件会及时接管其工作，不影响现有任务。

（2）RAID 2.0+底层虚拟化

存储系统采用创新的 RAID 2.0+底层虚拟化技术，实现硬盘自动负载均衡。当存储系统某一硬盘发生故障时，硬盘域内的所有正常硬盘参与数据重构，而且仅重构业务数据，数据重构速度相对传统 RAID 提升 20 倍，极大降低了多盘失效概率。

（3）断电保护

存储系统提供内置 BBU（backup battery unit）模块，在突然断电的情况下，可持续为控制框供电，确保存储系统将 cache 中的数据写入数据保险箱，避免数据丢失。

（4）硬盘坏道修复

存储系统中较常见的故障是硬盘坏道。OceanStor 5500 V3/5600 V3/5800 V3 存储系统采用硬盘坏道修复技术，可以自动修复硬盘坏道，使硬盘故障率降低 50%，延长了硬盘的使用周期。

（5）硬盘数据预拷贝

存储系统采用硬盘预拷贝技术。通过例行检查硬件状态，一旦发现有故障风险的硬盘，就主动迁移其数据，有效降低数据丢失的风险。

（6）IP 漂移

存储系统采用 IP 漂移技术，一旦存储系统出现承载 NAS 协议的物理主机端口损坏，就自动将该端口 IP 漂移到另一个功能正常的端口，配合正确的组网方式，可以实现业务无缝切换，确保业务不受端口损坏的影响。

5. 高可用性

（1）TurboModule 技术

OceanStor 5500 V3/5600 V3/5800 V3 存储系统采用 TurboModule 技术、在线扩容技术和硬盘漫游技术，避免日常维护操作打断业务运行。TurboModule 技术、在线扩容技术和硬盘漫游技术的特点如下。

- **TurboModule 技术使控制器、风扇、电源、接口模块、BBU、硬盘模块均可热插拔**，从而允许在线操作。
- 在线扩容技术使硬盘域可以在线新增硬盘，轻松扩容硬盘域。
- 硬盘漫游技术使存储系统能够自动识别更改槽位后的硬盘，并自动恢复其原有业务。

（2）高级数据保护技术

OceanStor 5500 V3/5600 V3/5800 V3 存储系统提供了多种高级数据保护技术，即使在毁灭性的灾难下，也能够保障数据安全，使业务正常持续运行。OceanStor 5500 V3/5600 V3/5800 V3 存储系统提供的高级数据保护技术包括快照、LUN 拷贝、远程复制、克隆和卷镜像。

- 快照能够快速生成多个源 LUN（logical unit number）的快照，在需要时实现数据的快速恢复。
- LUN 拷贝能够在不同的设备之间备份数据，实现异构存储间的数据保护。
- 远程复制能够将数据复制到异地，实现数据异地备份容灾保护。
- 克隆能够实时地构建源 LUN 的物理备份，保证数据在本地的安全。
- 卷镜像对数据进行实时备份，能够在数据源出现故障时，自动切换到数据副本，保障数据的安全性和业务的连续性。

（3）资源应用技术

OceanStor 5500 V3/5600 V3/5800 V3 存储系统提供了多种资源应用技术，提供灵活的资源管理方式，保障用户存储投资效益。OceanStor 5500 V3/5600 V3/5800 V3 存储系统提供的资源应用技术包括异构虚拟化、LUN 迁移和多租户。

- 异构虚拟化能够使本地存储系统对第三方存储系统中的存储资源进行集中管理，有效降低异构存储系统的管理难度，降低维护成本。
- LUN 迁移能够在存储系统内或不同存储系统间进行 LUN 业务迁移，实现随业务发展调整和分配资源。
- 多租户能够使存储系统为不同的租户提供存储服务，并在共用存储资源的同时隔离租户间的业务访问和管理，实现资源高效利用。

（4）内存升级

OceanStor 5500 V3/5600 V3/5800 V3 存储系统支持内存升级，保证存储效能匹配业务发展。

6. 高系统安全性

（1）管理通道安全

所有可以对存储系统执行管理操作的物理接口均使用接入认证机制，保证只有授权用户，才能对存储系统进行管理操作。

（2）操作系统安全

存储系统的操作系统经过最新的兼容性测试和漏洞扫描，确保存储系统具有广泛的兼容性并且不存在高风险漏洞。

（3）协议与接口防攻击

存储系统所有的对外通信连接均是存储系统正常运行和维护必需的，使用到的所有通信端口均在产品的《通信矩阵》文档中进行了说明。动态侦听端口均限定在确定且合理的范围内，不存在任何未公开接口。

（4）管理和维护安全

支持用户的禁用和恢复，此外对所有的管理操作指令都有完善的日志记录。

（5）数据加密传输

利用 VPN（virtual private network）设备建立两台存储设备间的 iSCSI（internet Small Computer System Interface）传输隧道，通过加密技术对存储设备间的数据进行加密，以保证数据的私有性和安全性。因此，可广泛应用于存储系统间增值特性的业务数据传输，包括存储系统间的 LUN 拷贝、同步远程复制和异步远程复制。

（6）数据存储加密

支持部署网络存储密码机进行数据存储加密。网络存储密码机采用国密局支持的标准国密算法，通过访问控制策略审计和控制主机的访问，使只有符合安全策略的主机才能访问存储系统数据。部署网络存储密码机后，主机和存储系统之间的全部交互信息必须流经密码机，实现读写数据的解密和加密，保障存储系统数据的安全性。

（7）数据销毁

当清除不需要的数据时，通过对指定的 LUN 进行多次擦写，使其存储的数据无法被恢复，防止关键数据外泄。

（8）业务接口与管理接口相互隔离

iSCSI 主机接口与心跳网口、管理网口和维护网口之间采用 ACL 机制进行隔离，确保业务接口与管理接口相互隔离。

7. 虚拟、智能、高效

OceanStor 5500 V3/5600 V3/5800 V3 存储系统融合了"虚拟、智能、高效"的先进设计理念，符合最先进的存储设计思想。与传统存储相比较，OceanStor 5500 V3/5600 V3/5800 V3 存储系统具有更高的存储空间利用率、更快的数据重构速度、更智能的性能分配技术和更精细的服务质量控制。所采用的技术如下。

（1）RAID 2.0+底层虚拟化

RAID 2.0+底层虚拟化技术将物理硬盘空间划分为多个小粒度的数据块，基于数据块构建 RAID 组和实现资源管理，资源管理更加精细化。RAID 2.0+底层虚拟化技术能够实现硬盘自动负载均衡，提升存储性能，提高存储空间利用率和数据重构速度，以及精细管理存储空间，是很多高级存储技术的实现基础。

（2）智能数据分级（SmartTier）

SmartTier 技术能够自动分析单位时间内存储数据访问频率，根据分析结果自动将存储数据迁移到不同性能的硬盘中（高性能层硬盘存储活跃数据；性能层硬盘存储热点数据；容量层硬盘存储冷数据），获得最优的综合性能并降低单位 IOPS（input/output operations per second）成本。

（3）智能服务质量控制（SmartQoS）

SmartQoS 技术可根据业务数据的一系列特征进行分类（每一种分类代表一种应用），并能够对每一种分类设置优先级和性能目标，从而将合适的资源提供给合适的业务，达到保障关键业务性能的目的。

（4）自动精简配置（SmartThin）

SmartThin 技术使存储空间能够根据需要自动扩展，而不必像传统方式那样一次性将存储空间全部分配出去，只需要配置少量硬盘即可开展业务，后续再根据存储空间使用情况新增硬盘，从而降低初次购买成本和 TCO。

8. 经济、易用

OceanStor 5500 V3/5600 V3/5800 V3 存储系统采用 CPU 智能变频技术和智能风扇调速技术、重复数据删除和压缩技术，保证在使用过程中的经济性。OceanStor 5500 V3/5600 V3/5800 V3 存储系统还提供多种管理维护工具，提升了在使用、维护过程中的易用性。

（1）经济性

① CPU 智能变频技术。CPU 智能变频技术根据业务负载智能调节 CPU 工作频率，在业务负载较少时，降低 CPU 工作频率和工作功耗，节约运行成本，并能够延长 CPU 的使用寿命。

② 智能风扇调速技术。智能风扇调速技术可根据系统温度智能调节风扇转速，降低风扇功耗及噪音，节省运行成本。

③ 重复数据删除和压缩技术。通过重复数据删除技术检查和处理硬盘中重复的数据，通过数据压缩特性大幅减少数据所占空间，有效提高硬盘利用率。

（2）易用性

① DeviceManager 管理工具。DeviceManager 是基于 GUI 的存储系统管理工具，通过向导式的操作界面，实现高效管理。

② 多种集成管理。支持 VMware 的 vCenter plugin 和 Hyper-V 的 System Center 管理集成，虚拟化环境管理更便捷。

③ Pad 管理。支持通过 Pad 管理存储系统，管理方式灵活。

④ 多种告警方式。支持声音、灯光、手机短信和邮件等多种告警方式，确保关键信息及时传达。

⑤ 一键式升级工具。实现一键式控制器在线升级，不但操作简便，而且无需停止业务。

5.5 本章总结

完成本章学习，将能够：
- 了解存储阵列系统的硬件组成。
- 熟悉存储阵列系统的通用技术。
- 了解 OceanStor V3 系列存储系统的特点与安装流程。

5.6 练习题

一、选择题

1. 存储阵列系统的硬件组成不包括以下（　　）部分。

    A．控制框 　　　　B．硬盘框 　　　　C．搜索引擎 　　　　D．文件引擎

答案（C）

2. 盘控分离架构的控制框不包括以下（　　）部分。

    A．系统插框 　　B．硬盘模块 　　C．电源模块 　　D．控制器模块

答案（B）

3. 以下不属于接口模块的是（　　）。

    A．I/O 模块 　　B．管理模块 　　C．级联模块 　　D．BBU 模块

答案（D）

4. 以下用于提升存储系统性能的技术是（　　）。

    A．保险箱 　　B．热插拔 　　C．SmartCache 技术 　　D．多路径技术

答案（C）

5. 以下（　　）技术不属于硬件冗余技术。

    A．控制器冗余技术 　　　　　　　　B．接口冗余技术

    C．风扇冗余技术 　　　　　　　　　D．电源冗余技术

答案（B）

6. 华为 OceanStor V3 系列统一存储产品不包括以下哪一个？（　　）

    A．5500 V3 　　B．5600 V3 　　C．5700 V3 　　D．5800 V3

答案（C）

7. 在安装流程中，下列（　　）步骤最先执行。

    A．连接线缆 　　　　　　　　　　　B．上电

    C．检查硬件安装 　　　　　　　　　D．初始化存储系统

答案（A）

二、简答题

1. 控制框分为盘控分离和盘控一体两种架构，请分别阐述它们的特点。

2. 文件引擎在存储系统中的功能是什么？它由哪几个模块组成？

3. 请列举出用于增强存储阵列系统可靠性的几种通用技术。

4. 请列举出级连硬盘框时的几点注意事项。

第6章
SAN技术及应用

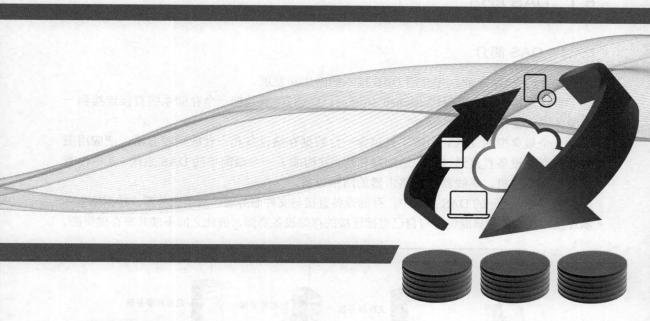

关于本章

　　网络存储技术（network storage technologies）是对利用网络进行数据存储技术的统称。目前的网络存储结构大致分为3种：直接连接存储（direct attached storage，DAS）、网络附加存储（network attached storage，NAS）和存储区域网络（storage area network，SAN）。其中，DAS是最简单的一种结构，存储设备直接通过SCSI等总线与服务器相连。随着数据规模和数据流量的增加，DAS技术已不能满足人们的需求。如今，SAN和NAS是两种比较流行的技术。

　　本章主要介绍SAN，包含原理、组成、常见应用场景及与其他存储形态的对比，NAS的相关知识将在第8章介绍。

6.1　DAS 概述

6.1.1　DAS 简介

在介绍 SAN 之前，先介绍 DAS 技术的产生和发展。

直接连接存储（direct attached storage，DAS），就是把一个存储系统直接连接到一个服务器或工作站上。

一个最典型的 DAS 系统，只包含一台数据存储设备和一台应用服务器。把应用服务器和存储设备直接通过总线适配器相连，就构成了一个最简单的 DAS 系统。其中没有任何类似交换机、集线器或是路由器的网络设备。

如图 6-1 所示的 DAS 组网中，存储设备直接与文件服务器、应用服务器、数据库服务器连接，各服务器只能使用与自己直接连接的存储设备资源，彼此之间不能共享存储资源。

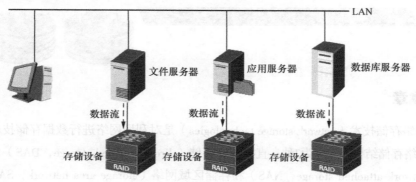

图 6-1　一个典型的 DAS 网络

6.1.2　DAS 技术的发展

DAS 是随着网络的发展一起出现的。当 Internet 的雏形 ARPANET 出现后，现代网络技术飞速发展。随着网络的逐渐普及，人们发现很多时候需要在网络中共享数据。但是，在网络中共享文件面临着跨平台访问和数据安全等诸多问题。最初的网络共享示意图如图 6-2 所示。

为了解决网络存储面临的问题，人们发现应当设置一台专门的计算机来保存大量的共享文件。这台计算机一直连接在网络上，允许整个网络上的所有用户共享其存储空间。通过这种方式，网络存储迈向了通过"文件服务器"共享数据的方向。

使用专门的服务器来提供共享数据存储，需要有大量的存储磁盘空间，同时还需要保证数据的安全可靠。众多服务器的访问需求，还需要对文件共享服务器进行文件 I/O方面的优化。除此之外，运行在文件共享服务器上的操作系统会造成额外的开销。因此，在这种方式下使用的计算机应当配有仅具备 I/O 功能的操作系统，不提供额外的功能。网络中的用户能够像访问自己工作站上的文件一样访问这台文件共享服务器上的文件，从而实现整个网络中所有用户对文件共享的需求。

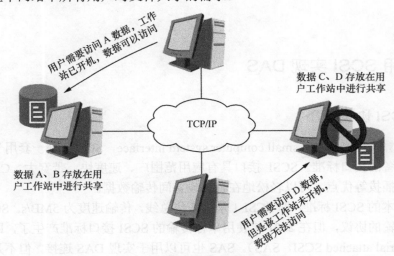

图 6-2　早期的网络共享示意图

　　DAS 这个称呼是随着存储网络技术的发展而产生的。在此之前并没有 DAS 的说法，是为了将 SAN 和 NAS 与之前的存储方式区分开，才将其命名为 DAS。

6.1.3　DAS 的分类

　　DAS 技术可分为内置 DAS 和外置 DAS 两类。

　　内置 DAS，是把存储设备在内部通过串行或并行总线直接连接到主机。主机内部的硬盘就是内置 DAS 的一个实例。其中，物理总线有距离限制，只能在短距离内使用。

　　外置 DAS，同样是基于 SCSI 总线连接实现，其存储设备不放置于有限的机箱内，而是外置，这就给存储空间的扩展提供了基础。

6.1.4　DAS 技术遇到的挑战

　　随着网络技术的发展，DAS 的缺点逐渐显现了出来。

- 不易扩展。要扩展 DAS，就要改变存储设备。但有限的端口和有限的带宽限制了存储设备的规模，限制其 I/O 处理能力的提升。
- 性能差。DAS 的连接全部通过一台服务器，使得系统对其性能要求比较高。
- 浪费资源。存储空间无法充分利用，存在浪费。不同的应用服务器面对的存储数据量不一致，同时业务发展的状况也决定着存储数据量的变化。因此，出现了部分应用对应的存储空间不够用，另一些却有大量的存储空间闲置。
- 管理分散。DAS 方式数据依然是分散的，不同的应用各有一套存储设备，管理分散，无法集中。
- 异构化严重。DAS 方式使得企业在不同阶段采购了不同型号不同厂商的存储设备，设备之间异构化现象严重，导致维护成本据高不下。
- 数据备份问题。DAS 方式与主机直接连接，在对重要的数据进行备份时，将会极大地占用网络的带宽。

这些原因使得 DAS 技术遇到了挑战，并且在此基础上产生了 SAN 和 NAS 等存储网络技术。

6.2　使用 SCSI 实现 DAS

6.2.1　SCSI 协议简介

小型计算机系统接口（small computer system interface，SCSI）是一套用于连接计算机和外围设备的接口标准。SCSI 接口具有应用范围广、速度快、带宽大、CPU 占用率低且支持热插拔等优点，可以轻松地在各种设备间传输数据。

最初版本的 SCSI 标准，即 SCSI-1 采用 8 位总线，传输速度为 5MB/s。SCSI 原本是使用并行传输的协议，但在 2001 年使用串行传输的 SCSI 接口标准产生了，即串行连接的 SCSI（serial attached SCSI，SAS）。SAS 也可以用于实现 DAS 连接，但不是这里讲解的重点。我们这里所说的 SCSI，指的是并行 SCSI。

目前比较流行的 SCSI 规格是 Ultra-320 SCSI，采用的是 SCSI-3 规范。其可以提供 320MB/s 的带宽，已经是一种相当成熟的技术。SCSI-3 与传统 SCSI 相比有许多改进，提供了更快的传输速度，能够支持更多更新的设备。下一部分将详细探讨 SCSI-3 标准。

6.2.2　SCSI-3 协议简介

SCSI-3 标准包括 SCSI-3 体系结构模型和 SCSI-3 实现标准。面对一个请求，SCSI-3 系统首先将其通过 SCSI-3 实现标准将其转化为实现需求，然后再进行处理。SCSI-3 标准的功能范围如图 6-3 所示。

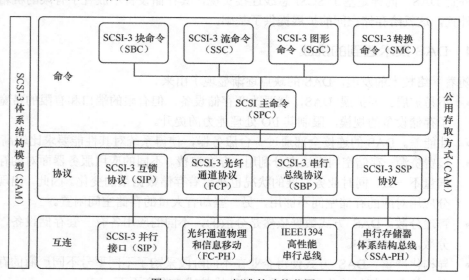

图 6-3　SCSI-3 标准的功能范围

由图 6-3 可知，SCSI 体系结构模型 3 个最主要的部分如下。

（1）SCSI-3 命令：在 SCSI-3 指令集中不仅包含了主要指令，对于某些特殊设备还存在特殊指令。

（2）传输层协议：实现设备间通信和共享信息的规则。

（3）物理互连层：与接口相关的一些细节，如电子信号处理方法或数据传输模式等。

6.2.3　SCSI-3 通信模型

SCSI 通信采用客户端和服务器（client/server）模型进行通信。客户端可以向服务器发送一个请求，然后服务器响应该请求。在 SCSI-3 的 C/S 模型中，一个特定的 SCSI 设备可以作为一个 SCSI 目标方设备，或者作为一个 SCSI 发起方设备，或者同时成为一个SCSI 目标方和发起方设备。

与 OSI 七层模型相似，SCSI 可分为相互关联的三层：SCSI 应用层、SCSI 传输层和SCSI 互连层。

SCSI 应用层（SCSI application layer，SAL）包含客户端和服务器端的应用程序。

SCSI 传输协议层（SCSI transport protocol layer，STPL）包含传输方和接收方进行通信的协议。

SCSI 互连层：这一层实现了传输方和接收方之间的数据传输功能。互连层也被称作服务交付子系统，包含服务、信号机制和互连数据传输等。

6.2.4　SCSI 指令模型

在 SCSI 标准中若要传输数据，首先要发送相应的指令。指令是通过指令描述块（command descriptor block，CDB）来定义并发送的。每个 CDB 长度为数字节，其中定义了与该请求相关的所有操作。

常见的指令类型如表 6-1 所示。

表 6-1　　　　　　　　　　　　　常见的指令类型

指令	描述
READ	读数据
WRITE	写数据
TEST UNIT READY	测试设备是否准备好进行数据传输
INQUIRY	询问基本信息，也能测试设备连通性
REPORT LUNS	列出逻辑设备编号
SEND AND RECEIVE DIAGNOSTIC RESULTS	运行诊断程序进行测试
FORMAT UNIT	格式化，设置所有扇区为 0 并分配逻辑块
LOG SENSE	返回日志页当前信息
LOG SELECT	用于修改 SCSI 目标方设备上日志页的数据
MODE SENSE	从模式页返回当前设备参数
MODE SELECT	在一个模式页上设置设备参数

CDB 开头的第一字节是操作码，包含分组码字段和指令码字段。分组码描述指令参数字段的长度，指令码标识指令的类型。在操作码之后，紧接着的长 5 字节或更多字节

的部分是指令参数。最后是长 1 字节的控制字段，其中实现了标准自动应急处理（normal auto contingent allegiance，NACA），还含有一些厂商信息等。整个 CDB 块最多不超过 16 字节。CDB 的长度会根据请求的不同而改变。CDB 结构如图 6-4 所示。

字节/位	0	1	2	3	4	5	6	7
0	操作码							
1..n−1	指令参数							
n	控制码							

图 6-4　CDB 结构示意图

6.2.5　基于 SCSI 的 DAS 应用

使用 SCSI 可以简单地实现 DAS。首先在服务器上安装 SCSI 卡，实现服务器内部 I/O 通道与存储系统 I/O 通道之间的物理连接，并进行内部 I/O 通道协议与 SCSI 协议之间的转换。然后将支持 SCSI 的存储设备通过 SCSI 总线连接到服务器上，就实现了一个简单的 DAS。DAS 的优势主要集中在易用性上，简单且易于管理。但是 DAS 在可扩展性和性能方面存在的问题限制了它的应用。DAS 主要应用在中小型企业中，主要面向本地的数据访问和共享。在某些环境中，DAS 也可以与 SAN 和 NAS 结合形成更加灵活的存储结构。

6.3　SAN 的产生与发展

在现有的 3 种网络存储技术中，SAN 技术近几年的发展及普及速度较快。

6.3.1　SAN 概述

存储区域网络（storage area network，SAN）是一种独立于业务网络系统之外，以块级数据为其基本访问单位的高速存储专用网络。这种网络的主要实现形式有光纤通道存储区域网络（FC-SAN）、IP 存储区域网络（IP-SAN）和 SAS 存储区域网络（SAS-SAN）。不同的实现形式分别采用不同的通信协议和连接方式在服务器和存储设备之间传输数据、命令和状态。

6.3.2　SAN 的产生

DAS 已有近 40 年的历史，早期的数据中心使用磁盘阵列以 DAS 的方式扩展存储能力，每一个服务器的存储设备只为单个应用服务，形成了一种孤立的存储环境，然而这些孤立的存储设备难以共享和管理，随着用户数据的不断增长，这种扩展方式在扩展及灾备等方面的弊端也日益明显。而 SAN 的出现解决了这些问题，SAN 将这些存储孤岛用高速网络连接起来，这些存储设备通过网络能被多个服务器共享，实现了数据的异地备份以及获得了优异的扩展能力。这些因素都使得这种存储技术快速发展起来。

6.3.3　SAN 的发展与主要形态

SAN 作为新兴的存储解决方案，以其加快数据传输速度、提供更大灵活性、减少网络复杂性的优势缓解了传输瓶颈对系统的影响，并大大提高了远端灾难备份的效率。

SAN 是一个由存储设备和各种系统部件构成的网络架构，包括要使用存储设备资源的服务器、用于连接各存储设备的主机总线适配器（host bus adapter，HBA）卡以及 FC 交换机等。

在 SAN 网络中，所有与数据存储相关的通信都在一个与应用网络隔离的独立网络上完成，这也就意味着数据在 SAN 中传输时，不会对现有的应用系统数据网络产生任何影响，所以，SAN 可以在不降低原有应用系统数据网络效率的基础上提高网络整体的 I/O 能力，同时增加了对存储系统的冗余链接，并提供了对高可用集群系统的支持。

随着 SAN 存储网络技术的不断发展，直至现今形成了提到的 3 类存储区域网络体系：以 FC 为基础的 FC-SAN 光纤通道存储区域网络、以 IP 为基础的 IP-SAN 存储区域网络和以 SAS 总线为基础的 SAS-SAN 网络。接下来分别介绍这 3 种存储技术。

1. FC-SAN 光纤通道存储区域网络

这种架构采用光纤通道作为传播媒介，以 FC+SCSI 的应用协议作为存储访问协议，以块级数据作为基本访问单位，将存储系统网络化，实现了真正高速共享存储的目标。

FC-SAN 提供了 3 种基本连接方式，分别是点对点（FC-P2P）、光纤通道仲裁环（FC-AL）以及交换式光纤网（FC-SW）。在 6.5 节会对这 3 种方式进行更详细的介绍。

2. IP-SAN IP 存储区域网络

由于 FC-SAN 的高昂价格以及自身的各种缺点，SAN 技术并不能得到真正意义上的广泛应用。为了提高 SAN 的普及程度，并充分利用 SAN 本身所具备的架构优势，SAN 的发展方向开始考虑和已经普及的并且相对廉价的 IP 网络融合。

简单而言，IP 存储就是使用 IP 网络而不使用光纤网络来做服务器和存储设备的连接技术。IP 存储是基于 IP 网络来实现块级数据存储的方式。目前除了标准已获通过的 iSCSI，还有 FCIP、iFCP 等标准。在 IP 存储方案中，数据的传输是在 IP 网络中以块级进行的，这使得服务器可以通过 IP 网络连接到 SCSI 设备，并且就像使用本地的设备一样，无需关注设备的实际地址或者物理位置。整个存储网络连接则以 IP 协议和以太网为主，以廉价并且成熟的 IP 技术替换 FC-SAN 中的光纤通道（FC）技术。这样的存储解决方案具备了更好的成熟性和开放性，并且由于 IP 设备的标准性和通用性，消除了传统 FC-SAN 的产品兼容性和连接性方面的问题。基于 IP 存储技术的新型 SAN，同时具备了 FC-SAN 的高性能和传统 NAS 的数据共享优势，为新的数据应用方式提供了更为先进的架构平台。

3. SAS-SAN：SAS 存储区域网络

作为一种新的存储接口技术，SAS 不仅功能能够与光纤通道比肩，还具有兼容 SATA 的能力，因而被业界公认为取代并行 SCSI 的首选。

SAS-SAN 存储方案与 IP-SAN 或 FC-SAN 存储原理和架构相同，但改变了存储设备硬件。专业人士认为在企业级存储系统中，SAS 取代光纤通道只是个时间问题。

SAS-SAN 的优点很明显：存取速度相对 IP-SAN 时代有很大的提高，兼容性能是目前主流 SAN 存储架构中最好的，存储综合性能属于中等，价格也远低于 FC-SAN，适合于中端或中高端存储的关键应用与大容量的非关键应用。

SAS-SAN 的缺点也是显而易见的，主要表现在速度仍未达到 FC-SAN 的水平，所以对速度有严格要求的大型高端应用，还是无法见到 SAS-SAN 的身影，并且 SAS 连接距离有限，远远低于 FC-SAN 的 10km 连接距离以及无距离限制的 IP 网络，在远程容灾方面表现较差。

SAS-SAN 存储，由于低廉的价格、更好的兼容和适中的综合存储性能，正不断在新兴市场中扩大其分额。在抢占原本属于 IP-SAN 存储的中低端市场的同时，在中高端存储市场中，考虑到成本因素，一些用户逐渐以 SAS-SAN 存储来替代昂贵的 FC-SAN 旧系统，在更新设备的同时，也减少了相对高额的维护费用。

6.4　SAN 的组成与部件

6.4.1　SAN 的结构

在 FC-SAN 中，存储服务器上通常配置两个网络接口适配器：一个用于连接业务 IP 网络的普通网卡（network interface card，NIC），服务器通过该网卡与客户机交互；另一个网络接口适配器是与 FC-SAN 连接的主机总线适配器（hoat bus adaptor，HBA），服务器通过该适配器与 FC-SAN 中的存储设备通信。FC-SAN 的结构示意图如图 6-5 所示。

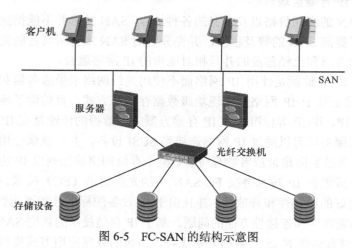

客户机

SAN

服务器

光纤交换机

存储设备

图 6-5　FC-SAN 的结构示意图

6.4.2　SAN 的连接组件

SAN 由存储网络领域中的多种组件构成。其中最主要的是光纤通道交换机、HBA 以及在存储网络中使用的存储设备。

1. 存储区域网络交换机

存储区域网络交换机目前常见的是用于 FC-SAN 的光纤交换机和用于 IP-SAN 的以

太网交换机。图 6-6 所示为 FC 交换机的设备图。

图 6-6　FC 交换机的设备图

光纤交换机提供了一种物理连接手段以实现FC-SAN中的任意节点之间的通信。FC-SAN 交换机为建立光纤网络提供了所需的硬件和软件基础，硬件本身具有可供磁盘阵列和服务器 等基于 FC 的设备连接的端口（Port）。在本章 6.5 节会更详细地介绍 FC 的连接与端口。

光纤交换机避免了共享带宽的问题，在同一时刻，连接到交换机上的设备可以任意 通信，因此，交换机能让任意两个设备都拥有一个光纤通道带宽。

以太网交换机功能与光纤交换机所起的作用是类似的，只是底层协议是 TCP/IP。

2. 主机总线适配器

主机总线适配器（host bus adapter，HBA）实现主机端存储协议的转换，目前常见 的有 FC-SAN 环境下使用的 FC HBA 卡、IP-SAN 环境中使用的 iSCSI HBA 卡和用于 SAS-SAN 环境下的 SAS HBA 卡。当然，在 IP-SAN 环境下，主机与存储设备或者存储 区域网络交换机的连接还可以通过普通的以太网卡或者 TOE 网卡实现。各类 HBA 卡如 图 6-7 所示。

FC HBA 卡　　　　　　　iSCSI HBA 卡　　　　　　SAS HBA 卡

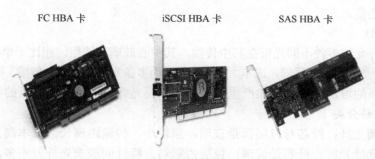

图 6-7　HBA 卡

下面主要介绍 FC-SAN 环境中使用的 HBA 卡。

要在 FC-SAN 中工作，服务器需要安装一种特殊的主机适配器，这种适配器与网络 适配器类似，称为 FC-HBA 卡。FC-HBA 提供了光纤存储网络的驱动功能，使服务器可 以与光纤交换机通信，进而登录到存储网络并与存储设备通信。

HBA 是服务器内部 I/O 通道与存储系统 I/O 通道之间的物理连接。最常用的内部 I/O 通道是 PCI-E 和 SBus，它们是服务器 CPU 和外围设备之间的通信协议，在主机主板上实 现了这种通信协议。最常见的存储系统 I/O 通道是 IDE、SCSI 和 FC，它们各自采用自己 的协议实现存储系统与主机之间的通信。存储设备上通常有控制器，控制器可实现一种或 几种通信协议，可以实现从 IDE、SCSI、FC 等存储协议到物理存储设备的操作协议之间的 转换。服务器内部需要一种设备（扩展卡或主板上的集成电路）来实现内部通信协议（PCI、 Sbus 等）与存储系统通信协议（IDE、SCSI、FC 等）之间的转换，这种设备就是 HBA。

内部通道到 IDE 的转换器通常集成在主板上，不需要专门的适配器。内部通道到

SCSI 的转换器就是 SCSI 卡，它是一种常见的 HBA 卡。内部通道到 FC 的转换器就叫作 HBA，它实现了 FC 协议中的 FC-0、FC-1 和 FC-2 层的功能。

3. 存储设备

最后，光纤网络中使用的存储设备应当与 FC 兼容，也就意味着它们必须使用 FC 的规范与网络通信。

SAN 中的存储设备有很多种，如磁盘阵列（RAID）、光盘库、磁带库等。

6.4.3 FC-SAN 的线缆

FC-SAN 使用光纤作为线缆，光纤是一种通信线缆，由玻璃质纤维作为传导体，这些光纤芯位于保护性的覆层内，外部由塑料层覆盖。沿内部光纤进行的信号传输一般使用红外线。

光纤的分类标准有以下几种。

1. 按传输方式分类

根据传输方式的不同，可以把光纤分为两类：单模光纤（single mode fiber，SMF）和多模光纤（multi mode fiber，MMF）。

（1）SMF

单模光纤只允许单个光束在芯线中直线穿过。其中心玻璃芯径极小，必须使用昂贵的激光源。单模光纤的特点是模间色散很小，能让光以很宽的频带传输比较长的距离，适用于远程通信。

（2）MMF

多模光纤允许多种不同光束在其中传播。其中心玻璃芯较粗，相比于单模光纤，多模光纤允许使用更廉价的接线器，成本大大降低。然而多条光束在线缆中传播，模间色散较大，并且随着距离的增加表现得更加严重。因此，多模光纤仅适用于短距离的线缆传输。

2. 按材料分类

（1）玻璃光纤：纤芯与包层都是玻璃，损耗小，传输距离长，成本高。

（2）胶套硅光纤：纤芯是玻璃，包层为塑料，特性同玻璃光纤差不多，成本较低。

（3）塑料光纤：纤芯与包层都是塑料，损耗大，传输距离很短，价格很低，多用于家电、音响，以及短距的图像传输。

3. 按折射率分类

（1）阶越光纤：光纤纤芯的折射率是均匀的，带宽窄，用于短距小容量传输。

（2）渐变光纤：光纤纤芯的折射率到玻璃外层的折射率逐渐变小，带宽大，适用于大容量传输。

6.5 FC 连接和端口

6.5.1 FC 架构简介

FC 架构是组成 FC-SAN 的基础。光纤通道（fiber channel，FC）是一种高速的网络技术，每秒可传递数 GB 的数据。顾名思义，FC 架构采用光纤线缆作为传输介质。

FC 网络技术从 1988 年起步，1994 年得到 ANSI 标准认证。在其后数年的研究中，FC 的覆盖范围变得更大，传输速度变得更快，同时还添加了对各种高层次协议的支持，如 ATM、IP、SCSI。与之前提到的 SCSI 相比，光纤通道最大的优势就是速度快。同时，FC 架构还具有高度的可扩展性。一个 FC 网络，理论上可以容纳 1 500 万个设备。

6.5.2　FC 拓扑结构与所用端口

1. FC 端口

网络中的端口（port）是网络设备用来与其他设备相连接的接口。在 FC 网络中，不同设备连接的端口，由于在网络中具有不同的功能，被定义为不同类型的端口。

光纤通道标准定义了以下几种端口。

N-port：结点端口（node port，N-port）是访问光纤通道网络的服务器和存储设备上的端口，用来初始化帧和接收帧。

F-port：交换端口（fabric port，F-port）是交换机上的端口。F-port 与 N-port 相连，构成一一对应关系。当一个 N-port 与另一个 N-port 相连接时，通过各自在交换机上的 F-port 实现。

L-port：环端口（loop port，L-port）存在于光纤通道环网中。和交换式网络不同，环状网络中的节点共享一个线缆带宽的结构。L-port 用来和该环中的其他 L-port 直接通信。

除此之外，为了能让环路和交换网络相互通信，需要允许 L-port 和 N-port 之间进行通信。为此，光纤网络中还定义了两个混合端口：NL-port 和 FL-port。FL-port 是交换机上的端口，可以加入光纤通信环网中进行交互。NL-port 具有 N-port 和 L-port 的双重功能，使得两种结构之间的通信成为了可能。

FC 网络中主要端口的示意图如图 6-8 所示。

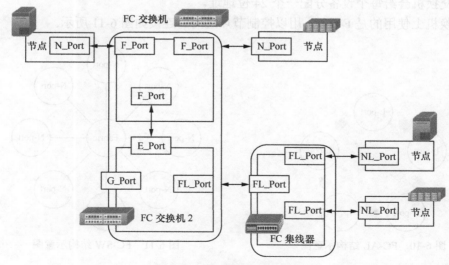

图 6-8　FC 网络端口示意图

2. 其他端口

光纤网络中还有一些其他端口。

（1）E-port：两个通信交换机之间的端口，用于光纤网络的级联。

（2）G-port：在通信交换机上，既可以作 E-port 使用，也可以作 F-port 使用。

（3）Auto port：能够自动匹配所需端口。

除此之外，还有一些功能型的端口，如 B-port 和 D-port，用于网络中的桥接和诊断等功能。

3. FC 拓扑结构

拓扑结构是指网络中各个设备连接的方式。决定使用哪种结构，主要是由光纤网络中设备的数量决定的。光纤网络的拓扑结构决定了网络中使用的端口。这里的端口不仅仅是硬件意义上的端口，还是在网络中运行交换信息的实体。

光纤通信网络的拓扑结构最简单的主要有 3 种：点对点结构、环状结构和交换式结构。

（1）点对点（FC-P2P）

点对点结构指的是两台设备直接连接在一起，如图 6-9 所示。作为最简单的拓扑结构，它的用途比较小。FC-P2P 中只需要 N-port 即可实现。

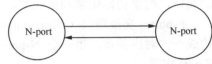

图 6-9　FC-P2P 结构示意图

（2）环状结构（FC-AL，arbitrated loop）

为了控制简单，在环形结构中，与环形网络一样将所有设备连成一个环。同样地，任意一台设备的失效都会导致整个结构崩溃，并且增删设备会中断整个环上传输的所有数据。在环上，同时只能有一对端口进行数据传输。

环状结构定义了 L-port 端口，如图 6-10 所示。

（3）交换式结构（FC-SW，switched fabric）

在交换式结构中，使用一台交换机，将其他所有设备连接到交换机上，由交换机来管理。交换机会给每个设备分配一个 24 位地址。

交换机上使用的是 F-port，用以控制节点之间的连接如图 6-11 所示。

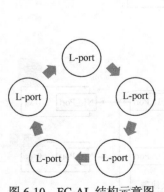

图 6-10　FC-AL 结构示意图

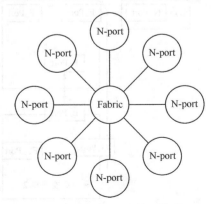

图 6-11　FC-SW 结构示意图

除此之外，FC 网络可以通过之前提到的混合端口进行组合，以连接几种不同的结构。

6.6　FC 协议

FC-SAN 使用光纤通道协议（fiber channel protocol，FCP）来实现数据传输。其不仅可以高速传输数据，还具有扩展性高的优点。

6.6.1　FC 层次结构

FC 协议构成了 FC-SAN 的基本框架，是串行 SCSI 在 FC 网络上的实现。FCP 与 OSI 模型不同，分为 5 个层次，如图 6-12 所示。

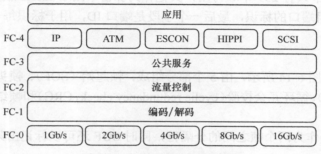

图 6-12　FCP 层次结构示意图

1. FC-4 层

FC-4 在整个协议中位于最上层，这一层定义了与应用的接口，并实现了与上层协议的交互。FC 标准定义了几种可以在 FC-4 层上操作的协议，如 SCSI、IP、异步传输模式（ATM）等。

2. FC-3 层

FC-3 层定义了一些高级应用中所需的公共服务，在这一层的协议中，可以管理一组端口的信息列表，提供对于端口信息的通用服务。

3. FC-2 层

FC-2 层进行光纤通道编址，控制结构和数据组织形式。

4. FC-1 层

FC-1 层在传输前对数据编码，传输完成之后解码。在发起端，一个 8 位字符编码成为 10 位的传输字符，然后传输到接收端。接收端将其解码为原来的 8 位字符。速度为 10Gbit/s 以上的 FC 使用更多位编码以加快速度。

同时，FC-1 还定义了传输字等，并负责数据链路的初始化和故障诊断。

5. FC-0 层

FC-0 层是物理层。作为 FCP 协议的底层，这一层定义了物理接口、载体和原始位的传输规则。

6.6.2　光纤通道编址

如 6.5.2 节所述，FC 地址是动态分配的，交换机会给每个 N-port 分配一个 24 位地址，如图 6-13 所示。

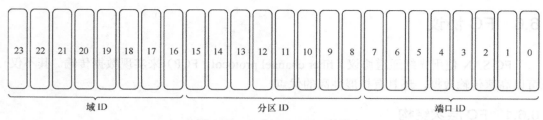

| 23 | 22 | 21 | 20 | 19 | 18 | 17 | 16 | 15 | 14 | 13 | 12 | 11 | 10 | 9 | 8 | 7 | 6 | 5 | 4 | 3 | 2 | 1 | 0 |

域 ID   分区 ID   端口 ID

图 6-13　24 位 N-port FC 地址

在这个地址中，第一字段标识了交换机的域 ID，这是提供给架构中每个交换机的唯一 ID。事实上其中只有 239 个域可用，其他作为保留字用于 fabric 服务。分区 ID 是用于结点连接的一组端口的标识，最后一个字段是端口 ID，用于标识每一个端口。

6.6.3　FC 帧

FC 帧格式如图 6-14 所示，由 5 个部分组成：帧起始（SOF）、帧头（frame header）、数据段（data field）、循环冗余校验（cyclic redundancy check，CRC）和帧结尾（end of frame，EOF）。

SOF 和 EOF 作为两个帧之间的分隔符，同时 SOF 还可以标记出某个帧是否为一列帧中的第一帧。

帧头长度为 24 字节。如图 6-14 所示，包含源 ID（S_ID）、目标 ID（D_ID）、序列 ID（SEQ_ID）、序列计数（SEQ_CNT）、始发交换 ID（OX_ID）以及应答交换 ID（RX_ID）等，另外，其中还含有一些控制字段。

帧起始 Start of Frame 4 字节	帧头 Frame Header 24 字节	数据段 2 112 字节		循环冗余 校验 CRC check 4 字节	帧结尾 End of frame 4 字节
		可选头 Optional header 64 字节	有效部分 Payload 2 048 字节		

控制位 CTL	源 ID Source ID	目标 ID Destination ID	类型 Type	序列计数 SEQ_CNT	序列 ID SEQ_ID	交换 ID Exchange_ID

图 6-14　FCP 帧格式

其中，S_ID 和 D_ID 是对端口的标识，为标准的 FC 地址。

帧头中，还包含以下字段。

路由控制（R_CTL）指明一个帧是数据帧还是链路帧。

特定类别控制（CS_CTL）指定各 FC 服务类的数据传输速率。

类型（TYPE）描述了该帧所需携带的上层协议和控制信号。如该帧是数据帧且 Type 字段是 08，说明这个帧会携带 SCSI 协议。

帧控制（F_CTL）描述该帧的控制信息，如对帧类型的说明等。

数据段控制（DF_CTL）描述数据段开始的头部，可以通过它来扩展头部信息。

6.6.4　FC 协议的优劣

FCP 采用基于信用的流量控制机制，有效提升了网络的利用率。在存储环境中，发出的块 I/O 请求的大小一般为 4KB～64KB，而 FC 的帧大小是 2KB。因此大于 2KB 的块 I/O 请求必须被分成多个小的段，以适应 FC 帧大小。在 FC 协议中，分段和重组操作是在网卡中实现的，减轻了主机 CPU 的负担。

但是由于组成结构的特殊性，FC 协议与现有的以太网是完全异构的，两者不能相互连接。因此光纤通道是具有封闭性的，不仅不能与现有的企业内部网络（以太网）接入，也不能与其他不同厂商的光纤通道网络接入（由于厂家对 FC 标准理解的异样，FC 设备的兼容性存在巨大的难题）。因此，以后存储网络的扩展由于兼容性的问题而成为了难题，而且由于 FC 协议的特性，网络建完后，加入新的存储子网时，必须重新配置整个网络，这也是 FC 网络扩展的障碍。

6.6.5　FCoE 技术

新一代的 FC 协议可以与以太网直接衔接，这就是 FCoE 技术。

FCoE 技术标准最早在 2007 年由多家 IT 厂商向美国国家标准协会（ANSI）T11 委员会提交。通过该技术标准可以将光纤通道映射到以太网，将光纤通道信息插入以太信息包内，从而让服务器至 FC-SAN 存储设备的光纤通道请求和数据可以通过以太网连接来传输，从而实现在以太网上传输 FC-SAN 数据。

FCoE 允许在一根通信线缆上进行 LAN 和 FC-SAN 通信，融合网络可以支持 LAN 和 SAN 数据类型，减少数据中心设备和线缆数量，同时降低供电和制冷负载，提高数据中心的能效比。

在第 7 章 FC 协议与 TCP 协议的融合部分，还将详细介绍 FCoE。

6.7　SAN 与 DAS 的比较

1. 可扩展性方面

当出现新的应用需求时，DAS 只能为新的服务器额外购置单独的存储设备，既不能利用已有存储设备的闲置资源，也不能与已有设备统一管理，而 SAN 的网络架构使服务器可以方便地接入现有 SAN 环境，较好地适应了应用变化的需求。

2. 资源利用率方面

DAS 方式的存储长期来看存储空间无法充分利用，存在浪费。不同的应用服务器面对的存储数据量不一致，同时业务发展的状况也决定着存储数据量的变化。因此，出现了部分应用对应的存储空间不够用，另一些却有大量存储空间闲置的问题。在 SAN 架构下，不同存储设备之间可以实现资源共享，大大提高了存储资源利用率。

3. 统一的数据管理方面

SAN 实现了不同应用和服务器数据物理上的集中，空间调整和数据复制等工作可以在一台设备上完成，所有设备得到了高效统一的管理。

4. 异构化方面

DAS 方式使得企业在不同阶段采购了不同厂商不同型号的存储设备，设备之间异构化现象严重，导致维护成本居高不下。而多台服务器可以通过 SAN 网络同时访问后端存储系统，不必为每台服务器单独购买存储设备，降低存储设备异构化程度，降低维护费用。

总结来说，在 DAS 中，特定的存储设备专供一台服务器，存储资源难以共享，分期采购的存储设备异构化严重，一些设备存储空间的闲置也会使整体利用率低下。当存储信息的数据量不断变大时，DAS 的管理成本会大幅增加，数据安全性和系统稳定性等方面的不足都限制了这种技术的用途。通常仅适用于小型网络应用。SAN 技术使得所有存储设备得到统一管理，实现了存储整合，多个服务器之间能够共享存储设备。这种技术有效提高了存储资源的利用率，优化了管理成本。SAN 架构拥有优秀的可扩展性、高效的存储资源利用、有效的管理机制和数据备份保护能力。

6.8   华为解决方案及其应用场景

在存储网络领域，华为提供了多系列的产品来满足不同层次客户的需求。从整个网络解决方案到交换机、存储设备等，华为产品遍布存储网络的各个方面。其中，华为 OceanStor V3 系列统一存储产品因其具有独特的优势，成为了许多客户的选择。

OceanStor V3 系列在深入研究客户的真实需求后，推出高性能、高可靠、高可用、高性价比的几种典型应用方案。

1. 高性能方案——满足不同性能需求应用系统的集中存储

（1）典型需求

数据库服务器：结构化数据，对性能、数据安全性、稳定性要求高。

邮件服务器：并发随机性高，对存储性和数据安全性要求高。

视频服务器：存储容量需求大，数据访问连续性强，持续带宽要求高。

文件服务器：相对性能及带宽要求低。

（2）方案价值

分层存储：FC 和 iSCSI 组网方式灵活选择；SSD/FC/SAS/SATA 分层存储。

投资保护：关键和次关键数据有机整合，根据应用需求，选择存储介质和组网方式。

（3）方案组网

高性能方案组网如图 6-15 所示。

2. 高密度虚拟机方案——可承载高密度虚拟机环境

（1）典型需求

大量虚拟机部署：随着计算虚拟化程度日益提高，大量非核心应用系统以及虚拟桌面均被部署到虚拟机中，虚拟机密度越来越高，对存储的容量、性能、扩展性的要求也越来越高。

（2）方案价值

支持各种访问协议及速率：1/10GE、4Gb FC、8Gb FC。

高密度 I/O 接口满足高密度虚拟机：最大 48 个 I/O 接口可以满足高密度虚拟机部署的需求。

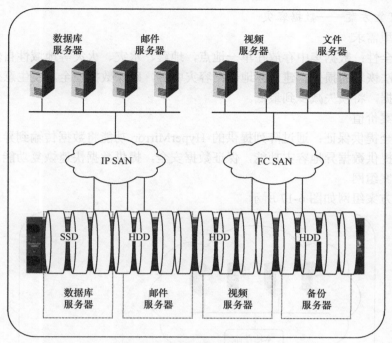

图 6-15　高性能方案

降低 TCO：单台设备通过扩展卡即足以承载数百台虚拟机，节省网络交换设备的投资。

（3）方案组网

高密度虚拟机方案组网如图 6-16 所示。

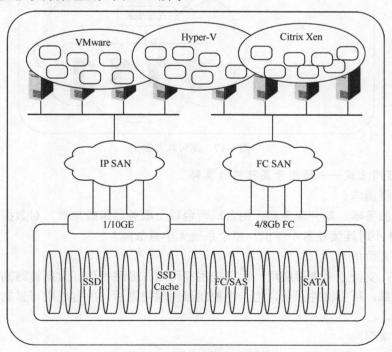

图 6-16　高密度虚拟机方案

3. 高可靠方案——数据容灾

（1）典型需求

数据安全性：数据集中存放在单一地点，地震、水灾、火灾等地域性自然灾害会给数据造成无法恢复的损失。建立异地数据容灾中心，确保数据安全，发生意外灾害后能快速恢复数据，将损失减少到最低。

（2）方案价值

数据安全提供保证：通过阵列提供的 HyperMirror 功能将数据传输到异地的备份阵列设备中，提供数据异地容灾功能，保证数据安全，提供数据快速恢复功能。

（3）方案组网

高可靠方案组网如图 6-17 所示。

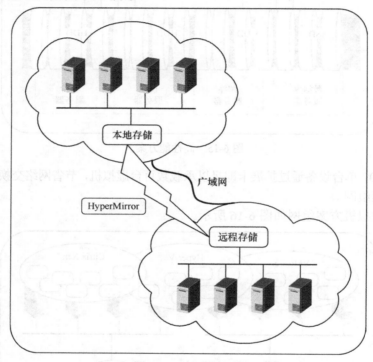

图 6-17　高可靠方案

4. 高可用方案——适用于高可用性集群

（1）典型需求

数据库服务器、邮件服务器：两台或两台以上服务器组成集群，对数据可用性要求高，提供 24 小时连续业务不停机，整个系统无单点故障。

（2）方案价值

高可用：支持主流集群应用，保证应用高可用；多路径保证数据链路高可用。

冗余可靠：所有部件冗余，当一个控制器出现问题后，所有应用可以立即切换到另一个控制器。

（3）方案组网

高可用方案组网如图 6-18 所示。

5. 高性价比方案——分级存储

（1）典型需求

应用特点：应用服务器多，系统整体容量大，高并发访问需求，业务数据二八现象明晰。

（2）方案价值

高性价比方案：通过将不同业务数据放置到 SSD、FC/SAS、SATA 中以合理分配资源；通过动态分级存储功能对热点数据进行持续监控并从机械硬盘迁移到 SSD 中，进一步提升系统性能。

（3）方案组网

高性价比方案组网如图 6-19 所示。

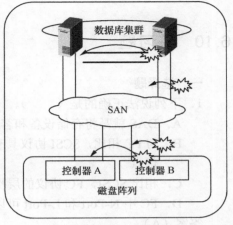

图 6-18 高可用方案

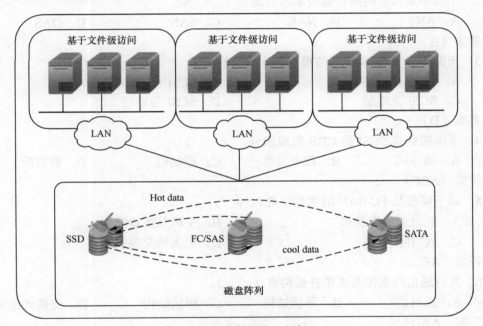

图 6-19 高性价比方案

6.9 本章总结

通过本章的学习，应当能够回答下面的问题。

- 目前网络存储主要有哪几种方式？
- DAS 是什么？SCSI 是什么？SAN 和 DAS 的区别是什么？
- SAN 是什么？SAN 有哪几种，分别由哪些部件组成？
- FC 是什么？如何实现 FC-SAN？

6.10　练习题

一、选择题

1. 下列说法正确的是（　　　）。

    A．DAS 就是将存储设备和客户机都接到总线上

    B．与 FC 相比，SCSI 协议具有应用范围广、速度快、带宽大以及支持热插拔等优点

    C．相比 SCSI，FC 协议的层次结构与 OSI 模型更相似

    D．FC 中 N-Port 和 L-Port 可以直接通信

答案（A）

2. 下面不是常见网络存储技术缩写的是（　　　）。

    A．ANS　　　　　　B．NAS　　　　　　C．SAN　　　　　　D．DAS

答案（A）

3. 下面不属于 SCSI-3 通信模型层次结构的是（　　　）。

    A．SCSI 应用层　　　　　　　　　　B．SCSI 传输协议层

    C．SCSI 互连层　　　　　　　　　　D．SCSI 会话层

答案（D）

4. 下面哪些是 SCSI 的 CDB 组成部分？（　　　）

    A．操作码　　　　B．指令参数　　　　C．控制码　　　　D．数据段

答案（ABC）

5. 以下哪些是 FC-SAN 的重要组件？（　　　）

    A．光纤通道交换机　　　　　　　　B．主机总线适配器

    C．FC 存储设备　　　　　　　　　　D．以太网交换机

答案（ABC）

6. 光纤通信网络的基本拓扑结构有（　　　）。

    A．点对点　　　　B．环状结构　　　　C．树状结构　　　　D．交换式结构

答案（ABD）

二、简答题

1. DAS 技术有哪些优缺点？简述你的想法。

2. 简述 SCSI 结构。SCSI 协议通信模型有哪几层？分别有什么作用？

3. FC-SAN 与 DAS 相比有哪些优势？

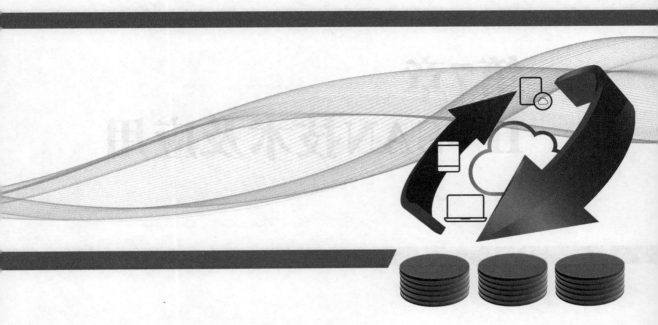

第7章
IP-SAN技术及应用

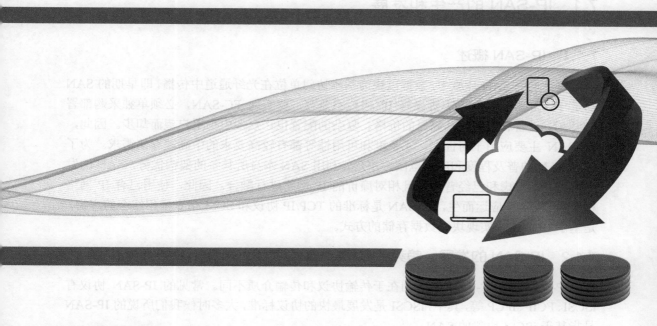

关于本章

　　IP-SAN是近年来十分流行的一种网络存储技术。与上一章主要介绍的FC-SAN相比，IP-SAN使用了发展成熟的IP网络，充分降低了总体拥有成本（total cost of ownership，TCO），受到许多客户的欢迎。

　　本章从IP-SAN的产生和发展开始，详细阐述IP-SAN网络架构、组成部分、协议构成，iSCSI协议技术细节等方面，还对比了几种SAN协议的特点。希望通过本章的学习，能对IP-SAN有比较全面的认识。

7.1　IP-SAN 的产生和发展

7.1.1　IP-SAN 概述

在早期的 SAN 环境中，数据以块为基本访问单位在光纤通道中传播，即早期的 SAN 都是 FC-SAN。由于 FC 协议与 IP 协议不兼容，要实现 FC-SAN，必须单独采购部署 FC-SAN 设备和组件，其高昂的价格、复杂的配置也让众多中小用户望而却步。因此，FC-SAN 主要应用于对性能、冗余度和可用性等都有较高要求的中高端存储需求。为了提高 SAN 的普及程度和应用范围，并充分利用 SAN 本身所具备的架构优势，SAN 的发展方向开始考虑和已经普及并且相对廉价的 IP 网络进行融合。因此，使用已有 IP 网络构架的 IP-SAN 应运而生，IP-SAN 是标准的 TCP/IP 协议和 SCSI 指令集相结合的产物，是基于 IP 网络来实现块级数据存储的方式。

7.1.2　IP-SAN 的发展、趋势

IP-SAN 与 FC-SAN 的区别在于传输协议和传输介质不同。常见的 IP-SAN 协议有 iSCSI、FCIP、iFCP 等，其中，iSCSI 是发展最快的协议标准，大多时候我们所说的 IP-SAN 是指基于 iSCSI 协议的 SAN。

基于 iSCSI 的 SAN 的目的就是要使用本地 iSCSI Initiator（启动器，通常为服务器）通过 IP 网络和 iSCSI Target（目标器，通常为存储设备）来建立 SAN 网络连接。IP-SAN 结构如图 7-1 所示。

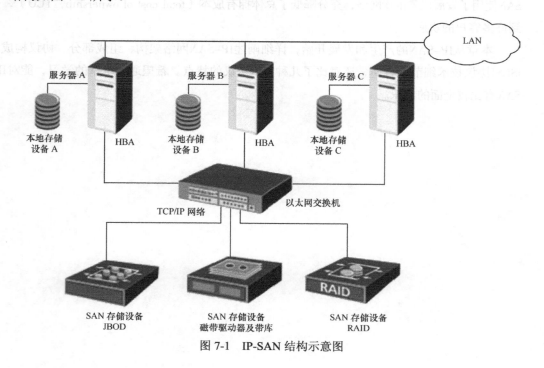

图 7-1　IP-SAN 结构示意图

因为每个主机和存储设备都支持以太网接口和 iSCSI 协议栈，因此，设备可以直接连接到以太网交换机或者路由器上，通过标准的 IP 协议实现到 IP 网络的直接连接。同时，iSCSI 规范还允许 IP 层提供诸如 IPSec 数据加密功能来保证数据传输的安全性，并且与光纤通道一样，IP-SAN 存储也是交换式架构的。

与 FC-SAN 相比，IP-SAN 具备自己的优势，这些优势来源于其使用的 iSCSI 协议。iSCSI 是建立在 TCP/IP 协议和 SCSI 指令集基础之上的标准化协议。

IP-SAN 主要有以下几方面的优点。

- 接入标准化。不需要专用的 HBA 卡和光纤交换机，只需要普通的以太网卡和以太网交换机就可以实现存储和服务器的连接。
- 传输距离远。理论上只要是 IP 网络可达的地方，就可以使用 IP-SAN，而 IP 网络是目前地球上应用最为广泛的网络。
- 可维护性好。大部分网络维护人员都有 IP 网络基础，IP-SAN 自然比 FC-SAN 更容易被人接受。另一方面，IP 网络维护工具已经非常发达，IP-SAN 充分发扬了拿来主义。
- 后续带宽扩展方便。因为 iSCSI 是承载于以太网的，随着 10GB 以太网的迅速发展，IP-SAN 单端口带宽扩展到 10GB 已经是发展的必然。

这些优势使得产品的总体拥有成本（TCO）降低，比如建设一个存储系统，总体拥有成本包括需要购买磁盘阵列、接入设备（HBA 和交换机）、人员培训、日常维护、后续扩容、容灾扩展等。IP-SAN 因为 IP 网络的广泛应用优势，可以大幅降低单次采购的接入设备采购成本、减少维护成本，而且后续扩容和网络扩展成本也大幅降低。

7.2　IP-SAN 的组成与部件

7.2.1　IP-SAN 的组成

IP-SAN 因为基于 IP 协议，所以能容纳所有 IP 协议网络中的部件。用户可以在任何需要的地方创建实际的 SAN 网络，而不需要专门的光纤通道网络在服务器和存储设备之间传送数据。同时，因为没有光纤通道对传输距离的限制，IP-SAN 使用标准的 TCP/IP 协议，数据即可在以太网上传输。

IP-SAN 主要由如图 7-2 所示的几部分组成。

- 支持 iSCSI 的存储设备。
- 以太网交换机。
- 以太网卡和 iSCSI initiator 软件。
- 以太网网线。

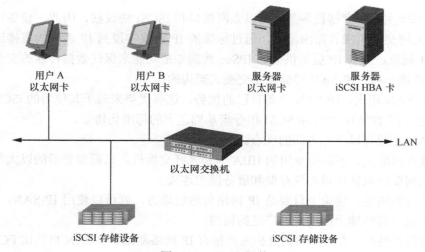

图 7-2　IP-SAN 组件

7.2.2　IP-SAN 组网连接

IP-SAN 的典型组网有 3 种，分别是直连式、单交换和双交换。

1. 直连式

主机与存储设备之间直接通过以太网卡、TOE 卡或 iSCSI HBA 卡连接，这种组网方式的优点是实现简单，成本低，缺点是较多的主机分享存储资源比较困难。直连组网的示意图如图 7-3 所示。

图 7-3　直连式

2. 单交换

主机与存储设备之间连接一台以太网交换机，同时主机安装以太网卡、TOE 卡或 iSCSI HBA 卡实现连接。单交换组网的示意图如图 7-4 所示。从图中可以看出这种组网结构的优点，即能使多台主机共享同一台存储设备，与直连式相比具有较强的扩展性，缺点是交换机处发生故障会使主机无法访问存储设备。

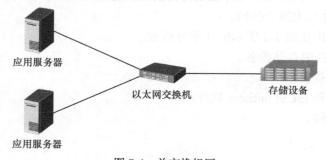

图 7-4　单交换组网

3. 双交换

同一台主机到存储阵列端可由多条路径连接，如图 7-5 所示。这种结构扩展性强，与单交换方式相比，即使以太网交换机处形成单点故障，主机仍然能通过其他路径访问存储设备。

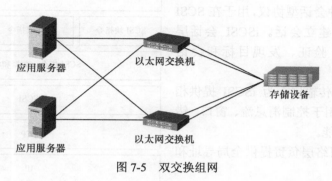

图 7-5　双交换组网

7.3　iSCSI 协议

7.3.1　iSCSI 协议简介

上一章介绍 SAN 时曾提到 SCSI 可以用来实现 DAS。基于 iSCSI 协议的 IP-SAN 把用户的请求转换成 SCSI 代码，并将数据封装进 IP 包内在以太网中传输。

iSCSI（the internet small computer systems interface）是一种基于 SCSI 和 TCP/IP 的协议。iSCSI 是最主要的 IP-SAN 协议，广泛应用于许多采用 IP-SAN 架构的存储网络中。

7.3.2　iSCSI 协议模型

1. iSCSI 数据包封装模型

支持 iSCSI 的服务器可以配置一块专用的 iSCSI 主机总线适配器卡。所有的 SCSI 命令都被封装成 iSCSI 协议数据单元（protocol data unit，PDU），iSCSI 会利用 TCP/IP 协议栈中传输层的 TCP 协议为连接提供可靠的传输机制，在封装 TCP 数据段头以及 IP 数据包头后，其内部所封装的 SCSI 命令或数据对于底层网络设备而言是不可见的，网络设备只会将其视为普通 IP 数据包进行传递，从而实现 SCSI 指令和数据的透明传输。

2. 协议数据单元

在 iSCSI 环境下，数据通信的基本单元称为 iSCSI PDU（protocol data unit，PDU）。PDU 被封装进 IP 数据包进行通信，所有的 iSCSI PDU 都包含一个或多个报头，其后可能没有或有多个数据段。

IP 报头提供数据包在网络上传输的路由信息。TCP 报头信息可以确保数据被传送到指定目标。iSCSI 报头描述了目标器提取 SCSI 指令和数据的方式。为了确保数据的完整性，iSCSI 增加了一个称为数据摘要的可选循环冗余校验码（CRC）。

3. iSCSI 协议栈

iSCSI 协议命令层是 SCSI 协议内容，主要实现数据块在 TCP/IP 协议中的封装。客户端和服务器通过发送请求和响应来进行相互间的通信，SCSI 命令和数据被封装成 TCP/IP 数据包在网络中传输。

iSCSI 是一种会话型协议，用于在 SCSI 命令和设备之间建立会话。iSCSI 会话层负责处理登录、验证、发现目标和会话管理。

TCP 协议在传输层上为 iSCSI 提供相应的传输服务，用于控制消息流、窗口、错误恢复和重发功能。

IP 协议在网络层负责提供全局寻址和连接。

数据链路层负责物理网络中的点对点通信。

iSCSI 协议层模型如图 7-6 所示。

图 7-6　iSCSI 协议层模型

7.3.3　iSCSI 体系结构

在支持 iSCSI 的系统中，当用户主机上层业务系统需要向一台 SCSI 存储设备发送读写数据的请求时，主机操作系统对该请求进行处理，并将该请求转换成一条或者多条 SCSI 指令，然后传给目标 SCSI 控制卡。指令和数据被封装（encapsulation）起来，形成一个 iSCSI 包，然后该数据封装被传送给 TCP/IP 层，再由 TCP/IP 协议将 iSCSI 包封装成 IP 协议数据以适合在网络中传输。也可以对封装的 SCSI 命令进行加密处理，然后在不安全的网络上传送。

数据包可以在局域网或 Internet 上传送。在接收存储控制器上，数据包被重新组合，然后存储控制器读取 iSCSI 包中的 SCSI 控制命令和数据，并发送到相应的磁盘驱动器上，磁盘驱动器再执行初始计算机或应用所需的功能。如果发送的是数据请求，那么将数据从磁盘驱动器中取出进行封装后，发送给发出请求的计算机，而这整个过程对于用户来说都是透明的。

尽管 SCSI 命令的执行和数据准备可以使用标准 TCP/IP 和现成的网络控制卡的软件来完成，但是在利用软件完成封装和解封装的情况下，在主机处理器上实现这些功能需要很多的 CPU 运算周期来处理数据和 SCSI 命令。如果将这些事务交给专门的设备处理，则可以将对系统性能的影响减少到最小程度。因此，发展在 iSCSI 标准下执行 SCSI 命令和完成数据准备的专用 iSCSI 适配器是有必要的。iSCSI 适配器结合了 NIC 和 HBA 的功能。这种适配器以块方式取得数据，利用 TCP/IP 处理引擎在适配卡上完成数据分发和处理，然后通过 IP 网络送出 IP 数据包。这些功能的完成使用户可以在不降低服务器性能的基础上创建一个基于 IP 的 SAN。

iSCSI 体系结构示意图如图 7-7 所示。

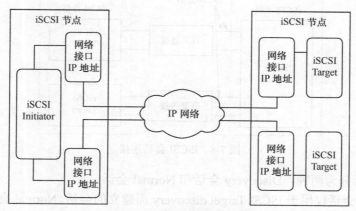

图 7-7　iSCSI 体系结构示意图

7.3.4　iSCSI 的启动器和目标器

iSCSI 的通信体系仍然继承了 SCSI 的部分特性，在 iSCSI 通信中，具有一个发起 I/O 请求的启动器设备（Initiator）和响应请求并执行实际 I/O 操作的目标器设备（Target）。在 Initiator 和 Target 建立连接后，Target 在操作中作为主设备控制整个工作过程。

1. iSCSI Initiator

iSCSI 启动器可分为 3 种，即软件 Initiator 驱动程序、硬件的 TOE（TCP offload engine，TCP 卸载引擎）卡以及 iSCSI HBA 卡。就性能而言，软件 Initiator 驱动程序最差，TOE 卡居中，iSCSI HBA 卡最佳。

2. iSCSI Target

iSCSI 目标器通常为 iSCSI 磁盘阵列、iSCSI 磁带库等。

iSCSI 协议为 Initiator 和 Target 定义了一套命名和寻址方法。所有的 iSCSI 节点都是通过其 iSCSI 名称被标识的。这种命名方式使 iSCSI 名称不会与主机名混淆。

iSCSI 使用 iSCSI Name 来唯一鉴别启动设备和目标设备。地址会随着启动设备和目标设备的移动而改变，但是名字始终是不变的。建立连接时，启动设备发出一个请求，目标设备接收到请求后，确认启动设备发起的请求中所携带的 iSCSI Name 是否与目标设备绑定的 iSCSI Name 一致，如果一致，便建立通信连接。每个 iSCSI 节点只允许有一个 iSCSI Name，一个 iSCSI Name 可以用来建立一个启动设备到多个目标设备的连接，多个 iSCSI Name 可以用来建立一个目标设备到多个启动设备的连接。

7.3.5　iSCSI 会话连接

iSCSI 协议的会话就是在网络上封包和解包的过程。在网络的一端，数据包被封装成 TCP/IP 头、iSCSI 识别包和 SCSI 数据三部分内容。当数据包被传输至网络另一端时，这三部分内容被有序地解封装，还原为原始的 SCSI 数据。iSCSI 会话建立前必须先建立 TCP 连接，只有 TCP 经过三次握手建立起连接之后，才能建立 iSCSI 会话。一个 TCP 会话中可以包含一个或者多个 iSCSI 会话。iSCSI 会话连接示意图如图 7-8 所示。

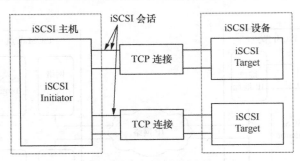

图 7-8　iSCSI 会话连接

iSCSI 会话分为两种：Discovery 会话和 Normal 会话。

Discovery 会话仅用于 iSCSI Target discovery 而建立的会话。Normal 会话是无限制会话，iSCSI 无需执行 Send Target 命令发现请求，iSCSI Initiator 直接使用 iSCSI Target 的名字来建立 iSCSI 会话，会话建立后可执行 iSCSI 完整功能。

1.　iSCSI 的 Discovery 会话

在建立 iSCSI 会话前需要先建立 TCP 连接，TCP 连接通过三次握手过程来建立。而 Discovery 会话的建立分为三个阶段，首先是 Initiator 和 Target 之间的登录参数协商阶段，Initiator 发送 Login Request 报文请求登录，Target 在收到请求信息后，返回 Login Response 报文给 Initiator，同意 Initiator 登录，从而完成初步的登录协商。在登录之后，传送数据之前还需要进行一次从参数的协商，这个过程被称为完整功能状态下的参数协商。最后由 Initiator 发送 Sent Target 命令请求报文 Text Request，Target 端收到请求报文以后，查询到网络中存在的 iSCSI 信息后，发送 Text Response 报文给 Initiator，并返回一系列和它相连的 iSCSI Target 的信息，最终建立会话。Discovery 会话过程如图 7-9 所示。

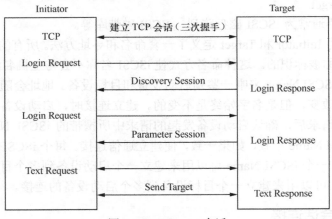

图 7-9　Discovery 会话

2.　iSCSI 的 Normal 会话

iSCSI Normal 会话分为登录阶段、完整功能阶段、登出阶段 3 部分。

iSCSI 的登录阶段等同于 FC 端口登录过程。该过程用来在两个网络实体间调整各个参数并确认登录的访问权限。如果 iSCSI 登录阶段成功完成，目标设备将确认启动设备的登录，否则登录将不确认，同时 TCP 连接中断。

登录一旦确认,iSCSI 会话就进入完整功能阶段。如果建立了多个 TCP 连接,则 iSCSI 要求每个命令/响应对应一个 TCP 连接。但是,不同的数据传输可以在一个会话中通过不同的 TCP 连接。在数据传送端,启动器发送/接收最新的数据,而目标器在完成数据传输后发送确认响应。iSCSI 注销命令用来结束一个会话,在出现连接错误时也会发送它,以实现连接中断处理。iSCSI 登录是用来在启动设备和目标设备之间建立 TCP 连接的机制。登录的作用包括鉴别通信双方、协商会话参数、打开相关安全协议并作为属于该会话的连接的标志。

登录过程完成后,iSCSI 会话进入全功能状态(full feature phase),这时启动设备就能通过 iSCSI 协议访问目标设备里的各逻辑单元了。

iSCSI 会话拆除时,Initiator 首先向 Target 发送 Logout Request 请求报文,Target 接收到请求报文后,返回相应的 Logout Response 报文,至此,iSCSI 会话可以拆除。在拆除 iSCSI 会话后还需要拆除 TCP 连接,拆除 TCP 连接是通过四次握手来完成的。Normal 会话过程如图 7-10 所示。

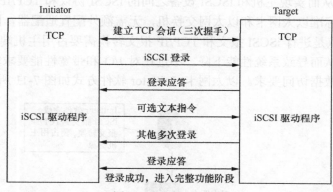

图 7-10　Normal 会话

7.3.6　iSCSI 的拓扑结构

iSCSI 的拓扑结构可分为原生模式、桥接模式和 FC 与原生混合模式 3 类。

对于支持 iSCSI 的存储阵列,iSCSI 启动器以直接或 IP 网络的方式连接到目的方。启动器通过网络可以访问存储阵列中可用的数据单元地址,将存储阵列作为目标器。这种模式称为原生模式。

当 FC 存储阵列已经存在而阵列本身没有原生的 iSCSI 端口时,要实现 iSCSI 启动器和阵列的连接就必须使用额外的桥接设备,如 iSCSI 网关等,桥接器的作用是实现 IP 数据包与 FC 数据包之间的转换,这种模式称为桥接模式。与原生模式不同,桥接器成为了 iSCSI 启动器的目标器,其 IP 地址被配置给启动器,同时桥接器也是 FC 存储阵列的启动器。

而对于同时配备了 iSCSI 和 FC 端口的存储阵列,实现 IP 与 FC 的共存就不需要桥接器了,这样的阵列可以同时实现 iSCSI 和 FC 连接。这种模式也可以称为 FC 与 iSCSI 原生混合模式。在实际应用中,这种模式也最为常见。

7.3.7　iSCSI 实现方式

iSCSI 设备通常使用 IP 接口作为其主机接口,并可以通过与传统以太网交换机的连接,构建一个基于 TCP/IP 协议的存储区域网络。根据主机端采用的连接方式的不同,iSCSI 设备与主机的连接通常有 3 种形式。

1.　以太网卡+Initiator 软件方式

采用这种方式的主机使用标准的以太网卡(NIC)与网络连接。iSCSI 层和 TCP/IP 协议栈功能通过主机 CPU 运行软件计算完成。由于这种方式直接使用传统主机系统通用的 NIC 卡,所以成本最低,但是由于需要占用 CPU 资源处理 iSCSI 和 TCP/IP 协议,所以导致主机系统性能下降。

服务器、工作站等主机设备使用标准的以太网卡,通过以太网线直接与以太网交换机连接,iSCSI 存储也通过以太网线连接到以太网交换机上,或直接连接到主机的以太网卡上。在主机上安装 Initiator 软件以便将以太网卡虚拟为 iSCSI 卡,用以接收和发送 iSCSI 数据报文,从而实现主机和 iSCSI 设备之间的 iSCSI 协议和 TCP/IP 协议传输功能。由于采用普通的标准以太网卡和以太网交换机,无需额外配置适配器,因此此种方式硬件成本最低。缺点是进行 iSCSI 报文和 TCP/IP 报文转换需要占用主机端的资源,主机的运行开销增加,从而导致系统性能下降。不过在对 I/O 和带宽性能要求较低的应用环境中基本能够满足数据访问要求。以太网卡+Initiator 软件方式如图 7-11 所示。

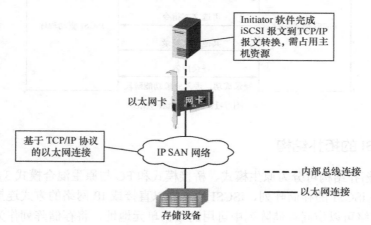

图 7-11　以太网卡+Initiator 软件方式

2.　TOE+Initiator 软件方式

采用这种方式的主机使用 TCP 卸载引擎(TCP offload engine,TOE)网卡,iSCSI 协议的功能仍然由主机的 CPU 完成,TCP 协议处理则交由 TOE 网卡完成,有效减轻了主机端的负担。

智能以太网卡可以将网络数据流量的处理工作全部转到网卡上的集成硬件中进行,TCP/IP 协议栈功能由 TOE 网卡完成,iSCSI 层的功能仍由主机来完成,由此,采用 TOE 网卡可以大幅度提高数据的传输速率。与纯软件的方式相比,这种方式部分降低了主机系统的运行开销而又不会过多增加网络构建成本,是一种比较折中的配置方案。智能

TOE 网卡+Initiator 软件方式如图 7-12 所示。

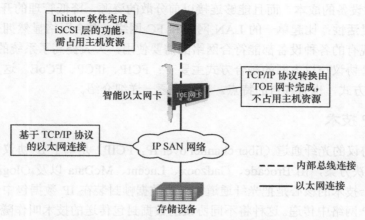

图 7-12　智能 TOE 网卡+Initiator 软件方式

3. iSCSI HBA 卡方式

采用这种方式的主机，其 iSCSI 协议功能及 TCP/IP 协议栈功能均由 iSCSI HBA 卡完成，占用主机的开销最小。

在主机上安装 iSCSI HBA 适配卡，从而实现主机与交换机之间、主机与存储设备之间的高效数据交换。iSCSI 层和 TCP/IP 协议栈的功能均由主机总线适配器（HBA）完成，对主机 CPU 的占用最少。这种方式数据传输性能最好，但是系统构建价格也最高。iSCSI HBA 卡方式如图 7-13 所示。

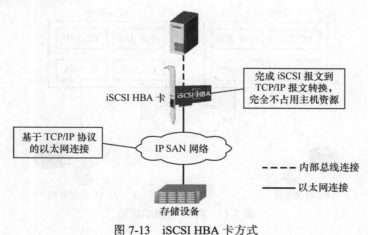

图 7-13　iSCSI HBA 卡方式

7.4　FC 协议与 TCP 协议的融合

在之前的学习中，我们知道 FC 协议与 IP 协议不能直接连接，影响了 FC 网络的易用性及其性能。为了解决这些问题，学者们在 FC-SAN 的基础上又发展出了许多新的存储协议和标准。融合使用 FC 和 IP 两种协议有很多好处，例如：

- **降低成本**：融合的网络可以利用原有的 LAN 网络进行传输，大大降低了全部使用 FC 设备的成本。而且能够连接以前分散的资源，降低管理的开销。
- **增强灵活性**：比起单一的 LAN 网络和 FC 网络，融合网络显然拥有更好的灵活性。现有的各种设备都能符合网络的需要使用，大大提高了系统的可用性。

目前，FC 协议与以太网的融合方式主要有：FCIP、iFCP、FCoE。这几种方法使用了不同的实现方式，也有各自的特点。下面将逐一详细介绍。

7.4.1 FCIP 技术

基于 IP 协议的光纤通道（fiber channel over IP，FCIP）是基于 IP 协议传输的光纤通道数据帧的解决方案，由 Brocade、Gadzoox、Lucent、McData 以及 Qlogic 公司共同提出。FCIP 这一技术的核心是把光纤通道协议的数据帧封装在 IP 数据包中，以便在覆盖广阔的 TCP/IP 网络中传递。这种将不同协议的数据封包传送的技术叫作隧道（tunneling）技术。目标设备接收后，由专门的设备进行解封来还原 FC 数据帧。

FCIP 协议实质上就是采用隧道技术的 IP-SAN 方案。采用 FCIP 技术可以利用目前的 IP 网络来连接两个异地的 FC-SAN，以解决 FC-SAN 之间的互连问题。隧道传输技术是通过使用 FCIP 网关来实现的，所有发往远程站点的存储数据均通过公用的 IP 隧道，接收端的光纤通道交换机负责将到来的每个帧交换至目的光纤通道端点设备。

FCIP 提供了在 TCP/IP 协议中封装 FC 协议数据帧的方法，消除了 FC 目前存在的距离限制，允许通过 IP 网络来互连 FC-SAN，数据的访问变得更加灵活，存储策略的部署更加容易。FCIP 架构示意图如图 7-14 所示。

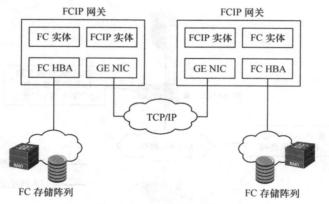

图 7-14　FCIP 构架示意图

7.4.2 FCIP 技术细节

1. FCIP 的协议栈

FCIP 协议是一个 P2P 的隧道封装协议。在 FCIP 的协议栈中，FCIP 协议处于 FC 和 TCP 之间。在 TCP 下层是 IP 协议层、数据链路层以及物理层协议，FC 协议的上层则有 FCP 和 SCSI 协议，由此可见 FCIP 协议联系了底层的 IP 网络和高层的 SCSI 应用，实现了不同网络、不同协议之间的网络设备互连和应用的融合。FCIP 的协议栈如图 7-15 所示。

SCSI 应用（文件系统、数据库）		
SCSI 块指令	SCSI 块指令	其他 SCSI 指令
SCSI 指令、数据及状态		
FCP		
FC		
FCIP		
TCP		
IP		
以太网		

图 7-15　FCIP 的协议栈

2. FCIP 的数据封装

在 FCIP 数据封装中，FC 网络体系结构提供的终端寻址、地址解析、信息路由等信息均保持不变，IP 协议在这里只用来承载 FC 数据帧进行传输。

FCIP 在 FC 帧和 TCP 包头之间加入了 FCIP 包头、版本、帧长度等字段。发送端 FCIP 网关设备将 FC 封装为 FCIP 帧，通过 IP 网络传送。接收端 FCIP 网关设备接收到 FCIP 帧后，解封装 IP 和 TCP 报头，还原成 FC 帧并通过一个或多个 FC 交换机发送到目的节点。FCIP 的数据封装模式如图 7-16 所示。

以太网帧头	IP包头	FCIP帧头	SOF帧起始	FC数据	EOF帧终止

图 7-16　FCIP 的数据封装

3. FCIP 通信过程

FCIP 的通信过程是由数据引擎驱动的。首先在源 FCIP 连接端点（FCIP link end point，FCIP LEP）处对 FC 协议数据帧进行封装，然后通过 TCP/IP 协议在 IP 网络中传输，到达目的 FCIP 连接端点后进行解封装，读出其中的数据并执行其中的 FC 指令。其过程如图 7-17 所示。

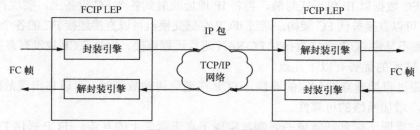

图 7-17　FCIP 通信原理

7.4.3　基于 FCIP 的存储方案及其特点

使用 FCIP 构建的存储方案如图 7-18 所示。

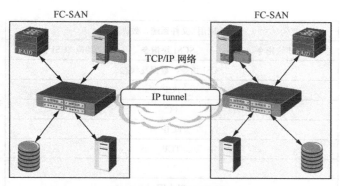

图 7-18　FCIP 存储方案

在用 FCIP 构建的 IP 存储方案中，FC 协议帧被封装进 IP 数据包中传输，当到达远端后由专用设备解封，还原成原始的 FC 协议帧。这样可以直接利用现有的 IP 网络进行传输，充分利用现有的网络资源。

但是 FCIP 也存在一些缺点。首先，由于它使用 IP 网络，所以带宽远低于纯 FC。其次，由于将 FC 协议帧封装进了 IP 数据包中，诸如目录服务、流量控制等许多 IP 网络的管理控制方式无法应用于 FCIP，使得其网络的性能和可靠性受到影响。最后，由于 FCIP 只是在 TCP/IP 网络中构建起一个传输 FC 协议帧的隧道连接两个远端的 FC-SAN，所以在本地仍然是 FC-SAN。

7.4.4　iFCP 技术

FCIP 技术实际上是一种很不完善的 FC 与 TCP 融合的方法，受到 IP 网络可靠性和性能方面的双重制约。在此基础上发展出的 iFCP 技术是另一种网络存储技术。

互联网光纤通道协议（Internet fibre channel protocol，iFCP）技术直接为 TCP/IP 网络上的光纤通道设备提供光纤信道通信服务，能够实现端到端的 IP 连接。FC 存储设备、主机总线适配器（host bus adapter，HBA）、交换机等可以直接连接到 iFCP 网关上。iFCP 使用 TCP 提供流量控制、错误检测和错误恢复功能，其主要目标是使现有的光纤信道设备能够在 IP 网络上实现高速互连与组网。iFCP 及其定义的帧地址转换方法允许通过透明网关将 FC 存储设备挂载到基于 TCP/IP 协议的网络结构中。简单地说，iFCP 的工作原理就是：将 FC 数据以 IP 包形式封装，再将 IP 地址映射到各个 FC 设备上，实现直接交互。

iFCP 可以直接替代 FC 架构，通过 iFCP 存储交换机可以直接连接 FC 的各个设备并进行分组，而不是像 FCIP 那样直接对 FC-SAN 进行远程连接。但是 iFCP 也没有直接连接。

iFCP 技术的优势有以下几点。

（1）通过直接建立端到端的连接，iFCP 在遇到传输故障时，可以将出现故障的区域隔离出来，增加网络的可靠性。

（2）它克服了端到端隧道的限制，实现了真正意义上的互连。iFCP 提供 FC 设备端到端的连接，TCP 连接的中断只会影响到其中一对通信，不会影响到其他通信，也不会将一个设备的错误传递给其他设备。

（3）iFCP 实现了 SAN 的路由故障隔离、安全及灵活管理，具有比 FCIP 更高的可靠性，其结构示意图如图 7-19 所示。

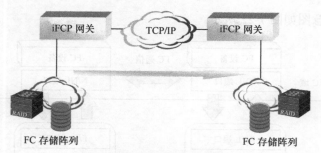

图 7-19　iFCP 结构示意图

7.4.5　iFCP 技术细节

1. iFCP 协议栈

iFCP 协议位于 TCP/IP 协议和 FC 协议之间，可以起到连接这两种协议网络的作用。iFCP 协议层的主要功能是在本地和远程 N_PORT 间传输光纤通道帧。当帧被传输到远程 N_PORT 时，iFCP 层开始封装光纤通道帧。光纤通道帧包括每一个光纤通道信息单元，通过预先建立的 TCP 连接在 IP 网络上传输。iFCP 协议栈示意图如图 7-20 所示。

SCSI 应用（文件系统、数据库）		
SCSI 块指令	SCSI 流指令	其他 SCSI 指令
SCSI 指令、数据及状态		
FC		
iFCP		
TCP		
IP		
以太网		

图 7-20　iFCP 协议栈

2. iFCP 协议封装

iFCP 在 FC 帧和 TCP 包头之间，在 iFCP 层中，FC 设备的 24 位 fabric 地址被映射到一个唯一的 IP 地址上，为 Fibre Channel 启动器和目标提供了本地 IP 地址的编址工作。iFCP 代替了 Fibre Channel 的底层传输层（FC-2），它使用 TCP/IP 在 IP 网络上进行可靠传输。iFCP 协议封装示意图如图 7-21所示。

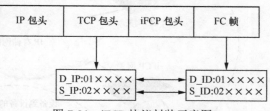

图 7-21　iFCP 协议封装示意图

3. iFCP 的通信过程

使用 iFCP 进行通信的过程如下：首先将 FC 数据以 IP 包形式封装，并将 IP 地址映射到分离光纤通道设备。由于在 IP 网中，每类 FC 设备都有其独特标识，它能够与位于 IP 网其他节点的设备单独收发存储数据。光纤通道信号在 iFCP 网关处终止，信号转换后，数据传输在 IP 网中进行。这样 iFCP 打破了传统 FC 网络 10km 距离的限制。

iFCP 工作原理示意图如图 7-22 所示。

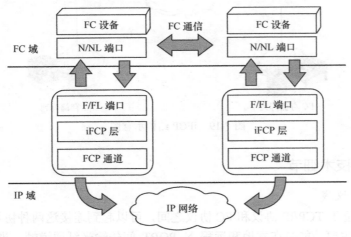

图 7-22　iFCP 协议通信流程示意图

7.4.6　基于 iFCP 的存储方案

在使用 iFCP 协议构建的 IP-SAN 存储网络中，iFCP 存储交换机直接替代 FC-SAN 中的光纤通道交换机，由此可知，iFCP 交换机也具有 SNS（存储名称服务器）功能，能够为终端节点提供名称发现服务。

iFCP 交换机分配 4 字节的 IP 地址给每一个光纤通道终端。当光纤通道设备发送一个 SNS 名称查询时，这个请求首先发送给 iFCP 交换机，并由 iSNS 服务器进行解释。在光纤通道层，一个适用的目标地址表将返回给发起者，此时其余 IP 的光纤通道地址表映射光纤通道地址，以便相应的 IP 地址可以通过 IP 网络传到目标设备。

iFCP 网络体系架构如图 7-23 所示。

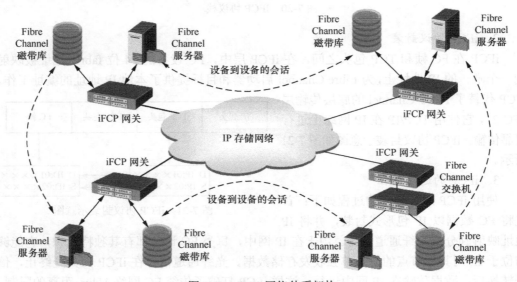

图 7-23　iFCP 网络体系架构

7.4.7　FCoE 技术

FCoE 技术是近来配合 10GB 以太网发展出的一种新技术。从 FC 的角度上看，FCoE 就是直接在 LAN 上运行 FC 协议。

FCoE 技术标准最早在 2007 年由多家 IT 厂商向美国国家标准协会（ANSI）T11 委员会提交。通过该技术标准可以将光纤通道映射到以太网，将光纤通道信息插入以太信息包内，让服务器至 FC-SAN 存储设备的光纤通道请求和数据可以通过以太网连接来传输，实现在以太网上传输 FC-SAN 数据。FCoE 允许在一根通信线缆上传输 LAN 和 FC-SAN 通信，融合网络可以支持 LAN 和 SAN 数据类型，减少数据中心设备和线缆数量，并降低供电和制冷负载，提高数据中心的能效比。

7.4.8　FCoE 技术细节

1. FCoE 协议栈

如前所述，FCoE 就是把 FC-2 层以上的内容直接封装到以太网报文中进行承载。协议栈如图 7-24 所示，上层是 FC 结构，底层是以太网结构。

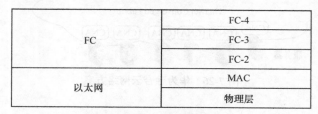

	FC-4
FC	FC-3
	FC-2
以太网	MAC
	物理层

图 7-24　FCoE 协议栈

2. FCoE 协议封装

FCoE 在封装时，将 FC 帧完整地包含在以太网帧的内部。其中，以太网帧头和 FC 帧部分完全没有变化，FCoE 的控制信息等部分包含在 FCoE 帧头中，如图 7-25 所示。

以太网帧头	FCoE 帧头	FC 帧	FCoE EOF

图 7-25　FCoE 报文封装

7.4.9　基于 FCoE 的存储方案及其特点

要部署 FCoE，实现 LAN、SAN 的统一交换，需要解决网络融合后带来的新问题：多业务融合后的大带宽需求和基于业务的流量控制需求。

对于带宽需求方面，多业务融合后，服务器如果沿用传统的 GE 网卡，无法负载大带宽业务，需要通过升级服务器至高速网卡和高速交换网络来解决。

对于基于业务的流量控制方面，存储业务在网络中传输要求做到无丢包，在传统 FC-SAN 的网络中有相应的监控机制。而传统的以太网缺少类似的端到端流控机制，无法保证传输中无丢包，需要以太网引入相应的机制，保证高优先级业务的无丢包传输。

目前已有 IEEE 提出的数据中心桥接技术（data center bridging，DCB）来解决业务的控制需求，主要包含基于优先级的流控功能（IEEE 802.1Qbb priority-based flow control，PFC）和基于优先级的增强传输选择及数据中心桥能力交换协议（IEEE 802.1Qaz enhanced transmission selection and data center bridging eXchange，ETS & DCBX）。通过这些协议和功能，以太网能够得到传统 FC 中的传输参数协商、发生拥塞时端到端的拥塞通知，以及基于不同优先级业务的处理和分发能力。

华为最新的云存储产品（Huawei Converged Fabric）就采用了 FCoE 架构，其结构如图 7-26 所示。

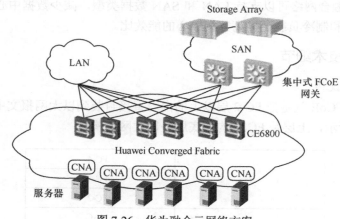

图 7-26 华为融合云网络方案

7.5 IP-SAN 协议的比较

7.5.1 FC/iFCP/FCIP 协议

回顾一下已经学过的协议。

上一章介绍了 FC 协议。FC 是一种速度快、价格高，但不适合长途传输的协议，主要适合于大型的数据中心。FC 具有最长 10km 的距离限制，而且其价格令人望而却步。这两点使得低端用户不得不放弃使用 FC-SAN。

但是 FC 网络也有很多优点。首先就是其高速传输的能力。除此之外，与相对而言不太可靠的 IP 协议相比，FC 具有相当高的可靠性。这些特点使得研究者们尝试将 FC 与 IP 相结合，创造了诸如 FCIP、iFCP 等协议。

这几个协议都使用了 SCSI 指令库，从协议栈上可以清楚地看到这几种协议的异同，如图 7-27 所示。

回到 IP-SAN 上来，IP-SAN 的概念是伴随着 iSCSI 的提出产生的。在 7.3 小节中我们知道，iSCSI 结合了 IP 和 SCSI 两种协议，将 SCSI 命令封装在 TCP/IP 包中传输。iSCSI 最大的特点就是不需要用其他特殊硬件。由于 IP 网络已经普及，iSCSI 网络不仅便宜，还可以充分利用闲置的网络资源。

图 7-27　对比几种协议的协议栈

与之相比，FCIP 和 iFCP 其实是远距离设置 FC-SAN 的解决方案。例如 FCIP，通过将 FC 帧封装在 IP 协议中传输，实现了远程 FC-SAN 之间的数据交换。iFCP 实际上是对 FCIP 的一种升级和补充。

7.5.2　分析与应用场景

显然，这些协议各自的特性决定了它们应用上的差异。

iSCSI 最大优点就是价格便宜且不需要特殊设备。在进行 iSCSI 传输时，封装和解封会消耗相当一部分系统资源，再加上本来 IP 网络的限制，iSCSI 的传输带宽一般都与 Gb 级的 FC 相差甚远。不过，近几年随着 10GbiSCSI 标准的推广，iSCSI 的性价比再一次得以飞跃。也许在不久的将来我们就可以看到 iSCSI 能够取代光纤，应用于大规模企业级的存储网络。

事实上，FCoE 才是 iSCSI 的主要竞争对手。FCoE，即所谓的以太网光纤通道，使用以太网作为传输介质的同时保有了 FC 的协议结构，是专门为对低延迟性和性能要求很高的数据中心网络所设计的网络协议。

iFCP 一般用来连接两个远程 FC-SAN，而 iSCSI 是用来实现本地存储网络的一种方案，这两者可以相互补充。

在组网中，应当通过实际情况分析需要使用的协议，具体请参考第 6 章和第 7 章华为产品的解决方案。

7.6　IP-SAN 华为的实现与应用

7.6.1　相关华为产品简介

依然以华为 Oceanstor V3 系列为例。华为 Oceanstor 5600 V3 背面图如图 7-28 所示。图中可看出其支持 iSCSI 和 FC 等多种连接方式。

其 iSCSI 模块如图 7-29 所示。

其中，1GB iSCSI 接口模块提供了应用服务器与存储系统的业务接口，用于接收应用服务器发出的数据读写指令。1GB iSCSI 接口模块提供 4 个传输速率为 1Gbit/s 的 iSCSI 接口，用于接收应用服务器发出的数据交换命令。

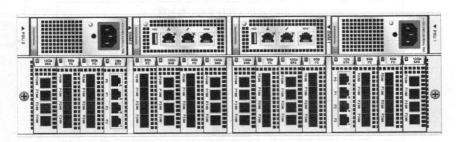

图 7-28　华为 Oceanstor 5500 V3 存储阵列背面示意图

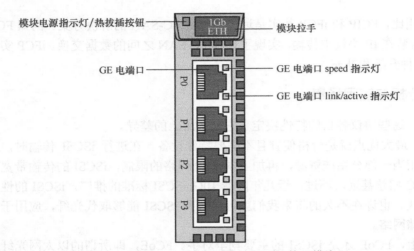

图 7-29　华为 Oceanstor 5500 V3 iSCSI 接口模块

7.6.2　IP-SAN 解决方案

1. 热点数据分级存储

在媒体、网站等应用中，经常产生高频访问的数据，即热点数据。热点数据由于需要频繁读写，会影响整个网络性能。

OceanStor 5000 V3 产品通过 SmartTier（智能数据分级技术）识别热点数据，并将其向更高性能的 SAS 或 SSD 硬盘迁移，提升热点数据的存储性能。一段时间后，SmartTier 如果发现热点数据的热度下降，就将其向低性能硬盘迁移，为其他热点数据空出存储空间，如图 7-30 所示。

2. 多业务应用场景

当前不同类型业务集中存储的需求越来越多，而不同类型的业务对存储的需求也不尽相同，这就需要存储系统在性能和组网方面具备高度的灵活性，以适应不同的业务需求。

OceanStor 5000 V3 系列能够灵活配置 FC、iSCSI、TOE 和 FCoE 接口模块，适应各种组网类型和高、中、低不同速率的网络，从而为不同组网下的各种业务提供服务，如图 7-31 所示。

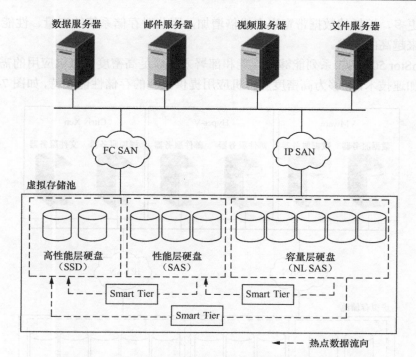

图 7-30　华为 Oceanstor 5500 V3 热点数据自动分级存储

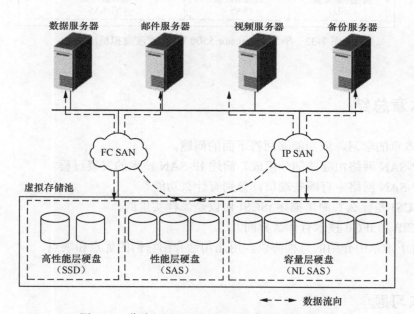

图 7-31　华为 Oceanstor 5500 V3 多业务应用场景

3. 高密度虚拟机的应用

虚拟机技术由于可以大幅度提升应用服务器的利用率，降低业务的部署和运营成本，因此在各种领域的应用越来越广泛。随着大量非核心应用系统以及虚拟桌面被部署到虚拟机中，虚拟机密度越来越高。高密度虚拟机所产生的业务数据较单台服务器会增加数倍或更多，消耗的数据带宽也会成倍增加，因此对存储系统的容量、性能和扩展性也提出越来越高的要求。

OceanStor 5000 V3 系列能够在性能和部署方面满足高密度虚拟机应用的需求：具有三级性能加速技术，能够为高密度虚拟机应用提供出色的存储性能支持，如图 7-32 所示。

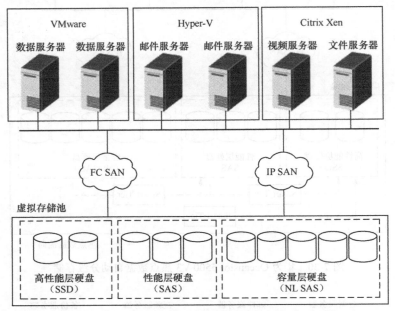

图 7-32　华为 Oceanstor 5500 V3 高密度虚拟机应用

7.7　本章总结

通过本章的学习，应当能够回答下面的问题。

- IP-SAN 网络由哪些部分组成？简述 IP-SAN 技术的发展过程。
- IP-SAN 网络中有哪些端口，分别有什么功能？
- iSCSI 是什么？简单描述 iSCSI 协议是怎样实现的。
- FCIP 和 iFCP 技术有什么异同？
- 对于本章中介绍的每种协议，用几句话介绍它们的优点和缺点。

7.8　练习题

一、选择题

1. 以下可实现 IP-SAN 的协议是（　　）。

　　A．IPFC　　　　　　　B．FCIP　　　　　　　C．iFCP　　　　　　　D．iSCSI

答案（BCD）

2．以下不是 IP-SAN 所具备的优势是（　　）。

    A．构建成本低　　　B．传输距离远　　　C．带宽较高　　　D．传输效率高

答案（D）

3．iSCSI 协议介于（　　）之间。

    A．IP 与 SCSI　　　B．FC 与 SCSI　　　C．TCP 与 SCSI　　　D．以太网与 SCSI

答案（C）

4．以下 iSCSI 数据包封装正确的是（　　）。

    A．SCSI-iSCSI-IP　　　　　　　　B．IP-SCSI-iSCSI

    C．SCSI-IP-iSCSI　　　　　　　　D．iSCSI-IP-SCSI

答案（A）

5．iSCSI 的无限制会话是（　　）。

    A．Login 会话　　　B．Normal 会话　　　C．2WAY 会话　　　D．Discovery 会话

答案（B）

6．以下实现 iSCSI 连接的方式中，效率最高的是（　　）。

    A．以太网卡+Initiator 软件实现方式

    B．TOE 网卡＋Initiator 软件方式

    C．iSCSI HBA 卡实现方式

    D．FC HBA 实现方式

答案（C）

7．以下完全不包含 FC 信息的 IP-SAN 协议是（　　）。

    A．iSCSI　　　B．FCIP　　　C．iFCP　　　D．FCoE

答案（A）

8．为 TCP/IP 网络上的光纤通道设备提供光纤信道通信服务，以实现光纤通道设备端到端的 IP 连接的 IP-SAN 协议是（　　）。

    A．iSCSI　　　B．FCoE　　　C．FCIP　　　D．iFCP

答案（D）

二、简答题

iSCSI 的实现方式有哪几种？说明它们各自的特点。

第8章
NAS技术及应用

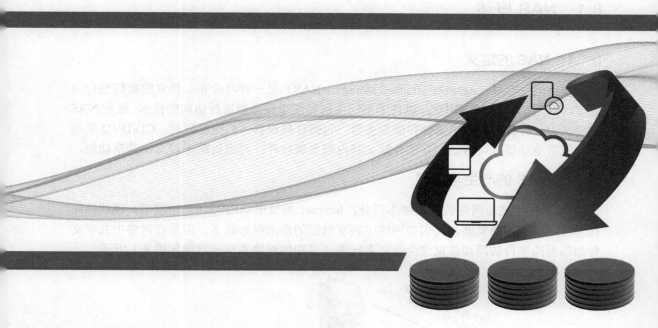

关于本章

本章主要介绍网络附加存储（network attached storage，NAS）的相关知识，包括NAS的基本概念、NAS的演化和发展、NAS的工作原理以及NAS的应用。通过本章的学习，希望读者能了解NAS的基本架构。

本章将从NAS的产生与发展、NAS系统组成与部件、NAS文件系统与IO性能、NAS技术、NAS解决方案等方面对NAS进行讲解。此外，结合前一章关于SAN的内容，对NAS和SAN进行比较与总结，并在最后介绍华为的相关产品。

8.1　NAS 概述

8.1.1　NAS 的定义

网络附加存储（network attached atorage，NAS）是一种将分布、独立的数据整合为大型、集中化管理的数据中心，以便于不同主机和应用服务器进行访问的技术。通常 NAS 被定义为一种特殊的专用文件存储服务器，包括存储设备（如磁盘阵列、CD/DVD 驱动器、磁带驱动器或可移动的存储介质）和内嵌系统软件，可提供跨平台文件共享功能。

8.1.2　NAS 的产生与发展

NAS 的出现与网络的发展密不可分，Internet 的雏形 ARPANET 出现后，现代网络技术得到了迅猛的发展，人们在网络中共享数据的需求越来越多。但是在网络中共享文件面临着跨平台访问和数据安全等诸多问题。早期的网络共享示意图如图 8-1 所示。

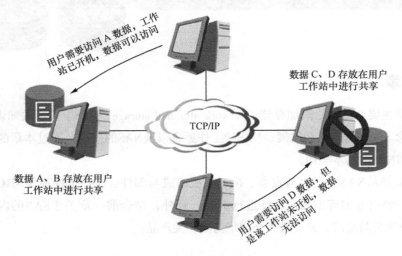

图 8-1　早期的网络共享示意图

为了解决这个问题，可以设置一台专门的计算机来保存大量的共享文件，这台计算机连接到现有的网络上，并允许整个网络上的所有用户共享其存储空间。正是通过这种办法，早期的 UNIX 网络环境演化为依赖"文件服务器"共享数据的方式。

使用专门的服务器来提供共享数据存储，拥有大量的存储磁盘空间，保证数据的安全可靠是必须的。同时，单台服务器承担着众多服务器的访问需求，需要对文件共享服务器进行文件 I/O 方面的优化。除此之外，操作系统的额外开销是不必要的。因此，在这种方式下使用的计算机应当配有只具备 I/O 功能的"瘦"操作系统连接到现有的网络中，除此以外的功能，都不是这类型服务器必需的。网络中的用户能够像访问自己工作站上的文件一样访问这台特殊服务器上的文件，从根本上实现整个网络中所有用户对文件共享的需求。早期 UNIX 环境下的 TCP/IP 网络示意图如图 8-2 所示。

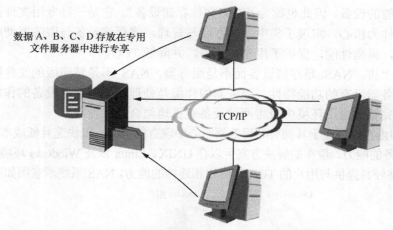

数据 A、B、C、D 存放在专用
文件服务器中进行专享

TCP/IP

图 8-2 早期 UNIX 环境下的 TCP/IP 网络示意图

随着网络的发展，网络中不同计算机间的数据共享需求越来越多。大多数情况下，人们希望网络中的系统和用户可以连接到特定的文件系统并访问数据，从而可以像处理本地操作系统中的本地文件那样来处理来自共享计算机的远程文件，进而可以为用户提供一个虚拟的文件集合，这个集合中的文件并不存在于本地计算机的存储设备中，其位置实际上是虚拟的。这种存储方式的发展方向之一就是与支持 Windows 操作系统的传统客户机/服务器环境相集成。这涉及诸如 Windows 的网络能力、专用协议以及基于 UNIX 的数据库服务器等问题。在最初的发展阶段中，Windows 网络由一种至今仍在使用的网络文件服务器组成，并且使用一种专用的网络系统协议。早期的 Windows 文件服务器示意图如图 8-3 所示。

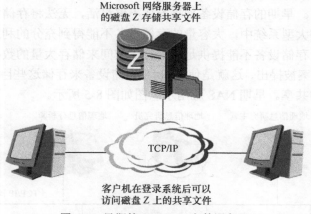

Microsoft 网络服务器上
的磁盘 Z 存储共享文件

TCP/IP

客户机在登录系统后可以
访问磁盘 Z 上的共享文件

图 8-3 早期的 Windows 文件服务器

文件共享服务器的出现使数据存储趋于向集中式存储发展，这种趋势使得集中的数据和业务量也飞速增长。因此，专注于文件共享服务的 NAS 产品应运而生。

NAS 通常在一个 LAN 上拥有自己的节点，无需应用服务器的干涉，NAS 允许用户通过网络直接存取文件数据，在这种配置中，NAS 将集中管理和处理网络上的所有共享文件，将负载从应用或企业服务器上释放出来，有效降低总体拥有成本（total cost of ownership，TCO），保护了用户的投资。简单来说，NAS 设备就是连接在网络上，具备文件存储功能的设备，因此也称为"网络文件存储设备"。它是一种专用文件数据存储服务器，以文件为核心，实现了集中文件存储与管理，将存储设备与服务器彻底分离，从而释放带宽，提高性能，保护了用户的投资，并降低 TCO。

从本质上讲，NAS 是存储设备而不是服务器。NAS 不是精简版的文件服务器，它具有某些服务器没有的功能特性。服务器的作用是处理业务，存储设备的作用是存储数据，在一个完整的应用环境中应将两种设备有机地结合起来使用。

NAS 的内在价值在于其拥有利用数据中心中现有的资源，以快速且低成本的方式提供文件存储服务的能力。现在的解决方案可以在 UNIX、Linux 以及 Windows 环境之间实现兼容，并且能够轻易提供与用户的 TCP/IP 网络相连接的能力。NAS 系统示意图如图 8-4 所示。

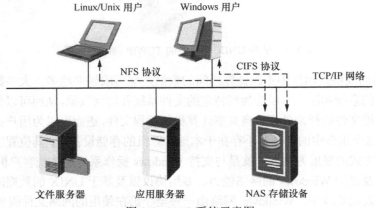

图 8-4　NAS 系统示意图

早期的 NAS 存储设备是基于 UNIX 的，广泛应用于学术研究、科学计算和计算机科学方面的研发中。早期的存储设备部署方式不够灵活，无法将存储资源有效地加以利用与管理。在一些大型系统中，大容量的存储设备不能得到充分的利用；另一方面，在一些小型系统中，存储设备不能提供足够的存储空间来储存大量的数据。为了解决这个问题，一种解决方案被提出，这就是使用 NAS 存储设备来存储这些巨大的文件，并实现该文件在网络中的共享。早期 NAS 应用示意图如图 8-5 所示。

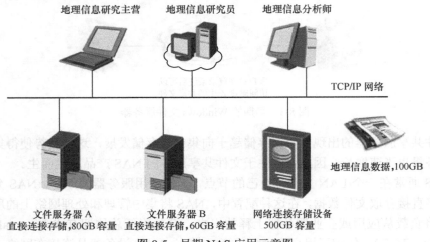

图 8-5　早期 NAS 应用示意图

8.2　NAS 系统组成与部件

8.2.1　NAS 的组成

　　NAS 设备通常具有计算机的基本结构，如磁盘、RAM 以及处理器等。因此 NAS 可以不依靠计算机而独立地工作。NAS 设备能够安装操作系统，一般来说，NAS 安装的是实时操作系统（real-time operating system，RTOS），RTOS 是一种特殊的操作系统，这一类的操作系统专门为一些特定的任务设计，能够提供一些经过优化的、高效的系统服务。例如，针对 NAS，RTOS 可以提供高效的文件管理功能并具备高效的 I/O 能力，当然，NAS 也能够安装普通的操作系统。通过操作系统，NAS 设备能够轻松地与用户的 TCP/IP 网络相连接。此外，对于基于 UNIX/Linux 的 NFS 以及基于 Windows 的CIFS，NAS 设备允许这两种文件系统同时对其进行访问。NAS 组成示意图如图 8-6 所示。

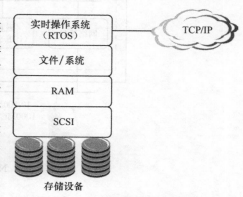

图 8-6　NAS 组成示意图

8.2.2　NAS 的硬件结构

　　NAS 的硬件可以分为核心控制部分和存储子系统两部分，前者主要包括处理器、内存、网络适配器和磁盘接口；后者通常使用磁盘阵列。

　　在 NAS 中，有大量的数据需要通过网络与其他计算机交换，因此，多数的 NAS 设备配备了千兆以太网卡接口，同时采用多个网卡链路聚集乃至多台 NAS 设备集群等技术，从而充分利用处理器的计算能力以及系统的总线带宽，以获得极高的吞吐率。NAS 磁盘接口一般选用 IDE、SCSI 或光纤通道。

　　NAS 的存储子系统中的存储设备通常使用磁盘阵列，这样能够存储大量的数据以及获得较高的 I/O 吞吐率，也可以利用磁盘阵列的冗余数据增加 NAS 的数据安全性与可靠性。此外，目前也有少量的 NAS 服务器会使用磁带库或者光盘库作为额外的存储设备。NAS 的基本硬件结构如图 8-7 所示。

　　NAS 设备上有一个或多个网络接口卡。NAS 设备通过网卡与 LAN 相连，再通过 LAN 与客户机或网络上的其他服务器相连。由于 NAS 设备与外界的所有通信都经过网卡，为了不让网络接口成为新的系统瓶颈，NAS 设备应采用高速网卡，甚至可以采用多网卡。NAS 系统的网络接口应满足高峰时期系统对 NAS 网络带宽的需求。

　　NAS 设备与存储子系统的接口可以是 IDE、SCSI、SAS 或 FC，这些接口的带宽也会影响系统的性能。NAS 设备应有足够的 I/O 总线或 I/O 通道处理速度与带宽，以便应对网络系统高峰时的用户需求。

　　NAS 设备与存储子系统的接口也影响它的存储容量。一个 IDE 接口只能连接 2 块硬盘，一条 SCSI 总线可以连接 16 块硬盘，一个 SAS 或者 FC 通道可以连接 SAN 并进而连接无数块硬盘。如果 NAS 设备通过 SAS 或者 FC 通道与 SAN 连接，则 NAS 设备同时又是 SAN 架构中的一个主机系统。

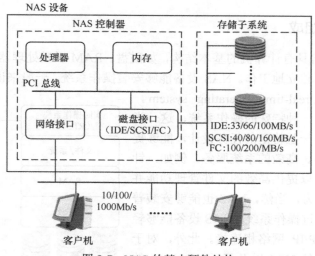

图 8-7　NAS 的基本硬件结构

8.2.3　NAS 的软件组成

NAS 要求能够实现大量数据的存储与备份，在此基础上还需要提供稳定而高效的数据传输服务，这样的要求仅仅依靠硬件是无法完成的，NAS 还需要一定的软件来实现这样的要求。NAS 的软件按照功能可以划分为操作系统、卷管理器、文件系统、网络文件共享和 Web 管理 5 个模块，如图 8-8 所示。

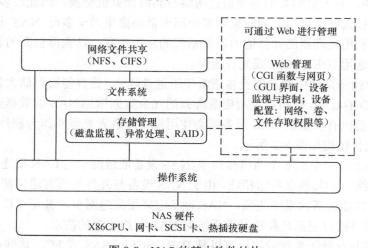

图 8-8　NAS 的基本软件结构

1. 操作系统

NAS 通常采用 32 位或者 64 位的 UNIX/Linux 或 Windows 操作系统。NAS 的操作系

统针对 NAS 的功能以及硬件条件进行了独有的设计与优化，从而保证 NAS 能够更加高效地运行。NAS 的操作系统通常具备高度稳定性的内核并支持多线程与多任务操作，这样的设计在确保 NAS 系统安全稳定的基础上，提供了并行化的读写能力，使 NAS 能够实现更高的数据吞吐率。

2. 卷管理器

在 NAS 中，卷管理器主要负责磁盘与分区的管理，磁盘管理最重要的工作是监测磁盘的工作状况，并对一些异常情况（如坏道等）进行处理；分区管理最主要的工作是配置与管理逻辑卷。

卷管理器的引入，增强了数据的安全性与可靠性，此外，还使数据在实际的存储设备上的存储更加灵活，易于组织。

3. 文件系统

文件系统对磁盘上的数据进行组织、分配与记录，并将数据抽象为文件，以供上层的系统或用户访问与使用。在 NAS 中，作为管理存储设备上保存数据的工具，文件系统具有如下特点。

（1）支持大量以及大体积文件的存储。

（2）支持多个进程或多名用户访问文件并提供保证访问一致性的机制。

（3）具备日志文件系统的功能，从而能在系统非正常关闭（系统崩溃、停电等）的情况下，在下一次系统启动后迅速恢复存储的数据，使 NAS 具有较高的安全性与可靠性。

（4）拥有快照（snapshot）功能。能够恢复被用户误修改或误删除的文件，以及实现备份窗口为零的文件系统热备份。

4. 网络文件共享

不同的计算机在数据传输方式、网络协议上可能不同，为了支持不同的计算机访问 NAS 上的数据，NAS 需要支持多种数据传输方式与网络协议，此外，NAS 还需要实现不同协议、文件系统之间数据的高效传输。因此 NAS 设备通常具有较好的平台无关性。

5. Web 管理模块

NAS 的 Web 管理模块方便了对 NAS 设备的远程管理。Web 模块能够接收远程的请求与命令，并根据接收到的请求与命令，控制 NAS 完成相应的工作。通过 Web 模块，用户能够利用浏览器对 NAS 设备进行操作并监控 NAS 设备的工作状态。因此，用户只要拥有适当的管理权限，就可以在网络上的任何接入点的任何操作系统平台上对 NAS 设备进行操作与监控，极大地方便了对 NAS 设备的管理。

8.3　NAS 文件系统 I/O 与性能

8.3.1　网络文件系统概述

NAS 设备支持对公用互联网文件系统（common internet file system，CIFS）或网络文件系统（network file system，NFS）进行读写，也支持同时对二者进行读写。NAS 文件系统示意图如图 8-9 所示。

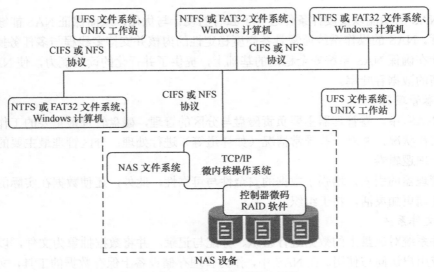

图 8-9　NAS 文件系统示意图

8.3.2　CIFS

CIFS（Common Internet File System）是由微软的 SMB（Server Message Block）发展而来的一个公共、开放的文件系统。SMB 是微软基于 NetBIOS 设定的一套文件共享协议。通过 CIFS，用户可以访问远程计算机上的数据。此外，CIFS 提供了一定的机制来避免读写冲突与写写冲突，从而支持多用户访问。

为了让 Windows 和 UNIX 计算机达成资源共享，让 Windows 客户不需要更改设置，就能像使用 Windows NT 服务器一样使用 UNIX 计算机上的资源，最好的办法是在 UNIX 中安装支持 SMB/CIFS 协议的软件。当所有主流的操作系统都支持 CIFS 之后，计算机之间的交流就方便了。Samba 帮助 Windows 和 UNIX 用户实现了这一愿意。人们建立基于 CIFS 的共享服务器，将资源共享给它的目标计算机，目标计算机在自己的系统中通过简单的共享映射，将 CIFS 服务器上的共享资源挂载到了自己的系统中，把它当成自己本地文件系统资源一样来使用。通过一个简单的映射，计算机客户就从 CIFS 服务器上得到了它想要的一切共享资源。

8.3.3　NFS

NFS（Network File System）是由 Sun 公司开发的，NFS 使用户能够共享文件，它的设计是为了在不同的系统之间使用，所以其通信协议设计与主机及作业系统无关。当用户想用远程文件时，只需要使用挂载命令，就可把远程的文件系统挂载在自己的文件系统之下，使用远程文件和使用本机的文件没有什么区别。

NFS 的平台无关的文件共享机制是基于 XDR/RPC 协议实现的。

外部数据表示（eXternal data representation，XDR）可以转换数据格式。通常，XDR 将数据转换到一种统一的标准数据格式，从而保证在不同的平台、操作系统与程序设计语言中，数据表示的一致性。

远程过程调用（remote procedure call，RPC）请求远程计算机给予服务。用户通过网络将请求传送到远程计算机，由远程计算机完成请求的处理。

NFS 利用虚拟文件系统（virtual file system，VFS）机制，将用户对远程数据的访问请求，通过统一的文件访问协议和远程过程调用，发送给服务器处理。NFS 不断发展，从 1985 年出现至今，已经经历了 4 个版本的更新，被移植到了几乎所有主流的操作系统中，成为分布式文件系统事实上的标准。NFS 出现在一个网络状态不太稳定的时代，起初是基于 UDP 传输的，而并未采用可靠性较高的 TCP。虽然 UDP 在可靠性较好的局域网中工作良好，但在可靠性较差的广域网如互联网上运行时，则不能胜任。当前，随着 TCP 的改进，运行于 TCP 上的 NFS 可靠性高、性能良好。

8.3.4　CIFS 与 NFS 的比较

CIFS 与 NFS 的比较如表 8-1 所示。

表 8-1　　　　　　　　　　　　　　**CIFS 与 NFS 的比较**

	CIFS	NFS
传输特点	基于网络，可靠性要求高	独立于传输
易用性	无需额外软件	需要安装专用软件
安全性	无法进行错误恢复	可以进行错误恢复
文件转换	不保留文件格式特性	保留文件格式特性

8.4　NAS 技术

8.4.1　NAS 技术的实现

1．传统 NAS

传统的 NAS 文件服务器是功能单一的简化型服务器，在架构上较为简单，键盘、鼠标、显示器、声卡、扩展插槽、各式连接口等都不需要，其在外观上就像一个机箱，只需电源与简单的控制钮。

传统的 NAS 服务器使用以太网和 TCP/IP 协议，当进行文件共享时，利用 NFS 或 CIFS 分别与 UNIX/Linux 或 Windows 系统通信。传统 NAS 系统的优势也是显而易见的。

- 部署非常简单，只需与传统交换机相连即可。
- 成本较低，投资仅限于一台 NAS 服务器，而不像 SAN 是整个存储网络。
- NAS 服务器的管理非常简单，支持 Web 界面的客户端管理，对熟悉操作系统的网络管理员来说，管理设备非常容易。

2．NAS 引擎

传统的 NAS 存储设备在文件存储工作中遇上了新的性能及扩展性问题，毕竟传统的相对成熟的 NAS 存储系统，是在存储资源比较昂贵、数据产生速度较慢的环境下产生的，在如今信息爆炸的环境下，新的 NAS 解决方案可以借助集群技术来提高存储的容量、性能、可用性和可靠性。

SAN+NAS 引擎的组合方案，主要用于将多个文件服务器整合到一个集中管理的存储环境内。通过 NAS 网关（即 NAS 引擎）来调节当前 SAN 系统的负载平衡和资源分配，是一个优秀的解决方案。目前大多数主流品牌的存储供应商均推出各自的 NAS 网关产品，这也促进了"SAN+NAS 引擎"组合方案的广泛普及。NAS 网关拥有高度的灵活性和可扩展性，能够更好地利用存储资源，而且可以同时管理 NAS 和 SAN。除了这些优点之外，由于不同类型的 SAN 存储阵列应用日渐增多，NAS 网关也越来越受用户的青睐。

3. WSS

WSS（Windows Storage Server）是基于 Windows Server 开发的专用网络附加存储服务器（NAS）系统专用软件，旨在实现网络存储的可靠性、无缝集成以及最佳价值。WSS 可与现有的基础设施集成，并且支持跨平台的文件共享服务以及所存储数据的备份和复制。若要将多个文件服务器合并为可降低成本并且可基于策略来管理存储资源的单一解决方案，WSS 将是理想的解决方案。

WSS 包括高级的可用性功能，如基于时间点的数据副本、复制以及服务器群集功能。WSS 解决方案是预先配置好的，在几分钟内就可以完成默认部署，其基于 Web 的用户界面也使得管理变得非常容易。借助 WSS 与现有基础设施集成，企业完全可以使用常见的网络环境、标准的管理软件以及 Active Directory 服务。原始设备制造商（OEM）提供了预配置的 WSS 解决方案，其大小从几百 GB 到数 TB 不等。

8.4.2　NAS 技术的特点

由 NAS 的结构可知，NAS 设备具有以下特点。

1. 安装简单、管理方便

NAS 设备在网络中的位置没有限制，系统管理人员可以依据网络系统对数据存储的需求和网络中的数据流量来设置 NAS 设备，不需要构建专用的网络，并且由于 NAS 设备上有网卡、操作系统和标准的网络协议，因而可以很方便地将其连接到网络环境中，只需很少的配置就可以投入运行。

2. 具有文件接口、兼容性好

最重要的一类 NAS 设备是文件器（filer），这是一种专门提供文件服务和文件存储的 NAS 设备。因而 NAS 设备对外界的接口通常是文件，也就是说，用户看见的 NAS 设备是文件服务器，而不是块数据设备，是文件的集合，而不是数据块的数组。由于使用标准协议，所以可以方便地将不同厂商的 NAS 产品集成在一起。

3. 共享简易、可靠性高

NAS 设备采用标准的网络协议和标准的网络文件系统，因而能够轻易地支持多个系统之间的数据共享。NAS 设备中不再拥有冗余的成分和模块，NAS 设备的软硬件都经过了优化设计，具有较高的性能。

4. 性能优越、管理成本低

NAS 设备的软、硬件都经过了优化设计，并去除了冗余的成分和模块，因而 NAS 的设备具有较高的性能。由于 NAS 设备很容易构建和管理，并可以支持多种操作系统和文件系统，所以由 NAS 设备组成的网络存储系统的管理成本较低。

5. 降低通用服务器负荷、扩展性好

NAS 设备的使用，使网络上的其他服务器可以不再管理外部存储设备，可以将更多的资源用于处理其他重要工作。当系统的存储资源紧张时，可以增加 NAS 设备的磁盘数量，也可以新增一台 NAS 设备，两种方法都比较容易。

8.5 NAS 解决方案

8.5.1 NAS 的应用

1. NAS 的传统应用——海量存储

NAS 首要的用途就是解决人们对共享数据的存储需求。共享数据从以前的以服务器为中心的存储方式转变到以网络为中心的网络核心存储架构。在办公环境中增加一个 NAS 存储设备，整个办公网络上的所有用户、工作站和服务器集群就能使用数 TB 甚至更大的存储空间，而且这种集中式的数据共享为数据的增长、备份都提供了更为方便的途径。

2. NAS 的现代应用——应用平台存储

Web、FTP、邮件服务是互联网中最为重要的应用，近年来实现了飞速增长，视频点播、资料查询等应用平台也在互联网中蓬勃发展，这些应用平台的数据存储单纯依靠服务器的存储容量是远远不够的，而且随着人们对数据、信息的依赖，要求数据保护有更高的可靠性和更少的备份窗口。NAS 成为这些应用平台的首选。NAS 的大容量网络存储空间可满足存储需求。NAS 存储设备有着简单的管理模式，而且存储系统支持多用户、多平台的数据共享，能集中管理数据并拥有完善的数据保护措施。

3. NAS 的结构化应用——NAS 与数据库系统的联合

NAS 存储系统一直应用于非结构化的二进制文件，而随着 NAS 的发展，一些 NAS 厂商开始和数据库厂商合作，将 NAS 存储应用到数据库的结构化数据。

4. NAS 的普及应用——NAS 数字家庭应用

作为一种存储共享设备，NAS 以往通常只在企业环境中才会出现，然而随着个人存储需要的增长，尤其是像 HDTV、高像素相片这类文件的流行，文件越来越大，存储、备份这些庞大的资料都比较麻烦，这促成 NAS 走入家庭。

5. NAS 的高级应用——NAS 远程备份容灾

NAS 作为一个网络存储设备，直接与网络相连，支持 TCP/IP，因此主流的基于 IP 的备份、容灾方式都能在 NAS 上快速实现。一些 NAS 存储设备厂商与数据保护软件合作，将 NAS 设备直接集成为备份软件的客户端，轻易地实现数据的备份、容灾。

6. NAS 的集群应用——集群机头+后端存储

为解传统 NAS 系统之忧，华为公司借助集群技术来提高存储系统的容量、性能、可用性、可靠性，自主研发集群 NAS 产品 OceanStor N8500。

与传统 NAS 相比，集群 NAS 有以下三个方面的优点。

（1）存储空间的海量性与可扩展性。当企业数据的存储容量不足时，存储系统要能够实现在线容量的扩展而不中断前端主机业务的访问。N8500 集群 NAS 系统可在线将存储单元数据扩充至 64 台，最大容量达到十数 PB（1PB=1 024TB=1 048 576GB）。后端存储单元支持传统机械硬盘和 SSD 固态硬盘，FC、SAS 及 SATA 等磁盘接口，以及后端存储单元不同磁盘类型的混插，借助自带的动态分级存储（dynamic storage tiering，DST）功能来满足数据在不同生命周期阶段的不同服务质量。

（2）多用户访问的并发性和全共享性。N8500 集群 NAS 的引擎节点，要为大量的用户提供并发服务，必须保证 N8500 NAS 引擎的计算能力和 I/O 带宽足够，N8500 集群 NAS 系统支持 2～24 个 NAS 引擎，其性能可随集群 NAS 引擎节点数量增加呈线性增长，可以在线平滑、快速地扩展集群节点来提高 N8500 系统的性能，也支持单个 NAS 引擎的硬件升级扩展（CPU、内存）。从不同层面提升整个集群 NAS 引擎的整体处理能力。

（3）集群设备的易用性和可用性。N8500 集群 NAS 存储系统易于管理和使用，支持新增引擎节点自动部署，并自动实现负载分担，无需人工干预。灵活的故障告警监控机制，提供邮件、SNMP 和 Syslog 日志查询等告警和监控方式，提高维护效率。引擎节点间采用 Active—Active 工作模式，保障在一个甚至多个节点出现故障时，不影响主机业务运行，从存储单元到链路再到 NAS 引擎，所有硬件设备全冗余设计，保障集群 NAS 设备的持续运行。

可见，OceanStor N8500 在 NAS 引擎、存储单元等层面组成的集群，其性能和容量等属性可通过集群的方式得以叠加和扩展，不但有效解决了高性能的文件共享问题，还兼顾了数据的高可用性及文件系统的高扩展性。

8.5.2　NAS 的典型应用场景

1. 办公 OA 解决方案
（1）用户面临的挑战

办公 OA 应用与服务的种类也较多，对于系统经营和管理能力要求较高，而业务运营经常需要信息/文档共享。因此 OA 办公解决方案组网如图 8-10 所示。

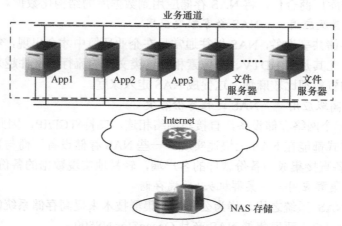

图 8-10　OA 办公解决方案组网

（2）该解决方案的优势

方便的数据集中存储与共享，实现了存储资源的整合。

安装调试简单，容易管理，对管理人员也没有特殊的要求。

开放的存储系统支持异构平台，支持多种文件系统共享一份数据。

自带有功能强大的数据保护功能。

优异的性价比：实施与维护成本低于普通文件服务器。

2. 医疗行业 PACS 解决方案

（1）用户面临的挑战

PACS 医疗影像系统每天都产生大量的影像数据，这些数据要求确保内容不被修改，并且要随时可供调用，还需要长期保存。医疗行业 PACS 解决方案组网如图 8-11 所示。

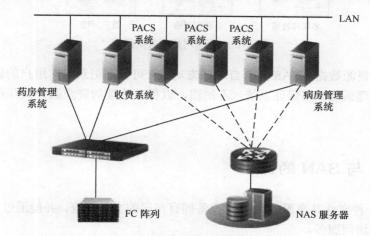

图 8-11 医疗行业 PACS 解决方案组网

（2）该解决方案的优势

该方案提供了一种容量大、安全性高、管理方便、数据查询快捷的物理介质来安全、有效地存储和管理这些数据。

使用 NAS 解决方案可以将医院放射科内的数字化图片安全、方便、有效地存储和管理起来，从而缩短了数据存储、查找的时间，提高了工作效率。

3. 校园网解决方案

（1）用户面临的挑战

现在学校需要大量的资源信息，以满足学生与教师的需求。随着校园内数据资源的不断增加，需要存储数据的物理介质具有大容量的存储空间和安全性，并要有非常快的传输速率，确保整个数据资料安全、快速存取。校园网解决方案组网如图 8-12 所示。

（2）该解决方案优势

NAS 提供了一个高效、低成本的资源应用系统。NAS 本身就是一套独立的网络服务器，可以灵活布置在校园网络的任意网段上，提高了资源信息服务的效率和安全性，同时具有良好的可扩展性，且成本低廉。

提供灵活的个人磁盘空间服务。NAS 可以为每个用户创建个人的磁盘使用空间，方便师生查找和修改自己创建的数据资料。

提供数据在线备份的环境。NAS 支持外接的磁带机，它能有效地将数据从服务器中传送到外接的磁带机上，保证数据安全、快捷备份。

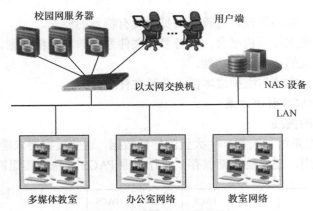

图 8-12　校园网解决方案组网

有效保护资源数据。NAS 具有自动日志功能，可自动记录所有用户的访问信息。嵌入式的操作管理系统能够保证系统永不崩溃，以保证连续的资源服务，并有效保护资源数据的安全。

8.6　NAS 与 SAN 的比较

NAS 是一种文件共享服务，NAS 设备拥有自己的文件系统，并能通过 NFS 或 CIFS 对外提供文件访问服务。

下面将在可扩展性、服务方式以及性能方面比较 NAS 与 SAN。

1. 可扩展性

NAS 与 SAN 都是网络存储系统，都负责管理存储资源，都通过网络向用户提供存储服务，都具有较好的扩展性。

2. 服务方式

NAS 和 SAN 的本质区别在于，对用户而言，SAN 提供的是块级数据的传输、存储服务，而 NAS 提供的是文件级的传输、存储服务；SAN 的文件系统建立在主机方，NAS 的文件系统则建立在 NAS 设备上。NAS 与 SAN 的差异如图 8-13 所示。

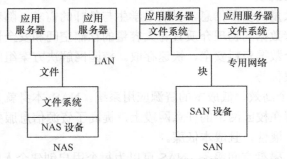

图 8-13　NAS 与 SAN 的差异

3. 性能

NAS 设备与网络服务器、用户客户机等共享供业务使用的局域网络（LAN），LAN

的性能容易成为系统瓶颈,当有大量存储操作时,会降低其他系统的运行速度。SAN 采用专用的存储网络,不占用 LAN 的带宽,不会因为过多的存储操作而降低其他网络应用的性能。

8.7　华为 NAS 产品实现与应用

8.7.1　OceanStor N8500 集群 NAS

N8500 是一款集群化的中高端 NAS 存储系统,针对高效数据共享产品的需求,具有灵活的横向及纵向可扩展性;可用于金融、政府、石油天然气、健康和生命科学、制造业、E-Discovery 等行业。

N8500 在 NAS&SAN(Storage Area Network & Network Attached Storage)一体化网络中所处的位置和应用如图 8-14 所示。

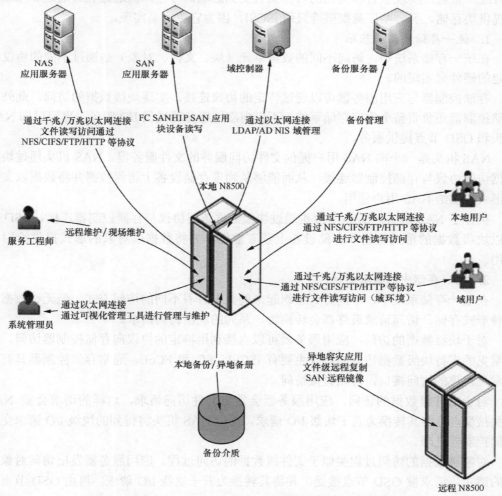

图 8-14　N8500 在 NAS&SAN 一体化网络中所处的位置和应用

N8500 业务应用可覆盖于以下领域。

- 互联网及大型局域网视频、音频共享和下载。
- 政府行业视频监控和卫星图像。
- 金融行业风险分析、证券公司、金融衍生贸易和文件映像。
- 媒体和娱乐行业视频摄取、编辑、制作加工和播放。

8.7.2　统一存储

统一存储实质上是一个可以支持基于文件的网络附加存储（NAS），以及基于数据块的 SAN 的网络化的存储架构。由于其支持不同的存储协议为主机系统提供数据存储，因此也称为多协议存储。统一存储是一项支持对以不同方式组织的数据采用对应的方式进行访问的技术。通常，统一存储支持同时访问以块、文件和对象等形式组织起来的数据。

统一存储要求实行统一管理，即一个存储系统要同时管理块数据和文件数据，如果没有统一管理，实现整合和简化的目标就会受到影响。一些厂商通过光纤通道和 iSCSI 来提供块存储，另一些厂商则坚持只用 iSCSI，因为它更容易实现。

1. 统一存储的系统基础

在统一存储系统中，访问不同的数据单元（块、文件、对象）是通过不同的协议与特定的硬件来实现的。

存储控制器与应用服务器可以通过特定的协议连接，实现块级数据的访问。此外，存储控制器还负责整个物理存储系统，不仅向应用服务器提供 I/O 服务，也可以向 NAS 机头和 OSD 节点提供服务。

NAS 机头是一个向 NAS 用户提供文件访问服务的文件服务器。NAS 机头通过块级数据访问协议与存储控制器连接，从而能够从物理存储设备上访问数据并将数据以文件的形式提供给 NAS 用户使用。

类似于 NAS 机头，OSD 节点也通过块级数据访问协议与存储控制器连接。OSD 节点以块级数据的形式从物理存储设备上获取数据，并将数据以对象的形式提供给用户使用。

2. 统一存储中的数据访问

在统一存储系统中，不同方式组织起来的数据有着不同的访问方式。但无论数据以何种形式存储，访问请求最终都会转换为一系列的块级访问请求。

对于块级数据的访问，应用服务器可以直接利用特定的协议向存储控制器访问。目前常见的支持块级数据访问的协议主要有 iSCSI、FC 和 FCoE，通常存储控制器具有这些常见协议的访问接口，可以直接访问。

对于文件级数据的访问，应用服务器会发出文件访问请求，这样的请求会被 NAS 机头接受，并将其转换为若干块级 I/O 请求，再由 NAS 机头将得到的块级 I/O 请求交给存储控制器处理。

对象级数据的访问过程类似于文件级数据的访问过程。应用服务器发出访问对象数据的请求，请求被 OSD 节点接受，并将其转换为若干块级 I/O 请求，再由 OSD 节点将得到的块级 I/O 请求交给存储控制器处理。

8.8　本章总结

完成本章学习，将能够：

- 了解什么是 NAS。
- 了解的发展历史。
- 熟悉 NAS 的演化过程。
- 熟悉 NAS 中 CIFS 的工作原理。
- 熟悉 NAS 中 NFS 的工作原理。
- 掌握 NAS 的应用。

本章从 NAS 的产生与发展、NAS 系统组成与部件、NAS 文件系统与 IO 性能、NAS 技术、NAS 解决方案等方面对 NAS 进行讲解。此外，结合前一章关于 SAN 的内容，对 NAS 和 SAN 进行比较与总结，并在最后介绍了华为的相关产品。

8.9　练习题

一、选择题

1. 以下哪些不是 NAS 的优点？（　　　）
　　A. 扩展性比 SAN 好　　　　　　　　B. 使用简便
　　C. 针对文件共享进行优化　　　　　　D. 针对块数据传输进行优化
答案（D）

2. NAS 通常支持的网络文件共享协议包括（　　　）。
　　A. FAT32　　　　　B. NTFS　　　　　C. NFS　　　　　D. CIFS
答案（CD）

3. NAS 的体系结构中包括（　　　）。
　　A. 操作系统　　　B. 文件系统　　　C. 网络接口　　　D. 存储子系统
答案（CD）

4. NAS 使用（　　　）作为其网络传输协议。
　　A. FC　　　　　　B. SCSI　　　　　C. TCP/IP　　　　D. IPX
答案（C）

5. NAS 对于（　　　）类型的数据传输性能最好。
　　A. 大块数据　　　B. 文件　　　　　C. 小块消息　　　D. 连续数据块
答案（B）

6. 通常而言，NAS 传输文件时，对业务网络的性能没有影响。（　　　）
　　A. Ture　　　　　B. False
答案（B）

7. NAS 的软件组件包括（　　　）。

　　　A．网络文件共享　B．文件系统　　　　C．操作系统　　　　　D．存储管理

答案（ABC）

8．相较于 DAS 而言，以下不是 NAS 特点的选项是（　　　）。

　　　A．NAS 是从网络服务器中分离出来的专用存储服务器

　　　B．与 DAS 相较而言，在 NAS 系统中，应用层的程序及其运行的进程是与数据
　　　　存储单元分离的

　　　C．NAS 系统与 DAS 系统相同，都没有自己的文件系统

　　　D．NAS 的设计便于系统同时满足多种文件系统的文件服务需求

答案（C）

9．NAS 系统功能强大、易于扩展，NAS 完全可以替代 DAS 架构。（　　　）

　　　A．True　　　　　　　B．False

答案（B）

二、简答题

1．现在 NAS 的功能日益丰富，甚至具备了多媒体功能，你认为 NAS 会取代个人
计算机吗？

2．简述 NAS 与 SAN 的区别。

3．除了 8.5 节中提到的 NAS 应用，你认为 NAS 还能用于何种环境？

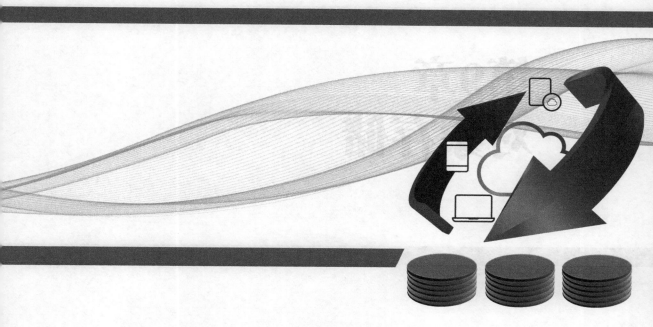

第9章
对象存储

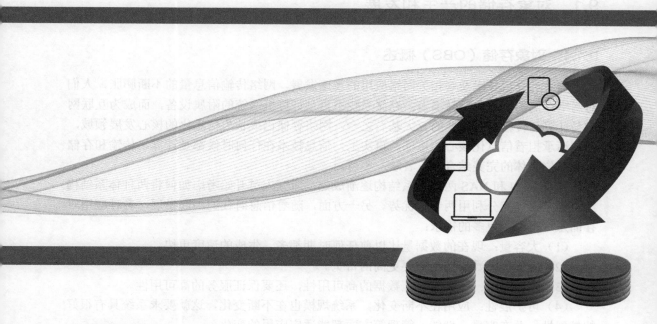

关于本章

　　对象存储是一种基于对象的存储技术。与传统意义上的提供面向块（block-oriented）接口的磁盘存储系统不同，对象存储系统将数据封装到大小可变的"容器"中，称为对象（object），通过对对象进行操作使系统工作在一个更高的层级中。

　　对象存储综合了NAS和SAN的优点，同时具有SAN的高速访问和NAS的数据共享等优势。本章主要介绍对象存储技术，包括对象存储技术的概念、发展、基本原理与实现，并与SAN、NAS技术进行了对比，还介绍了华为公司OceanStor UDS（Universal Distributed Storage）海量存储系统的应用。

9.1　对象存储的产生和发展

9.1.1　对象存储（OBS）概述

随着计算机技术及其相关网络应用的飞速发展，网络传输信息量的不断膨胀，人们对网络存储的需求也日益增多。存储系统不再是计算机系统的附属设备，而成为互联网中与计算和传输同等重要的三大基石之一，网络存储已成长为信息化的核心发展领域，并逐渐承担着信息化核心的重任。事实上，信息技术在任何时候都是计算、传输和存储技术三位一体的完美结合，三者缺一不可。

随着 SAN 和 NAS 两种体系结构逐渐成熟，研究人员开始考虑如何将两种体系结构结合起来，以充分利用两者的优势。另一方面，随着信息时代的不断发展，各种应用对存储系统提出了更多的需求：

（1）大容量：现在的数据量比以前任何时期都多，生成的速度更快。

（2）高性能：数据访问需要更高的带宽。

（3）高可用性：不仅要保证数据的高可用性，还要保证服务的高可用性。

（4）可扩展性：应用在不断变化，系统规模也在不断变化，这就要求系统具有很好的扩展性，并在容量、性能、管理等方面都能适应应用的变化。

（5）可管理性：随着数据量的飞速增长，存储的规模越来越庞大，存储系统本身也越来越复杂，这给系统的管理、运行带来了很高的维护成本。

（6）按需服务：能够按照应用需求的不同提供不同的服务，如不同的应用、不同的客户端环境、不同的性能等。

基于多种分布式文件系统的研究成果，人们对体系结构的认识不断深入，对象存储系统（object storage system/object-based storage system）应运而生。其综合了 NAS 和 SAN 的优点，同时具有 SAN 的高速访问和 NAS 的数据共享等优势。与传统意义上的提供面向块（block-oriented）接口的磁盘存储系统不同，对象存储系统将数据封装到大小可变的"容器"中，称为对象（Object），通过对对象进行操作使系统工作在一个更高的层级中如图 9-1 所示。

图 9-1　传统块存储与对象存储结构对比示意图

9.1.2　对象存储的发展趋势

对象存储技术起源于卡耐基梅隆大学（Carnegie Mellon University，CMU）并行数据实验室（Parallel Data Lab，PDL）于 1995 年开始的 NASD（Network-Attached Security Disks）项目。NASD 的基本思想是将处理器集成到磁盘驱动器，使它具有一定的智能，能够独立管理自身的安全、存储和网络通信。为此 NASD 提出四点创新：直接向客户端传送数据、通过加密实现安全接口、异步非临界通道（客户端在大多数情况下并不需要向文件系统发送同步请求）以及大小可变的数据对象。

自 NASD 项目之后，工业界迅速开发了基于对象的存储系统，其中著名的有：

- Oracle 公司的 Lustre。
- Panasas 公司的 ActiveScale。
- IBM 公司的 Storage Tank。
- Intel 公司的运用 iSCSI 和 OSD 的参考原型——Intel's Open Storage Toolkit。

Lustre 是高性能的集群系统，在美国能源部（U.S. Department Of Energy，DOE）、Lawrence Livermore 国家实验室、Los Alamos 国家实验室、Sandia 国家实验室及 Pacific Northwest 国家实验室的高性能计算系统中已得到了应用，IBM 研制的 Blue Gene 也采用了 Lustre 文件系统实现高性能存储。Panasas ActiveScale 是卡耐基梅隆大学 NASD 项目的后续研究成果，是工业界比较有影响力的对象存储文件系统，并荣获了 ComputerWorld 2004 创新技术奖。

学术机构也对对象存储技术做了深入的研究，其中著名的有：

- IBM Haifa 实验室的 Antara。
- IBM Haifa 实验室的 zFS 及其对象控制器原型 Object Store。
- 卡耐基梅隆大学基于对象的原型系统 Ursa Minor。
- 加州大学 Santa Cruz 分校的 Ceph 系统及其对象文件系统 OBFS（Object-Based File System）。

在上述几个系统中，IBM Haifa 实验室提出的 Antara 是对象存储方面最早的原型系统。Haifa 实验室还提出了专用的对象文件系统，但仅停留在概念阶段，该系统是 zFS 及 Object Store 的基础。Object Store 是 IBM 实现的基于对象真正的原型系统，其成果主要用于 zFS。Object Store 把对象作为文件存储在传统的文件系统之上，以块设备作为存储介质，使用 iSCSI 作为 SCSI 命令的传输层，并以此为基础，实现了 OSD 启动器（OSD Initiator）和目标器（OSD Target）。

卡耐基梅隆大学在 NASD 的基础上，实现了一个基于对象的原型系统 UrsaMinor。该系统以对象为单位选择合适的数据分布（包括编码和容错等），满足用户的访问模式、可靠性及成本需求。加州大学 Santa Cruz 分校的 Ceph 系统及其 OBFS 文件系统，可以挂载在 Linux 虚拟文件系统（VFS）下，这使客户端可以透明地访问整个存储系统，并基于负载热点研究，对对象文件系统进行了优化。

9.2　对象存储模型

9.2.1　对象存储体系结构

对象存储是一种新兴的存储体系结构。

传统的基于块的存储系统可以分为两个部分：用户接口和存储管理。用户接口负责向用户呈现逻辑数据结构，如文件、目录等，并提供访问这些数据结构的接口；存储管理负责将这些逻辑数据结构映射到物理存储设备。存储设备本身只负责基于块的数据传输，元数据的维护及数据在存储设备上的布局，完全取决于存储系统。不同平台之间共享数据，需要已知对方的元数据结构及数据在设备上的分布。这种依赖性使得共享数据十分困难。

对象存储则将数据封装到大小可变的"对象"中，并将存储管理下放到存储设备本身，这使存储系统可以对存储设备中的"对象"进行平台无关（platform-independent）的访问。存储系统仍需要维护自己的索引信息（如目录的元数据），以实现对象 ID 与更高层次的数据结构（文件名等）的映射；而对象 ID 与数据物理地址的映射，以及元数据的维护，完全由存储设备本身完成。这将不同平台之间的数据共享简化为对象 ID 的共享，大大降低了数据共享的复杂性如图 9-2 所示。

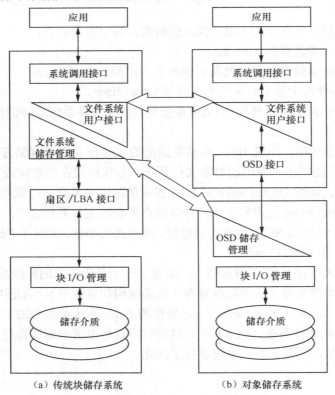

（a）传统块储存系统　　　　　（b）对象储存系统

图 9-2　基于块的存储系统与对象存储系统对比

9.2.2　对象存储基本定义

1. 对象

对象（object）是位于对象存储设备（OSD/object-based storage device）中的一个可变长度的有序字节集合。每个对象都与一个独一无二的标识符相关联，对象中的数据通过对象的标识符以及对象内的偏移量进行访问。它是对象存储的基本单元。

对象可以看作是文件和块的结合体。类似于文件，对象通过接口访问，这使数据能够安全地在不同平台之间共享；类似于块，对象是存储的基本单元，可以在存储设备中直接访问，不需要通过服务器。能够对存储设备进行直接的、类文件的访问是对象存储的主要优点。

SCSI-3 标准命令集定义了对象存储设备（OSD）的访问接口标准，即 OSD-3 标准。OSD-3 标准根据对象的不同用途，可以将对象进一步分为根对象（root object）、分区对象（partition）、集合对象（collection）和用户对象（user object）等，如表 9-1 所示。

表 9-1　　　　　　　　　　**根据 OSD-3 标准进一步划分对象**

类型		描述
表示存储数据的 OSD 对象	OSD 对象	根对象（root object）
		分区对象（partition）
		集合对象（collection）
		用户对象（user object）
表示瞬间应用客户行为的 OSD 对象	相关数据	属性（attribute）
	OSD 对象	权能（capacity）
		证书（credential）

（1）根对象

一个 OSD 逻辑单元有且仅有一个根对象。根对象的属性描述了 OSD 逻辑单元的全局特征，如逻辑单元的大小、逻辑单元包含的分区数等。根对象是 OSD 逻辑单元的起始点。

（2）分区对象

用户对象可以划分为不同分区，每一个分区用一个分区对象描述。

（3）用户对象

用户对象是保存用户数据的存储对象。对象中的数据通过字节偏移量访问。用户对象至多属于一个分区。

（4）集合对象

集合是另一种划分用户对象的方式。每一个集合对象代表一个用户对象的集合，它隶属于某个分区，包含此分区中的 0 个或多个用户对象。

（5）标识符

在 OSD-3 标准中，每个对象中包含两个标识符：Partition_ID 和 User_Object_ID。Partition_ID 为分区标识符，代表 OSD 逻辑单元中的一个分区；User_Object_ID 为对象标识符，每个对象都与一个独一无二的标识符相关联。

在 OSD 逻辑单元中，通过标识符的不同组合区分不同类型的对象，如表 9-2 所示。

根对象的 Partition_ID 和 User_Object_ID 均为 0；分区对象的 Partition_ID 由逻辑单元分配，User_Object_ID 为 0；用户对象和集合对象的 Partition_ID 为所属的分区号，User_Object_ID 由逻辑单元分配。

表 9-2   分区标识符和对象标识符的取值

Partition_ID	User_Object_ID	对象类型
0	0	根对象
$2^{20} \sim 2^{64}-1$	0	分区对象
$2^{20} \sim 2^{64}-1$	$2^{20} \sim 2^{64}-1$	用户对象/集合对象

2. 对象属性

对象属性（attribute）可以关联元数据与任意类型的对象。它包含一些对象的详细特征值，如对象占有的总字节数、对象最后修改的时间等。对象属性描述了对象被访问的方式，给予不同的存储系统共享同一组描述数据的信息的能力。

在 OSD-3 标准中，对象属性以页进行存储。对象关联的属性页（attributes page）由页号（attributes page number）标识。整个页号空间被分为数段，每段中的页号标识的页仅能与特定类型的对象相关联。例如，页号范围为 0x0～0x2FFFFFFF 的段仅能与用户对象关联。页号为 0xFFFFFFFF 的属性页可以关联任意类型的对象。在获取属性页的命令中，它表示返回属性页空间中所有与它类型相同的属性页。属性页的页号空间分段见表 9-3。

表 9-3   属性页的页号空间分段

页号范围	关联的对象类型
0x0～0x2FFFFFFF	用户对象
0x30000000～0x5FFFFFFF	分区对象
0x60000000～0x8FFFFFFF	集合对象
0x90000000～0xBFFFFFFF	根对象
0xC0000000～0xEFFFFFFF	保留
0xF0000000～0xFFFFFFFE	任意类型对象
0xFFFFFFFF	任意类型对象

同一个属性页中的所有属性拥有相同的源或用户。属性页中的属性由 0x0～0xFFFFFFFE 的属性号（attribute number）标识。在获取属性的过程中，获取最后一个属性号 0xFFFFFFFF 表示获取属性页中的所有属性。

9.3 对象存储的实现

9.3.1 对象存储系统结构

一个典型的基于对象存储的存储系统由用户终端（client）、元数据服务器（MDS）和对象存储服务器（OSS）组成。如图 9-3 所示它们通过高速以太网或独立布线连接，基于标准 SCSI-3 命令集进行数据通信。基于对象存储的存储系统结构如图 9-4 所示。

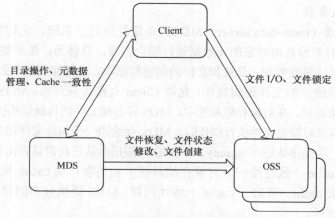

图 9-3　文件系统中三模块之间的关系

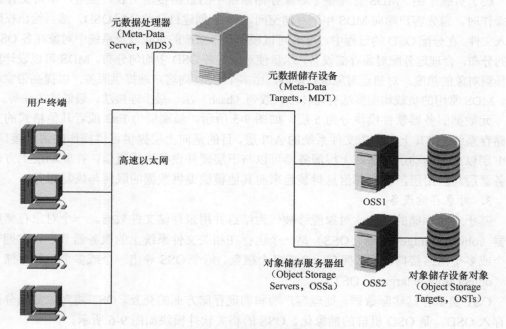

图 9-4　基于对象存储的存储系统

　　在存储系统运行时，用户终端首先向元数据服务器发送操作命令的请求。元数据服务器通过以下 3 个步骤处理请求。

　　（1）将用户终端文件系统中的逻辑数据结构映射到对象 ID。

　　（2）获取对象所在的设备号。

　　（3）赋予命令权限认证。根据元数据服务器返回的信息，用户终端可以直接与对象存储服务器进行数据交换。

　　1. 对象存储系统的客户端（client）和文件系统

　　为了使 client 能够直接管理存储设备并解释用户的操作，与对象存储设备（OSD）以及元数据服务器（MDS）进行通信以完成用户操作，对象存储系统提供给用户标准 POSIX 文件访问接口，允许其系统上的应用程序与标准文件系统操作无缝交流。

2. 元数据服务器

元数据服务器（meta-data server，MDS）是最复杂的子系统。它控制 Client 与 OSD 之间的交互，同时对设备内对象的元数据进行综合管理，具体为：维护整个系统的目录结构与权限控制，包括限额控制、目录和文件的创建和删除、访问控制等，提供全局的命名空间，为客户端提供统一的文件逻辑视图，允许 Client 直接访问对象。MDS 提供以下功能：

（1）存储对象访问。在对象存储系统中，MDS 将存储文件的目录结构提供给客户端。当用户通过客户端请求对特定文件执行操作时，MDS 会给出一个与此文件相关的 OSD 映射列表，同时给出客户端操作认证（capacity）。OSD 将根据此认证决定是否向客户端提供服务。

（2）client cache 一致性维护。对象存储系统中利用客户端 cache 来提升系统性能。由于引入 client 端 cache，带来了 cache 一致性问题。MDS 提供分布的锁机制来保证整个系统的 cache 一致性。

（3）负载平衡。MDS 管理整个对象存储系统中的数据传输负载。当用户申请文件存储操作时，首先客户端向 MDS 申请存储空间，MDS 创建目录并分配 OSD，然后给出权限写入文件。在分配 OSD 的过程中，MDS 可以根据整个系统的负载以及系统中对象在各 OSD 中的分布，合理地分配对象存储设备，尽量使对象在各 OSD 中均匀分布。MDS 可以设计算法预测对象的热度，对热点对象进行复制，由多个 OSD 向客户端提供服务，以提高带宽利用。MDS 常用的负载均衡算法有轮转法、散列（hash）法、最少连接法、最低缺失法等。

元数据服务器软件模块分为 5 层，如图 9-5 所示。最底层为 Ex3 或者其他格式的文件储存系统；在其上为相应文件系统的 API 层，目的是向上层提供可供操作的调用接口；API 层以上为驱动层，保证上层服务器可以与下层硬件设备进行通信；在驱动层上方是服务器层与应用层，将内部信息封装起来向其他模块提供数据的联网与恢复服务。

3. 对象存储设备

基于对象存储的概念。对象能够被作为结点并用来存储文件数据。一个对象存储服务器（object storage server，OSS）是一个运行在相关文件系统上的服务器节点。它拥有一个或多个网络接口，通常拥有一个或多个磁盘。每个 OSS 导出一个或多个对象存储目标（object storage targets，OST）。

OST 负责存储实际数据，处理客户端和物理存储方面的交互。OST 将对象数据分配并存入 OSD，是 OSD 机群的抽象化。OSS 的相关软件模块如图 9-6 所示。

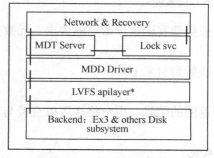

图 9-5　MDS 的软件模块

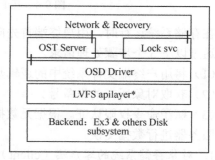

图 9-6　OSS 的软件模块

4. 对象存储设备

每一个对象存储设备（object storage device，OSD）都是智能设备，具有自己的磁盘、处理器、RAM 内存以及网络接口，负责管理本地的对象数据。OSD 是对象存储体系的基础。与传统块存储设备的不同之处是 OSD 为用户提供的命令接口，包括创建与删除对象、对单个对象内数据的读和写、设置或读取对象的属性。同时提供了对每个对象的每个命令进行访问控制的安全机制。

OSD 在对象存储系统中的主要功能有以下 3 个方面。

（1）存储数据。作为存储设备，OSD 也必须管理布局在标准磁道和扇区上的数据，这些数据只能通过它们的对象 ID 来访问，但无法通过"块"的形式被找到，即 OSD 只提供"对象"一级的接口，客户端访问 OSD 时，需提供特定对象的 ID、请求读写的数据在对象内的偏移地址、输出数据时连续段的长度以及设备权能，才能访问对象中的数据。

（2）智能分布。OSD 利用自身的处理器和内存优化数据分布，并且支持数据的预读取（pre-fetching）。在对象中利用属性（attribute）来定义负载需求，这些需求包括访问类型、读写模式、请求块大小等。设备通过一个属性映射（attribute mapping）引擎分析已有的对象属性来制定相应的布局策略，有针对性地将数据映射到设备，以满足相关需求目标。

（3）元数据管理。OSD 管理其上存储的对象的相关元数据。这些元数据与块存储设备中的元数据类似，包含了对象内数据在磁盘上的逻辑分布、时间戳、数据块的长度和对象的长度等。OSD 通过管理自身内对象的元数据来减轻元数据服务器（MDS）的负担。

9.3.2　T10 与 SCSI-3 标准命令集

随着对象存储逐渐走向标准化，以 CMU NASD 项目为基础，卡耐基梅隆大学在美国存储工业联盟（National Storage Industry Consortium）的组织下创建了 T10 工作组。现在，T10（参见 http://www.t10.org）是信息技术标准国际委员会（International Committee on Information Technology Standards，INCITS）的一个分支机构，其主要职责是为 SCSI 接口制订国际标准。T10 制订的 SCSI 存储标准包括一系列 SCSI 标准命令集（当前为 SCSI-3 标准命令集），如 SPC-4、SBC-3、SSC-4、MMC-6、SMC-3 和 OSD-3 等。这些命令集被广泛运用于各种现代的 I/O 接口中，包括 SCSI 接口、串行 SCSI（Serial Attached SCSI，SAS）接口、光纤通道（Fibre Channel，FC）接口、串行存储架构（Serial Storage Architecture，SSA）、IEEE1394 接口、USB 接口和 ATA/ATAPI（AT attachment packet interface）接口等。

SCSI-3 标准命令集定义了对象存储设备 OSD 的访问接口标准，即 OSD-3 标准。OSD-3 标准将存储对象定义为一个有序的字节集合，采用唯一的标识符与之对应。将对象分配并放置在 OSD 设备的逻辑单元上，通过标识符和对象内部的偏移地址进行访问。

在 OSD-3 标准中共定义了 23 种基本命令。基本命令通过命令描述块（command description block，CDB）来定义，并进行了大幅扩展，从 SCSI 命令原有的 10 字节扩展为 236 字节（可变长）。OSD-3 标准中的命令描述块 CDB 如表 9-4 所示，常见参数如下。

PARTITION ID：对象所在的分区对象标识符。

USER OBJECT ID：用户对象标识符，是 OSD 中全局唯一的对象标识符。

LENGTH or ALLOCATION LENGTH：读写命令请求传输的字节数或分配的字节数。

STARTING BYTE ADDRESS：请求读写的数据在对象内的偏移地址。

CDB CONTINUATION LENGTH：数据输出时 CDB 连续段的长度。

Get and set attributes parameters：获取/设置属性参数，与 GET/SET CDBFMT 控制位结合，说明该命令需要存储的属性或者属性列表。

Capability：OSD 设备的权能，根据权能来验证客户端是否执行该命令所赋予的权限。

Security parameters：安全性参数，用于验证命令的完整性。

表 9-4　　　　　**OSD-3 标准中的命令描述块 CDB**

字节 （Bytes）	位（Bit）							
	0	1	2	3	4	5	6	7
0	操作码 OPERATION CODE（7Fh）							
1	控制 CONTROL							
2～6	保留 Reversed							
7	附加 CBD 长度 ADDITIONAL CDB LENGTH（228）							
8～9	服务行为 SERVICE ACTION							
10	保留 Reversed			DPO	EUA	隔离 ISOLATION		
11	IMMED_TR	保留	GET/SET CDBFMT	命令特定选项 Command specific options				
12	时间戳控制 TIMESTAMPS CONTROL							
13～15	保留 Reversed							
16～23	PARTITION_ID							
24～31	USER_OBJECT_ID							
32～39	LENGTH or ALLOCATION LENGTH							
40～47	STARTING BYTE ADDRESS							
48～51	CDB CONTINUATION LENGTH							
52～79	获取/设置属性参数 Get and set attributes parameters							
80～183	OSD 设备的权能 Capacity							
184～235	安全性参数 Security Parameters							

9.4　对象存储的优点

9.4.1　对象存储解决信息丢失

随着网络存储技术的发展，系统对接口（interface）提出了更多的要求，以适应日益增长的存储需求。自磁盘驱动器诞生以来，磁盘密度及其性能都在飞速增长，而其存储接口却没有得到任何质的改变——仍然是基于数据块（block）的接口。尽管存储系统从基于数据块的接口（如小型微型计算机接口（small computer system interface，SCSI），中获益匪浅，但它却成为制约存储系统性能提升的重要因素。接口的存在，使得主机和存储设备都隐藏了很多各自的信息，无论上层的应用请求具备如何丰富的语义，到达系统底层的永远都是请求地址等信息。上层的信息在底层无法表达，该现象称为"信息丢失"现象，如图 9-7 所示。

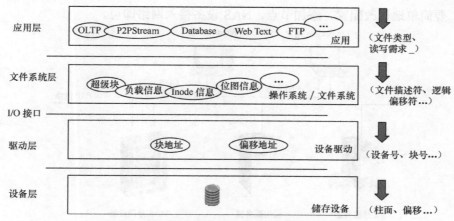

图 9-7　传统存储系统的"信息丢失"现象

用户向 P2P 流处理应用发送的顺序大块数据请求，经过文件系统和设备驱动到达存储设备时，信息已变成设备号和块号；用户向网页文本应用发送的随机小数据请求，在经过文件系统和设备驱动之后，到达存储设备的也变成了设备号和块号。同样地，即使用户对某些数据有着特殊的可靠性或安全性的要求，到达底层存储设备的信息，也只能是设备号和块号。随着存储系统规模和复杂度的不断增长，存储设备及配置选项的日益复杂，存储系统管理员将面临越来越大的压力。

为解决信息丢失问题，对象存储系统引入了"属性管理"概念，将属性作为描述数据的信息，一同封装入"对象"中。通常来讲，属性能够描述对象特点，或者记录对象的历史行为。通过属性信息，OSD 能够实现对其上数据的自管理。通过合理的设计算法，对用户访问对象存储设备的规律进行智能学习，提高对象存储设备的预读取命中率，从而提高对象存储设备的性能。

9.4.2　对象存储集合了 NAS、SAN 的优点

随着计算机技术及其相关网络应用的飞速发展，网络传输信息量的不断膨胀，人们对网络存储的需求也日益增多，存储系统不再是计算机系统的附属设备，而成为互联网中与计算和传输同等重要的三大基石之一，网络存储已成长为信息化的核心发展领域，并逐渐承担信息化核心的重任。其中 NAS、SAN 作为两类广泛应用的网络存储方式，选择它们作为对比的对象有着重要意义。下面分别介绍其差异。

1. NAS 与 OBS

网络附加存储（NAS）是一种将分布、独立的数据整合为大型、集中化管理的数据中心，以便于对不同主机和应用服务器进行访问的技术。NAS 本身能够支持多种协议（如 NFS、CIFS、FTP、HTTP 等），而且能够支持各种操作系统，可提供跨平台文件共享功能。通过任何一台工作站，采用 Web 浏览器就可以直观方便地管理 NAS 设备。NAS 文件系统概念图如图 9-8 所示。

NAS 的优势表现在以下几个方面。

- 高可扩展性：NAS 在网络中的框架没有限制，系统管理人员可以根据网络系统对数据存储的需求和网络中的流量动态设置 NAS 设备。扩展 NAS 网络时，只需

要简单地修改配置、添加节点，NAS 设备接入网络即可。

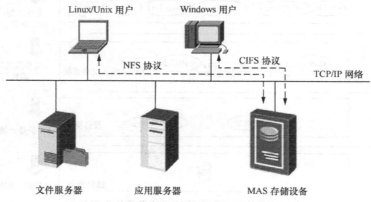

图 9-8　NAS 文件系统概念图

- 数据的高度兼容性与共享性：NAS 对外界的接口通常是文件。通过使用标准协议，可以将不同厂商的 NAS 产品集中在一起。目前，NAS 设备不仅支持多种操作系统（UNIX、Linux、Windows 等），而且支持多种网络协议（TCP/IP 等），使 NAS 支持多系统间的数据共享。
- 通用服务器的低负荷：NAS 在一定程度上可以自行管理其上的文件，因此网络上的其他服务器不需再对存储设备进行管理，可以将更多的资源用于其他系统工作。

NAS 的缺陷如下。

- 网络带宽问题：NAS 使用 LAN 进行数据传输，因此受限于企业的网络带宽，当同一企业的多台主机同时访问 NAS 网络时，NAS 的性能会大幅下降，甚至会出现不能满足用户需求的情况。
- 元数据处理瓶颈：NAS 的文件数据存放在多个节点上，由 NAS 服务器对元数据进行管理，随着现今数据的爆炸性增长，NAS 服务器需要处理越来越多的元数据，因此，元数据的处理性能逐渐成为制约 NAS 存储规模的瓶颈。
- 由协议引起的 IO 性能不佳：NAS 与外界的接口为文件，使用通用协议在 LAN 上进行数据传输，因此文件的存取都需经过协议的包装，随之带来了协议开销和通信延迟，这使得 NAS 在高性能 IO 集群中表现不佳。

NAS 与 OBS 的区别如下。

- 可扩展性方面：同为网络存储系统，NAS 与 OBS 都是基于 LAN 一级的文件协议进行数据传输，OBS 进行扩展的方式与 NAS 类似，只需简单修改配置、添加节点、OSD 接入网络即可，两者都具有非常好的可扩展性。
- 提供服务方式上：NAS 提供的是文件级的传输服务，文件系统创立在 NAS 设备上；OBS 通过向 OSD 提交对象 ID、偏移量和提取数据长度对数据进行读取，文件系统存在于主机方。
- 元数据处理方面：NAS 的文件系统建立在 NAS 方，在存储节点增多时面临瓶颈；OBS 中 90% 的元数据存储在 OSD 中，由设备自行管理，不存在元数据处理瓶颈。

2. SAN 与 OBS

存储局域网（SAN）是一种独立于业务网络系统之外的高速存储网络或子网络。存储设备是一台或多台用以存储计算机数据的磁盘设备，主要采用光纤通道作为传输媒体，同时应用 SCSI 或 iSCSI 两种以太网协议作为存储访问协议。SAN 以块作为基本访问单位，实现了高速共享存储目标如图 9-9 所示。

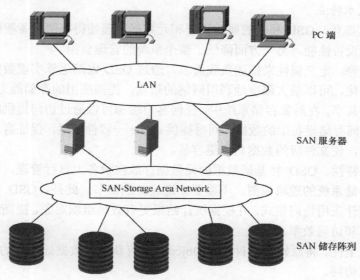

图 9-9　传统 SAN 工作概念图

SAN 的优势如下。

- 高可用性能：封装于光纤通道协议（FCP）的块级访问协议 SCSI 是从存储网络到服务器之间，数据传输效率最高的协议。同时存储网络内部使用光纤进行通信，保证了高带宽带来的高性能。
- 提高了数据的安全性和可靠性：SAN 以独有的机制建立了存储网络到客户端的多条通路，提高了数据的可靠性，SAN 也可以实现虚拟网络，以保证数据的安全性。
- 扩展性与兼容：SAN 网络除了支持 RAID 设备外，还支持 JBOD、磁带存储设备等多种设备，通过统一的 SCSI 协议将存储设备接入 SAN 网络，目前 SAN 的升级设备能够保证向下兼容，在提升网络性能的同时，确保以前设备的兼容性和投资有效性。

SAN 的缺陷如下。

- 高成本：SAN 网络的主要连接方式是光纤通道，专用的光纤通道、交换机和管理软件带来了较高的成本，随着现今需要处理存储的数据急剧增长，SAN 的规模越来越大，相应的支出也将越来越高。
- 传统框架带来的扩展困难：虽然 SAN 的硬件设施能够做到可扩展与兼容性，但是传统 SAN 基于硬性框架，存储阵列独立于 LAN，需要在数据中心自行布线，由主机控制硬盘配置，属于一种静态的配置。用户在配置 SAN 时，预留的扩展空间基本已经确定，随着今后对数据存储要求的提高，这种缺乏弹性的框架将成为 SAN 的一大问题。

SAN 与 OBS 的区别如下。

- 数据访问方面：SAN 面向用户提供块一级数据的传输，数据传输效率很高；OBS 面向用户提供对象一级数据的传输，数据传输效率较高。

- 数据安全方面：SAN 通过采用专用的存储网络隐藏原始数据，提供虚拟数据网络与用户进行数据交流；OBS 通过对象封装原始数据，只有使用 MDS 给出的认证（capacity），才能读取数据。两者都具有较高的安全性。

3. OBS 技术特点

- OSD 智能化。OSD 独有的属性管理和元数据管理使得存储设备智能化，一方面提升了设备性能，另一方面降低了整个系统的管理负担。
- 性能优势。定义属性来描述负载需求，通过 OSD 内部运算实现数据预读取和访问并行化，可以最大限度地利用网络的带宽，提高应用的存储能力。
- 高数据共享。在对象存储系统中，任何客户端都可以通过访问提供的标准文件接口，访问存储设备上的数据，同时提供 cache 一致性策略，保证客户端访问数据的一致，使文件级的数据共享更容易。
- 易管理特性。OSD 将基础数据的元数据存放在设备上自行管理。管理员只需要关注存储系统的逻辑视图，不需要知道设备的细节。此外，OSD 的智能化使其可以统计应用访问模式，并根据统计结果更有效地组织对象，提高设备的空间利用效率和访问效率。
- 数据安全性。将原始数据封装入 Object，只有获得元数据处理器的认证，才能执行用户访问。

对象存储与传统存储对比见表 9-5。

表 9-5   对象存储与传统存储对比

对象存储与传统存储对比				
	存储接口	存储系统	优点	缺点
块级存储（代表 SAN）	块	块存储设备	高性能，高安全	成本高，扩展性一般
文件存储（代表 NAS）	文件	块存储设备+文件系统	高扩展性，易管理，低成本	带宽低，延迟大，元数据瓶颈
对象存储（OBS）	对象	对象存储设备+管理程序	高并行性，高性能，良好的可扩展性	处于发展阶段，相应的软硬件支持不完善

9.5 本章总结

完成本章学习，将能够：

- 了解对象储存的发展历史。
- 掌握对象储存的基本概念（对象、OSD、MDS 等）。
- 掌握 OBS 的组成与结构，熟悉 OBS 内部各构件的功能与关系。
- 掌握 OBS 相对于传统存储结构的优点。

9.6 练习题

一、选择题

1. 对象存储系统与传统块存储系统的根本不同是（   ）。

    A．对象存储系统可以管理元数据

    B．对象存储系统提供对象一级的接口

    C．对象存储系统具有高数据共享性

    D．对象存储系统起步较晚

答案（B）

2．根据 OSD-3 标准，以下（   ）对象类型不是对 OBS 中对象的分类。

    A．根对象   B．集合对象   C．用户对象   D．数据对象

答案（D）

3．下列关于对象存储设备（OSD），描述正确的是（   ）。

    A．OSD 是智能设备   B．OSD 是块设备

    C．OSD 内部不存在处理系统   D．OSD 安全性较差

答案（A）

4．以下不属于元数据处理器的工作的是（   ）。

    A．负载平衡   B．cache 一致性维护

    C．通过网络与用户进行交流   D．存储对象访问

答案（C）

5．OBS 相较 NAS 的优势在于（   ）。

    A．突破元数据瓶颈   B．更高的可扩展性

    C．更易接入网络   D．极大的带宽优势

答案（A）

6．基于对象存储的文件系统中的模块包含（   ）。

    A．客户端   B．元数据处理器

    C．对象存储服务器   D．监视器

答案（D）

7．对数据存储服务器（OSS）的描述，错误的是（   ）。

    A．OSS 通常拥有一个或多个网络接口

    B．OSS 通常拥有一个或多个磁盘

    C．每个 OSS 导出一个或多个对象存储目标

    D．OSS 通常使用多种命令集

答案（D）

8．SCSI-3 标准命令集定义的对象存储设备 OSD 的访问接口标准是（   ）。

    A．OSD-3 标准   B．OSD-4 标准   C．OSD-5 标准   D．OSS-4 标准

答案（A）

二、简答题

1．简要描述基于对象储存的文件系统是怎样工作的，画出其中各主要构件的关系图。

2．什么是信息丢失问题？对象储存如何解决传统块储存设备中出现的"信息丢失"问题？

第10章
存储虚拟化技术及应用

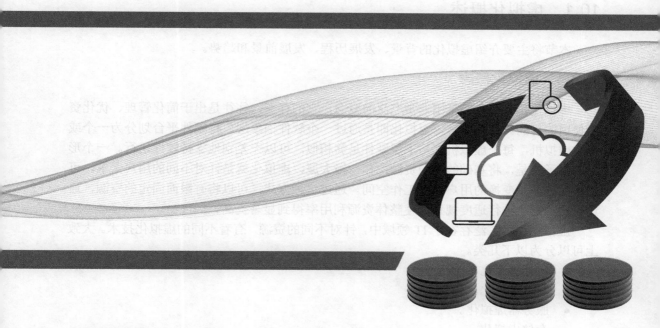

关于本章

虚拟化是一个涵盖范围非常广泛的概念，它的存在，往往是出于简化管理、优化资源使用的目的。简单而言，虚拟化即是通过一个软件抽象层，将硬件平台划分为一个或多个虚拟机，每个虚拟机都与下层硬件足够相似，可以无差别地支持软件运行。本章主要介绍虚拟化的概念、发展历程、前景和趋势，并对虚拟化技术做了简单的分类，之后详细、系统介绍存储虚拟化的技术细节。通过本章的学习，希望读者能了解存储虚拟化的基本架构。

10.1 虚拟化概述

本节将主要介绍虚拟化的背景、发展历程、发展前景和趋势。

10.1.1 虚拟化概念

虚拟化是一个涵盖范围非常广泛的概念，它的存在，往往是出于简化管理、优化资源使用的目的。简单而言，虚拟化即是通过一个软件抽象层，将硬件平台划分为一个或多个虚拟机，每个虚拟机都与下层硬件足够相似，可以无差别地支持软件运行。一个形象的例子就是，将基础的物理资源比作一幢大厦，虚拟化就是针对不同的用户需求，可以弹性分配及变换的用户个人工作空间。通过这种方式，可以将有限而固定的资源，通过不同的需求进行适度规划，使整体资源利用率得到显著提高。

虚拟化技术广泛存在于 IT 领域中，针对不同的资源，有着不同的虚拟化技术。大致上可以分为以下几类。

- 内存虚拟化。
- 网络虚拟化。
- 服务器虚拟化。
- 存储虚拟化。

诸如 VMware Workstation 等广为大众所接触的虚拟效果软件，使我们对虚拟化技术有了感性认知。但严格来看，虚拟化技术并不简单地是一个能实现虚拟效果的软件，它在技术层面的进步与追求具体表现在减少虚拟机的相关开销，实现更深层、更底层的虚拟化（诸如内存和存储的虚拟化），同时也能更广泛地支持各种操作系统。

虚拟化为计算能力、存储资源以及网络等其他资源提供了一个新的逻辑视图，这种资源的逻辑视图，并不会被底层物理资源的配置情况、地理位置和具体实现限制。它能够使资源相对于原始配置而言，处在更加有效的利用状态下。

10.1.2 虚拟化的发展和趋势

1. 虚拟化的起源和发展

对虚拟化历史的追溯可以从上个世纪开始，IBM 在 20 世纪 60 年代开发其 System/360^{TM} Model 67 大型机时，就对其所有的硬件接口进行了虚拟化。x86 平台上的虚拟化技术起步很晚，但是随着 x86 在市场上的巨大成功，x86 平台上的虚拟化技术得到了长足的发展。尤其是在 CPU 虚拟化技术出现后，x86 改变了其对虚拟化支持不佳的一贯形象。

根据实现虚拟化的代价，可以将虚拟化的发展历程分为两个阶段。

（1）初级阶段：在虚拟化的早期，人们着重于利用软件模拟出计算机的硬件和软件。它的实现是借助于引入的模拟层：模拟层与操作系统对话，操作系统则实现了与硬件的实际交互。处在模拟层之上的软件或者虚拟化出的操作系统，并不知道自己实际运行在模拟层之上。从其工作机理不难看出，这种虚拟化要付出巨大的性能代价。

（2）高级阶段：针对早期虚拟化的缺陷，在技术不断进步的前提下，人们越来越注重提高虚拟化的性能表现，虚拟化技术的发展也进入高级阶段。在模拟层（负责虚拟机器的指令转译）和硬件之间，并不需要再借助操作系统的干预，虚拟化技术主要基于系统的物理硬件来提升系统的整体性能。

2. 虚拟化的优势

虚拟化为资源分配管理带来了巨大的优势，这些优点则在虚拟化的发展中得到了不断的深化和提高，其主要集中在以下几点。

（1）提高资源的利用率。

（2）缩减物理基础架构和管理人员规模，节省开支。

（3）增加硬件和软件的结合程度，提高业务的可拓展性和连续性。

（4）增强物理硬件的灵活性，适应上层软件变化。

同时，由于虚拟化的技术特点，它可以很好地同当前的云计算技术结合，为信息产业注入新的活力。

3. 虚拟化面临的挑战

在为虚拟化带来的技术优势感到欢欣的同时，我们也需要正视虚拟化面临的诸多挑战。虚拟化发展面临的挑战主要集中在以下两个方面。

（1）**硬件使用效率**：如何在多机模式下，尽可能地发挥硬件的效率，仍是个显著的问题。同时，尽管虚拟层可以直接和物理层交互，其性能还是无法和操作系统层相同。

（2）**安全性问题**：由于虚拟层能够与底层硬件进行交互，因而安全就成为了同性能同等重要的问题。虚拟化技术通常面向多用户环境，因而其面临的安全风险也更大。

在软硬件管理开销逐年增加的今天，虚拟化能有效降低管理成本，提高系统利用率。虚拟化技术能实现资源的动态部署和分配，满足企业或用户复杂而多样化的需求。虚拟化技术给系统带来了更高的安全性、可用性和可扩展性。但是目前虚拟化技术还不完善，如虚拟化引入的性能开销导致其不能完全满足高性能计算的需求，而多机虚拟化的研究仍处于初级阶段，虚拟化安全机制、虚拟性能评测手段等仍在进一步的研究和发展之中。

10.2 虚拟化的分类

虚拟化自提出以来，深刻地影响到计算机技术的方方面面，包括存储、内存、网络、CPU、服务器、操作系统，等等。本节中将分别讨论各种虚拟化技术的应用。

10.2.1 内存虚拟化

内存虚拟化是指利用虚拟化技术实现计算机内存系统对内存的管理。从上层应用看来，内存虚拟化系统使得其具有连续可用的内存，即一个连续而完整的地址空间。从物理层来看，它通常被分割成多个物理内存碎片。当主存空间不足时，它可能还有部分数据暂存在外部的磁盘存储器上，在需要时，进行必要的数据交换。

VMM 虚拟机监视器（VMM virtual machine monitor）是实现各种虚拟化的重要部件。内存虚拟化需要对内存和硬盘上的虚拟内存拥有控制权，方便后续的管理和控制。

然而内存虚拟化也存在一定的缺陷，诸如大量使用图形处理和内存的应用程序、多媒体或复杂的计算程序，内存虚拟化并不能满足它们对计算和内存资源的消耗，因此，内存虚拟化技术对这些应用而言，并没有带来性能的提高。相反，由于需要一定的内存空间运行 VMM，反而会导致一定程度的性能下降。

10.2.2 存储虚拟化

存储虚拟化的主要思想就是将资源的逻辑视图和物理存储分离，从而为系统提供简化无缝的资源管理。

从用户的角度来看，虚拟化的存储资源就是一个巨大的"存储池"。用户不需要，也无法看到具体的磁盘磁带，也不需要关心自己数据的数据流，即数据由哪条路径通往哪个具体的存储设备。

从管理的角度来看，虚拟存储池采取集中化的管理，并根据具体的需求把存储资源动态分配给各个应用。例如，利用虚拟化技术，可以用磁盘阵列模拟磁带库，为应用提供速度像磁盘一样快，容量却像磁带库一样大的存储资源，这就是当今应用越来越广泛的虚拟磁带库（virtual tape library，VTL）。

兼容性是存储虚拟化技术必须考虑的一个问题。采用的存储虚拟化技术如果源自不同的厂商，那么在后续的升级和更新中，如果想替换原先的方案，则会增加系统更新的难度。

10.2.3 网络虚拟化

网络虚拟化是从软件抽象的角度，从物理网络元素中分离网络流量的一种方式。网络虚拟化与其他形式的虚拟化有很多共同之处。

对于网络虚拟化来说，抽象隔离了网络中的交换机、网络端口、路由器以及其他物理元素的网络流量。每个物理元素被网络元素的虚拟表示形式取代。管理员能够配置虚拟网络元素，以满足其独特的需求。网络虚拟化在此处的主要优势是将多个物理网络整合进更大的逻辑网络中，从而更加高效地进行网络资源分配，提高利用效率。

然而网络虚拟化依然面临一些技术上的问题。网络设备和服务器不同，它们一般主要执行高 I/O 任务，对于数据的处理往往会依赖于专有的硬件模块。例如，高速路由、数据包转发、加密（IPsec、SSL）、负载均衡等操作，都会依赖于专用处理器。如果简单地将网络设备重新定义为一个虚拟机格式，专用硬件就失效了，这些任务将交由通用的 CPU 执行。因此，有时会导致性能显著下降。

10.2.4 服务器虚拟化

通过对服务器资源视图的抽象，可以构建一个针对服务器资源的逻辑视图。如此一来，服务器将不会受到物理上的限制。和存储虚拟化的思想类似，我们将服务器提供的 CPU、内存、磁盘、I/O 等硬件形成可以集中管理的资源池，通过集中式的动态按需分配，可以提高资源的利用率，简化对复杂系统的管理，同时使服务器能够穿越物理地域的限制，更加动态灵活地让 IT 业务多样化地发展。

服务器虚拟化主要分为以下 3 种。

1. 一虚多

将一台服务器虚拟化为多台服务器，使各个服务器之间相互独立，互不干扰，为多个应用同时提供服务，增强了单台服务器的多用户处理能力。

　　2. 多虚一

　　将多个物理上独立的服务器虚拟化为一个逻辑服务器，使多台服务器协调工作，处理同一个任务。通过这种手段，能够获得性能更加强大的服务器性能，从而削减成本。与此同时，针对服务器的性能提升变得更加灵活。

　　3. 多虚多

　　其建立在前两者的基础之上，将多台物理服务器虚拟成一台逻辑服务器，然后再将其划分为多个虚拟环境，即多个业务在多台虚拟服务器上运行。这既能够提高服务器的多用户处理能力，也能更好地分配资源。当然，这样的服务器虚拟化方式实现起来比较复杂。

　　服务器虚拟化存在一些难以解决的缺点。首先服务器虚拟化并不适用于所有场景。针对一些高端应用，如果这些应用非常消耗计算资源，同时需要频繁地访问内存和硬盘，那么将服务器运行在虚拟环境下可能会导致性能无法满足需求。

　　再者，虚拟化服务器意味着对系统做了巨大的修改，一个新的复杂的虚拟层被引入了进来，如果虚拟服务器中的一个部件没有按计划正常运行，那么需要做相当多的额外工作寻找产生问题的根源，这会大大增加系统的维护和管理开销。

10.3　存储虚拟化的类型

　　本节将介绍两种常用的虚拟化技术：块级存储虚拟化和文件级存储虚拟化。

10.3.1　块级存储虚拟化

　　块级存储虚拟化技术将块存储单元（LUN）进行集合，从而实现了独立于具体的底层物理存储实现的虚拟存储卷配给。

　　在 SAN 中，虚拟层会对实际的物理存储设备做抽象化处理，形成一个可以容纳不同存储设备的存储池。虚拟卷可以被创建、指向存储池中一定大小的存储区域并分配给主机。因此，在逻辑上，存储数据的地址是指向虚拟卷的地址，而不是指向实际物理存储设备的地址。对于主机与存储阵列，虚拟层扮演了目标设备和发起设备两个角色。虚拟层将虚拟卷与存储阵列中的 LUN 进行映射。映射操作是对主机可见的，因此主机除了直接访问虚拟卷外，还可以通过访问物理卷的方式访问虚拟卷。一般而言，虚拟层通过一个专门的虚拟化设备进行管理，它与主机以及存储阵列都是连接的。

　　图 10-1 为一个虚拟化的环境。图中的两台物理服务器都被分配了一个虚拟卷。虚拟卷由上层的应用服务器使用。虚拟卷映射到存储阵列中的 LUN 上。当有 I/O 发送到虚拟卷时，该 I/O 会通过存储网络中的虚拟层映射到对应的 LUN 上。

　　块级存储虚拟化具有良好的可扩展性，有利于实现存储卷的在线扩展，从而解决了在应用日益丰富的今天，应用系统对于存储空间持续增长的需求。

　　此外，块级存储虚拟化还支持对不中断的数据迁移功能。在传统的 SAN 环境中，主机需要更新阵列的相关配置，因此 LUN 从一个阵列迁移到另一个阵列是一项离线的操作。这样，在一些情况下，LUN 的迁移需要占用大量的主机资源，甚至使主机停止服务，以将数据从原先的阵列迁移到其他的阵列中。但是，在使用块级存储虚拟化技术后，后端数据的迁移工作将交给虚拟层来完成，数据在迁移时，LUN 仍可在线并被用户读写。主机依然通过虚拟卷读写数据，因此无需关注物理存储设备的改变。

在过去，块级存储虚拟化技术只能实现数据中心内部的无中断数据迁移。但是，随着技术的进步，新一代的块级存储虚拟化技术已经可以实现在数据中心之间进行无中断数据迁移。在该技术中，多个数据中心都可以与虚拟层连接。被连接的虚拟层会得到集中的管理，在逻辑上显示为一个跨越多个数据中心的单个的虚拟层，如图 10-2 所示。这样，便实现了存储设备内部与存储设备之间的块级存储资源的整合。虚拟卷可以在整合后的存储资源上存储。

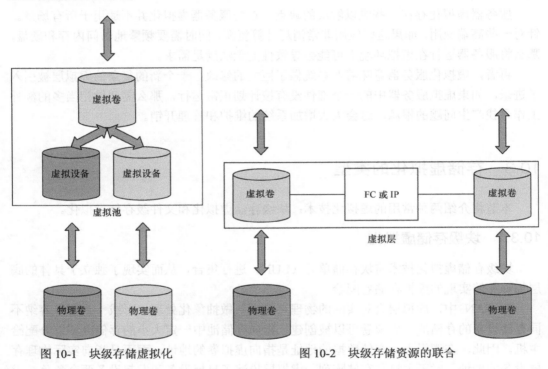

　　图 10-1　块级存储虚拟化　　　　　　　　图 10-2　块级存储资源的联合

10.3.2　文件级存储虚拟化

在 NAS 环境中，文件数据与物理存储位置之间的绝对对应关系被文件级存储虚拟化技术消除，这使得文件的存储方式更为灵活，对文件的操作更为便利。文件级虚拟化技术是 NAS 文件服务器环境中很常见的一种技术，它实现了读写中文件的移动，提高了存储设备的利用率与运行效率。

在没有应用文件级存储虚拟化技术的系统中，每台主机都必须记录它所拥有的共享文件存在于哪些共享存储设备上，以及文件在存储设备上的准确位置。这些数据的结构不仅开销巨大而且维护困难，因此这种机制会造成存储资源利用率较低。此外，在文件服务器已满的情况下，文件需要从一台服务器移动到另一台服务器上，在这样的系统中移动文件十分困难,因为文件在移动过程中不能被访问,需要服务器在较长的一段时间内停止服务,专门进行文件移动。此外,主机和应用程序也必须重新配置新的访问路径。

文件级存储虚拟化技术极大地简化了文件的移动操作。它提供了一种高层次的抽象,并利用这种抽象将文件与具体的物理存储设备分离。在文件级虚拟化技术中,系统会创建一个逻辑上的存储池,这个存储池可以对下层具体的存储设备进行管理以及分配资源,同时允许上层的用户使用一个逻辑路径存取文件。文件级虚拟化技术极大地方便了文件在不同服务器或储存设备(通常是 NAS)之间的移动。例如,文件被移动时,用户依然可以不中断地访问他们的文件。此外,用户还可以从旧的位置读取他们的文件,然后将其写入新的位置,在这个过程中,文件的物理位置对于用户是透明的。多个用户可以同时连接到多台服务器执行在线的文件转移,从而优化利用其资源。

使用文件级虚拟化技术之前和之后的服务环境的对比如图 10-3 所示。

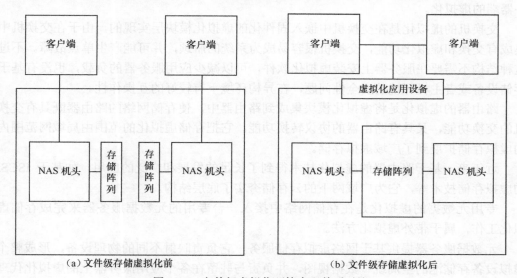

（a）文件级存储虚拟化前   （b）文件级存储虚拟化后

图 10-3   文件级虚拟化环境实现前后对比

10.4   存储虚拟化技术

10.4.1   基于主机的存储虚拟化技术

基于主机的虚拟化也称为基于服务器的虚拟化,是通过在服务器操作系统中嵌入或添加虚拟层来实现设备虚拟化,该方法不需要添加特殊的硬件,而只需安装具有虚拟化功能的软件模块,它以驱动程序的形式嵌入应用服务器的操作系统中,呈现给操作系统的是逻辑卷(logic volume),通过逻辑卷把分布在多机上的物理存储设备映射成一个统一的逻辑虚拟存储空间,逻辑卷管理系统实际上是一个从物理存储设备映射到逻辑卷的虚拟化存储管理层,它可实现系统级和应用级的多机间存储共享。

运行在服务器上的虚拟化软件需要占用服务器的 CUP、内存、带宽等开销,对操作系统的依赖性较大，这使得虚拟化系统不能兼容不同的平台，移植性较差。

但是基于主机的虚拟化最容易实现，一般只需在应用服务器端安装卷管理驱动模块，就可以完成存储虚拟化的过程，具有成本低、同构平台下性能高的特点。

网络的虚拟存储化技术是当前存储虚拟化的主流技术，它当前在商业上具有较多的成功产品。典型的网络虚拟存储技术主要包括网络附加存储（network attached storage，NAS）和存储区域网络（storage area network，SAN）。由于这两种系统的体系结构、通信协议、数据管理的方式不同，所以 NAS 主要应用于以文件共享为基础的虚拟存储系统中，SAN 主要应用在以数据库应用为主的块级别的数据共享领域。存储区域网络是当前网络存储的主流技术。

虚拟化存储的实现可以分布在从主机到存储设备之间路径的不同位置上，由此可把基于网络的存储虚拟化细分为基于交换机的虚拟化、基于路由器的虚拟化和基于存储服务器端的虚拟化。

交换机的虚拟化是在交换机中嵌入固件化的虚拟化模块层实现的，由于在交换机中集成有交换和虚拟化功能，交换机很容易成为系统的瓶颈，并可能产生单点故障。不过这种结构不需要在服务器上安装虚拟化软件，可以减少应用服务器的负载，也没有基于存储设备或者主机环境的安全性问题，在异构环境下有较好的互操作性。

路由器的虚拟化是将虚拟化模块集成到路由器中，使存储网络的路由器既具有交换机的交换功能，又具有路由器的协议转换功能，它把存储虚拟化的范围由局域网范围内的虚拟存储扩展到了广域虚拟存储。

近年来，基于路由器的虚拟化技术得到了长足的发展和广泛的应用，如基于 iSCSI 的虚拟存储技术等，它为广域网下的云存储夯实了底层结构。

专用元数据的虚拟化是在存储网络中接入一台专用的元数据服务器来完成存储虚拟化工作，属于带外虚拟化方法。

元数据服务器提供基于网络虚拟存储服务，它负责映射不同的物理设备，形成整个虚拟设备存储池的全局统一数据视图，并负责与驻留在各个应用服务器上的虚拟化代理软件进行通信，各应用服务器上的虚拟代理软件负责管理存储访问视图和 I/O 通信，并实现数据访问重定向；该代理软件具有数据高速缓存和数据预存取，以及维护本地存储视图和元数据的功能，可以缓存和暂存本地存取的元数据信息，并保持与专用元数据服务器的数据一致性，通过数据访问的局部性减少访问元数据服务器的次数，从而显著提高存储吞吐率。

10.4.2　块级存储虚拟化技术

在虚拟 SAN 技术中，单一的物理 SAN 可以被划分为多个虚拟 SAN，在逻辑上，每个虚拟 SAN 都是一个独立而完整的 SAN 设备，可以执行独立的任务，分配独立的资源，且每一个虚拟 SAN 的配置不会对其他虚拟 SAN 产生影响。此外，物理 SAN 中有关于每个虚拟 SAN 拓扑结构的定义，通过这样的定义，虚拟 SAN 可以实现彼此之间的通信。

虚拟 SAN 技术是块级存储虚拟化中的一项重要技术，通过划分虚拟 SAN，促进物理 SAN 资源的合理分配与有效利用，间接地提升了 SAN 设备的性能。此外，不同数据与信息在不同虚拟 SAN 上可以采用不同的方式存储与访问，提升了数据的安全性。

虚拟 SAN 技术简便而灵活，以较为低廉的成本提供了快捷、高效的 SAN 设备管理方式。

10.4.3　文件级存储虚拟化技术

文件存储虚拟化的实质是在客户端计算机与 NAS 或文件服务器间插入一个虚拟层，由它来建立客户端计算机与 NAS 或文件服务器之间的连接，从而解决大型应用系统中，文件服务器、NAS 与客户端计算机间的存储连接关系过于复杂而影响系统性能的问题，如图 10-4 所示。

相比 SAN 环境中的块级存储虚拟化技术，在文件级存储虚拟化中也有类似的虚拟化方案与应用技术。在传统的网络文件传输或共享应用中，依靠文件服务器或 NAS 与客户端计算机之间，通过统一命名约定的路径来识别并确认存储路径，从而通过该路径提供的目录与路径让客户端计算机访问 NAS 或文件服务器上的文件。但在大型应用系统中，文件服务器、NAS 与客户端计算机间的存储连接关系十分复杂，不仅不便于管理，也不易于改变连接结构或更新设备，一旦设备变动，就会同时牵涉到许多存储路径的修改，可扩展性差。

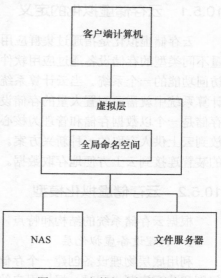

图 10-4　文件级虚拟化技术

因此一种解决方式就是舍弃过去的基于路径的存储方法，在客户端计算机与 NAS 或文件服务器间插入一个虚拟层，由它来建立客户端计算机与 NAS 或文件服务器之间的连接。NAS 上的空间也不是通过实际的位置来表示的，而是通过虚拟层的"全局命名空间"提供的虚拟位置来表示。

在全局命名空间的架构下，可以摆脱对存储路径的依赖，所有文件存储资源都被虚拟层整合为统一的存储池，因此用户存储文件的"逻辑"名称或位置与"实际"名称或位置之间没有必然的关系，用户发起的访问请求会被虚拟层导向到设定的位置，而不需要知道文件的实际位置。这样的访问方式与网络中用户不需要知道实际的 IP，甚至 MAC 地址，只需通过 DNS 的转换，便能自动连接到正确的 Web 服务器的访问方式类似。即使某一存储路径失效，也能够通过虚拟层自动转移到另一存储路径上，因此文件存储服务的可靠性有了一定程度的提高。

由于不会受限于实际的连接，系统管理者可轻易地在不同的 NAS 或文件服务器内部或者之间迁移数据，而无须担心前端用户原来的存储数据会因此而受到影响，极大地降低了数据迁移的难度与其消耗的资源，而且管理者还能制定策略，让虚拟层根据文件的属性或时间，自动将文件迁移到不同等级的存储设备上，实现数据归档或分级存储。

实际的作法通常是在网络上放置带有全局命名空间功能软件的应用服务器，这台应用服务器的作用就像网络上的 DNS 服务器一样，会遍历所有的 NAS 与文件服务器上的实际存储路径，转为全局命名空间后，再反馈到前端的客户端计算机。后端存储设备若有任何变动，只需在应用服务器更改存储设定即可，因而不会影响到前端的客户端计算机。

10.5　云存储虚拟化技术

10.5.1　云存储虚拟化的定义

云存储虚拟化是指通过集群应用、网格技术或分布式文件系统等功能，将网络中大量不同类型的存储设备通过应用软件集合起来协同工作，共同对外提供数据存储和业务访问功能的一个系统。当云计算系统运算和处理的核心是大量数据的存储和管理时，云计算系统中就需要配置大量的存储设备，云计算系统就转变为一个云存储系统，因此云存储是一个以数据存储和管理为核心的云计算系统。简单来说，云存储就是将储存资源放到云上供人存取的一种新兴方案。用户可以在任何时间、任何地点，透过任何可联网的装置连接到云上方便地存取数据。

10.5.2　云存储虚拟化模型

根据云存储系统的结构和特点，可以将云存储虚拟化模型分为 3 个部分。

1. 物理设备虚拟化层

利用底层物理设备创建一个存储池，即连续的逻辑地址空间，主要用来管理数据块级别和分配资源，同时，根据用户的需求和物理设备的属性，存储池可以存在多个不同的数据属性，如性能权重、可靠性等级和读写特征。存储设备可以管理数据块的映射和转发，并在存储池中分配逻辑卷和动态分配存储资源。

2. 存储节点虚拟化层

这一部分可以实现存储节点内部多个存储池之间的资源分配和管理。它可以将一个或多个存储池整合为一个在存储节点范围内统一的虚拟存储池。这个虚拟化层的实现方式由存储节点虚拟模块在存储节点内部实现，对下管理存储设备，对上支持接下来要提到的存储区域网络虚拟化层。

3. 存储区域网络虚拟化层

这一层可以完成存储节点之间的资源分配以及管理的任务。它可以集中管理所有存储设备上的存储池来组成一个统一的虚拟存储池。这个虚拟化层是由虚拟存储管理模块在虚拟存储管理服务器上实现的，为虚拟磁盘管理提供地址映射和查询等服务。

这三层虚拟化存储模型大大降低了存储管理的复杂度，有效地封装了底层存储设备的复杂性和多样性。这样的方法使系统具备了更加良好的扩展性和灵活性。用户可以将存储设备添加到存储池中，在进行简单配置后，便可以创建虚拟卷。这使得用户不必关注系统中单个设备的物理存储容量和存储介质的属性，就可以实现统一的存储管理。

10.5.3　云存储虚拟化的系统构成

分布式存储是云虚拟存储中的一个典型方式。这种方式利用 IP 网络管理元数据和传输数据，采用带外虚拟化的方式管理存储设备。这一类型的存储系统有 4 类存储设备。

1. 客户端

顾名思义，客户端可以为用户提供各种各样的应用服务，如我们熟知的数据库、文件服务、万维网服务、科学计算服务，等等。客户端将会运行存储代理软件，以提供网络虚拟设备供应用程序读写和访问。

2. 配置管理服务器

配置管理服务器是用来配置和管理系统的设施。它通过 Internet、telnet 或者其他接口登录云存储平台，以远程的方式配置和管理整个存储系统。

3. 元数据服务器

在云存储系统中，元数据服务器（MDS）管理整个系统的元数据和对象数据的布局信息，它主要负责系统的资源分配和网络虚拟磁盘的地址映射。MDS 通过冗余管理软件来实现普通存储节点之间的数据冗余关系，同时，在 MDS 上部署的全局虚拟化存储管理软件和集群管理软件可以管理整个存储系统的配置和运行。

4. 对象存储节点

每个对象存储节点都是独立的存储设备，负责对象数据的存储、备份、迁移和恢复，并负责监控其他存储设备的运行状况和资源情况。还有一点需要明确的是，存储节点上运行着虚拟化存储管理软件并存储了应用程序所需的数据。

10.5.4　存储虚拟化的优点

存储虚拟化是实现云存储平台的一项基本技术，有着不可或缺的技术地位。下面介绍存储虚拟化能在哪些方面为云存储平台提供高效的服务。

1. 大幅度增加硬件资源的使用效率

现在每年我们都会在设备淘汰和更新换代中浪费大量的硬件设施，同时，新设备的采购成本又成为困扰用户的一个大问题。存储虚拟化可以有效解决这个问题。存储虚拟化技术充分实现了存储资源的异构整合，具体来说就是存储虚拟化将整合异构平台，加强原有设备利用率，解决数据容量增长扩充，降低硬件升级成本。这些优势成为现在存储虚拟化技术被广泛青睐的原因。此外，存储虚拟化还能实现存储资源按需分配，这样既合理利用了存储空间，又极大提高了各种硬件系统资源的使用效率。

2. 简化系统管理的复杂度

云存储平台可以通过存储虚拟化技术，使整个系统平台变得更加集中、更加简单，减少管理人员的工作负担，也节约了成本。同时，服务器和存储网络的自动化操作减少了大量潜在的人为错误，从更大程度上保障了系统的可靠性。设备集中化和标准化可以减少一些不必要的麻烦，也改变了客户的实际运行环境。

3. 大幅度增强存储平台的可靠性

存储的虚拟化其实不仅仅提供硬件资源的集中管理，还提供了各种各样的数据保护功能。此外，在实际操作过程中，运用存储虚拟化技术可以允许故障设备在线更换来保障数据的不间断读取。

传统数据集中管理的一大问题是容易造成设备 I/O 负载过重，并且存在单点故障的危险；但在云存储平台下，可以通过虚拟化技术实现 I/O 负载均衡，从而提高存储效率，降低单个设备性能的局限性。

10.6　华为存储虚拟化产品与应用

虚拟化技术已经在存储领域得到广泛的应用。

各个存储设备厂商纷纷推出了自己的虚拟化存储产品。令人瞩目的是，华为提供了企业级虚拟化存储服务，推出了针对云计算的虚拟机和网络存储服务器的虚拟机，以及 VTL 虚拟带库和 VIS 产品。同时，华为在云存储系统中也大量应用了虚拟化技术，实现了元数据服务器的虚拟化 VMDS，对象存储服务器的虚拟化 VOSN，以及数据容器的虚拟化，等等。

虚拟化存储在各种行业中已经开始了大规模应用。这些应用包括：

数据中心：应用虚拟化技术提供计算和存储服务中心、网络管理中心、灾难恢复中心、IT 资源租赁中心等服务。

电信行业：随着产业的发展，电信行业面临两方面的挑战，一方面降低 IT 架构的成本，另一方面提高 IT 架构的可用性。虚拟化技术正是解决这一问题有效办法。

银行证券保险行业：利用虚拟化进行容灾，采取"两地三中心"方案，即生产中心、同城灾备中心、异地灾备中心。同城灾备中心负责一般性灾难的防范，异地灾备中心用来防范大范围的灾难。利用虚拟化技术，可以在统一的虚拟化基础架构中，实现跨数据中心的虚拟化管理。

政府信息系统：政府数据存储系统的建设正受到前所未有的重视。系统利用先进的存储虚拟化技术，建立统一、标准、共享的数据资源存储平台，能够有效地管理庞大、繁多、复杂的数据及相关的设备，提高资源利用率，并建立起全面的数据安全保障体系。

为了满足云计算数据中心存储基础设施需求，华为公司推出了 FusionStorage——一种分布式块存储软件，该软件可以将通用 X86 服务器的本地 HDD、SSD 等介质通过分布式技术组织成一个大规模存储资源池，对上层的应用和虚拟机提供工业界标准的 SCSI 和 iSCSI 接口，类似一个虚拟的分布式 SAN 存储。FusionStorage 软件架构如图 10-5 所示。

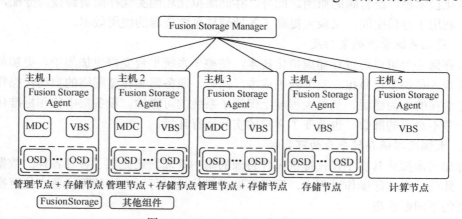

图 10-5　FusionStorage 软件架构

FusionStorage 的主要应用场景分为两大类：

一类是在大规模云计算数据中心中，将通用 X86 存储服务器池化，建立大规模块存储资源池，提供标准的块存储数据访问接口（SCSI 和 iSCSI 等）。支持各种虚拟化 Hypervisor 平台和各种业务应用（如 SQL、Web、行业应用等）；可以和各种云平台集成，如华为 FusionSphere、VMware、开源 Openstack 等，按需分配存储资源。

另一类是在企业关键 IT 基础设施中，通过 Infiniband 进行服务器互联以及 SSD 做 cache 或主存等关键技术，将存储系统的性能和可靠性得到极大的提高。又保留了分布式存储的高扩展性基因，从而支持企业关键数据库、关键 ERP/CRM 等应用的使用，解决这些关键应用的大数据量需求。

10.7　本章总结

本章主要介绍了虚拟化的概念、发展历程、前景和趋势，并对虚拟化技术做了简单的分类。之后详细、系统地介绍了存储虚拟化中的块级虚拟化、文件级虚拟化技术，最后简单介绍云存储虚拟化技术。

10.8　练习题

一、选择题

1. 存储虚拟化可以分为哪几类？（　　　）
　　A．页面级虚拟化　B．块级虚拟化　　C．文件级虚拟化　　D．对象级虚拟化
答案（BC）

2. 下列不属于虚拟化技术的是（　　　）。
　　A．内存虚拟化　　B．存储虚拟化　　C．网络虚拟化　　D．访问虚拟化
答案（D）

3. 云存储虚拟化模型可分为（　　　）。
　　A．访问接口虚拟层　　　　　　　B．物理设备虚拟化层
　　C．存储节点虚拟化层　　　　　　D．存储区域网络虚拟化层
答案（BCD）

二、简答题

1. 早期的虚拟化技术和更加高级的虚拟化技术的显著区别是什么？请简单说明这种区别带来的改变。

2. 存储虚拟化包含哪几种主要类型？简述它们的主要特点以及相互之间的区别。

3. 虚拟存储包含哪些主要组成部分？各个部分的主要任务是什么？

4. 存储虚拟化给存储带来了哪些便利和优点？同优点相对，请简单分析存储虚拟化潜在的缺陷。

第11章
备份与恢复

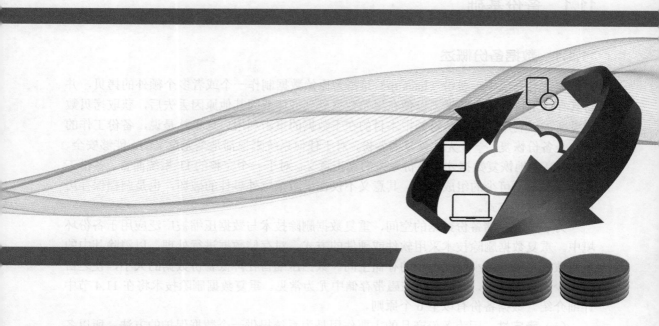

关于本章

　　随着计算机技术在商业系统中的普及以及大量应用系统的上线，企业信息安全的重要性日益凸显。但作为信息安全的一个重要内容，数据备份的重要性却往往被忽视。任何数据交换、传输和存储都有可能产生数据故障，自然灾害和人为错误也在威胁着信息安全。这些情况都可能造成数据丢失、被篡改，甚至使系统瘫痪，系统管理员必须维护数据的完整性和准确性，以保证系统和业务的持续运行。

　　要成功备份恢复系统，需要对各种备份方法进行评估并选择出合适的备份方案。本章将详细介绍备份的基础概念、备份的拓扑结构、策略的制定、技术分类及备份方案优化技术，以及备份系统在华为产品中的实现与应用。

11.1　备份基础

11.1.1　数据备份概述

在信息系统中，备份（backup）是指为原始数据制作一个或者多个额外的拷贝，并将其存放于特定的设备上，以便在原始数据受到破坏或因其他原因丢失后，获取拷贝数据重新加以利用。数据备份的根本目的在于数据的重新利用。这也就是说，备份工作的核心是备份恢复，一个无法恢复的备份，对于任何系统来说都是毫无意义的。能够安全、方便、高效地恢复数据才是备份系统的真正意义。对于一个完整的 IT 系统而言，备份工作是其中必不可少的组成部分，其意义不仅在于防范意外事件的破坏，也是归档保存历史数据的最佳方式。

为了节省存储备份数据的空间，重复数据删除技术与数据压缩被广泛应用于备份环境中。重复数据删除技术采用软件或硬件的方式，对存储数据进行处理，以消除其中的重复数据，从而减小数据占用的存储空间。数据压缩旨在降低备份数据的大小，使之占用更少的存储空间，这种方法在磁带存储中尤为常见。重复数据删除技术将在 11.4 节中详细介绍。数据备份有以下 6 个原则。

（1）**稳定性**：因为备份产品的主要作用是为系统提供一个数据保护的方法，所以备份系统的稳定性和可靠性就是非常最重要的一个因素。备份软件通常要求要与操作系统100%兼容，并且，当事故发生时能够快速有效地恢复数据。

（2）**全面性**：在复杂的应用环境中，应用系统可能采用了多种操作平台，包括UNIX、Windows、Linux 等，并安装了各种应用系统，如 ERP、数据库、集群系统等。而备份系统要求能够支持各种操作系统、数据库和典型应用，以满足复杂的实际应用需求。

（3）**自动化**：很多系统由于工作性质，对何时备份、用多长时间备份都有一定的限制。在非工作时间系统负荷较轻，适于备份。因此，备份方案应能提供定时的自动备份，并利用自动磁带库等技术自动更换磁带。在自动备份过程中，还要有日志记录功能，并在出现异常情况时自动报警。

（4）**高性能**：随着业务的不断发展，数据越来越多，更新越来越快，在休息时间来不及备份如此多的内容，因此需要考虑提高数据备份的速度，利用多种技术加快对数据的备份，充分利用通道的带宽和性能。

（5）**操作简单**：数据备份应用于不同领域，进行数据备份的操作管理人员也处于不同的层次。这就需要一个直观的、操作简单的，在任何操作系统平台下都统一的图形化用户界面，缩短操作人员的学习时间，减轻操作人员的工作压力，使备份工作得以轻松地设置和完成。

（6）**容灾考虑**：将本地的数据远程复制一份，存放在远离数据中心的地方，以防数据中心发生不可预测的灾难。

11.1.2 备份系统架构

备份系统通常由驻留在应用服务器上的备份客户端、安装在备份服务器上的备份软件、备份服务器以及用于保存备份数据的备份存储单元构成，如图 11-1 所示。

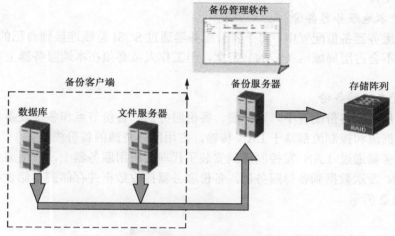

图 11-1　备份系统的组成结构

1. 备份客户端

任何需要备份数据的计算机都称为备份客户端，通常是指应用程序、数据库或文件服务器。备份客户端也用来表示能从在线存储器上读取数据并将数据传送到备份服务器的软件组件。

2. 备份服务器

将数据复制到备份介质并保存历史备份信息的计算机系统称为备份服务器。备份服务器通常分成两类：

（1）主备份服务器：用于安排备份和恢复工作，并维护数据的存放介质。

（2）介质服务器：按照主备份服务器的指令将数据复制到备份介质上。备份存储单元与介质服务器相连。

3. 备份软件

备份软件是备份系统的核心，备份软件控制生产数据拷贝到存储介质上，并对备份数据进行管理。

现在业界常用的备份软件有美国 commVault 公司的 simpana 软件平台以及 Symmantec 公司的 NetbackUP（简称 NBU）。simpana 采用了一种全新的体系结构，专为操作简单、无缝连接和可伸缩性的存储方案而设计，以应对 21 世纪数据存储和管理需求。Netback 实现了利用一个平台、一个控制台兼顾物理和虚拟数据保护，并且统一对快照、复制的快照、备份以及恢复进行全局管理。

4. 备份存储单元

通常由介质服务器控制和管理，现在普遍使用的存储单元有磁盘阵列、物理磁带库和虚拟带库。

11.1.3　备份拓扑结构

根据节点之间的备份网络类型的不同，备份系统可以分为 3 种网络拓扑结构：本地服务器备份（host-based）、基于局域网备份（LAN-based）、基于 SAN 备份（包括 LAN-Free和 Server-Free）。

1. 基于本地服务器备份

在本地服务器备份配置中，每个备份服务器通过 SCSI 总线连接到自己的备份设备。这种情况下不会占用局域网（LAN）带宽，但工作人员必须在本地服务器上手动管理存储媒体。

2. 基于局域网备份

在基于局域网备份配置中，客户端、备份服务器、备份节点和备份设备都通过局域网连接。数据流和控制流都基于 LAN 传输，占用网络资源的备份模式。

备份服务器通过 LAN 发控制流到安装了代理的应用服务器上，应用服务器响应请求通过 LAN 发送数据到备份服务器，备份服务器接收数据并存储到存储设备上，完成备份如图 11-2 所示。

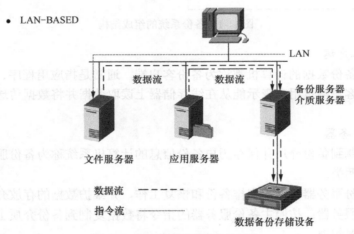

图 11-2　基于局域网的备份拓扑

3. 基于 SAN 备份

（1）LAN-PREE

LAN-Free 也称为无局域网备份。顾名思义这种备份结构不占用 LAN 资源，控制流基于 LAN 传输，数据流不经过 LAN。在这种连接方式下，备份设备和客户端都连接到SAN 网络，常应用于多个客户端共享一个存储设备的情况。

备份服务器通过 LAN 发送控制流到文件服务器，文件服务器响应请求读取生产数据，通过 SAN 传输到备份介质上，完成备份如图 11-3 所示。

（2）SERVER-FREE

LAN-Free 备份需要占用文件服务器的 CPU 资源，如果备份过程能够在 SAN 内部完成，而大量数据流无需流过服务器，则可以极大降低备份操作对生产系统的影响。SAN

Server-Free 备份就是这样的技术，文件服务器只需要发出 SCSI 复制命令，数据就会通过 SAN 直接在多个存储设备之间，直接进行数据备份。数据备份不需要服务器参与，而是由存储解决方案处理，如图 11-4 所示。其与传统备份方案相比，最大的优势在于不需要占用服务器的资源。四种拓扑连接方式的优缺点见表 11-1。

（1）LAN-FREE

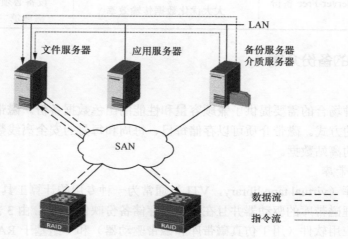

图 11-3　LAN-Free 的备份拓扑

（2）LAN-FREE

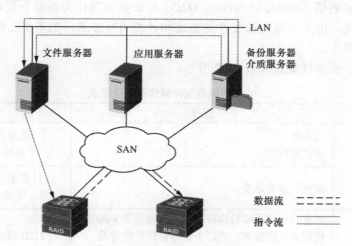

图 11-4　Server-Free 的备份拓扑

表 11-1　　　　　　　　　　　　四种拓扑连接方式的优缺点

备份方式	优点	缺点
基于本地服务器备份	不占用网络资源 备份和恢复速度快	需要手动管理存储媒体 备份费用高昂
基于局域网备份	存储设备不需要连接到服务器， 伸缩性好	备份流量影响网络性能 数据集影响服务器性能

（续表）

备份方式		优点	缺点
基于 SAN 备份	LAN-Free 备份	服务器负载低 优化了数据传输效率	SAN 布置的费用高昂 设备必须与 SAN 兼容
	Server-Free 备份	服务器负载最低 大大优化数据传输效率	SAN 布置的费用高昂 设备必须与 SAN 兼容 需要第三方设备支持

11.1.4　常见的备份介质

1．磁带

磁带为各种场合的需要提供了兼顾容量和性能的出色数据备份。磁带低廉的价格使它成为较经济的方式。磁带介质可以存储每日、每周和每月的安全离线数据，以及受损恢复备份文件的离站数据。

2．虚拟磁带库

虚拟磁带库（virtual tape library，VTL）通常为一种专用的计算工具（appliance），它可以仿真物理磁带库的驱动器并且在磁盘上存储备份映像。VTL 由 3 部分组件构成：计算机硬件、应用软件（用于仿真磁带库和磁带驱动器）和一组基于 RAID 技术的磁盘驱动器。VTL 允许客户配置虚拟磁带驱动器、虚拟磁带盒和指定磁带盒容量。

3．设备间直接通信

设备间直接通信（device to device，D2D）把磁盘直接作为备份介质来使用，本质是就是写文件系统，但并不是用原文件的格式和普通的写方法，把备份文件以大块为单位放在一个大文件中。

不同存储介质的优缺点如表 11-2 所示。

表 11-2　　　　　　　　　　　　不同类型存储介质的优缺点

存储系统	优点	缺点
磁带系统	成本低 可扩展性强	速度读写速度慢 磁带不易保存
VTL 系统	加快了读写速度	仿照磁带顺序读写， 磁盘利用率低
磁盘系统	充分利用磁盘随机读写功能，磁盘利用率高 使用多线程技术，适用于多备份任务的情况 功能多样、管理简单	D2D 没有统一的标准

11.2　备份策略制定

备份策略是指确定需备份的内容、备份周期、备份保留周期、备份窗口及备份方式。不同用户要根据自己的实际情况以及备份需求制定不同的备份策略。

（1）**备份内容**：每次备份操作所处理的数据内容，可以是全部数据的备份，也可以是部分数据的备份。

（2）**备份周期**：两次备份操作之间的时间间隔。

（3）**备份保留周期**：备份的数据在存储系统中保留的时间长度。

（4）**备份窗口**（backup window）：在用户正常使用的业务系统不受影响的情况下，能够对业务系统中的业务数据进行备份的时间间隔，或者说是用于备份的时间段。备份窗口可以根据操作特性设定。

（5）**备份方式**：根据数据源的存储介质和备份介质所确定的备份类型，如 D2D、D2T、D2D2T 等。

11.2.1　备份的类型

按照备份的内容，备份可以分为以下三种类型：

1. 完全备份

完全备份（full backup）就是用存储介质对整个系统进行备份，包括系统和数据。例如，每日下午 1 点用一盘磁带对整个系统进行备份。这种备份方式的优点是：当发生数据丢失的灾难时，只需要用一组磁带（即灾难发生之前最近备份的磁带），就可以恢复丢失的数据。然而它也有一些不足之处：首先由于完全备份的频繁性，每次备份时，存储磁盘中的数据存在大量的重复，如操作系统与应用程序，这些重复的数据占用了大量的磁带空间，但实际上这部分数据每次都以相同的内容被存入磁盘中，这对用户来说就意味着增加成本；其次，由于完全备份需要将所有数据重新存储，备份所需的时间较长，对于业务繁忙或资源有限的系统来说，这种资源耗用较大的存储策略并不适合。

2. 增量备份

增量备份（incremental backup）也称为差异增量备份，是指在一次全备份或上一次增量备份后，以后每次只需备份与前一次相比增加或者被修改的数据。这就意味着，第一次增量备份的对象是进行全备后所产生的增加和修改的文件；第二次增量备份的对象是进行第一次增量备份后所产生的增加和修改的数据，以此类推。这种备份方式最显著的优点是：没有重复的备份数据，因此备份的数据量不大，节省了磁带空间，同时缩短了备份时间。但增量备份的缺点在于，其数据恢复比较麻烦，必须具有上一次全备份和所有增量备份磁带。

（1）一旦丢失或损坏其中的一盘磁带，就会造成恢复失败，因为各盘磁带的相互依赖性很强，任何一个节点出现问题，都会导致整条备份链脱节。

（2）它们必须沿着从全备份到依次增量备份的时间顺序逐个反推恢复，极大地延长了恢复时间。

3. 差分备份

差分备份（differential backup）也称为累计增量备份，是指每次备份的数据是相对于上一次全备份之后新增加的和修改过的数据。差分备份策略有效避免了以上两种策略的缺陷，同时又具有它们的优点。差分备份无需每天都做系统完全备份，因此备份所需时间短，并节省磁带空间，它的灾难恢复也很方便，系统管理员只需两组磁带，即系统全备份的磁带与灾难发生前一天的备份磁带，就可以将系统完全恢复。

4. 混合备份策略

三种备份类型的优缺点见表 11-3。

表 11-3 三种备份类型的优缺点

备份网络类型	优点	缺点
完全备份	备份的数据更加全面,发生意外时恢复数据的时间短	完全备份导致存储数据重复,占用大量磁盘空间,备份所需的时间长
增量备份/差异增量备份	不会备份重复数据,备份数据占用的磁盘空间少,备份时间短	数据恢复时很麻烦,需要上一次全备份以及全部增量备份内容,数据恢复时间长
差分备份/累计增量备份	同时具备完全备份和差异增量备份的优点	
数据备份时间:完全备份>增量备份>差分备份		
数据恢复时间:完全备份<增量备份<差分备份		

在实际应用中,备份策略通常是以上 3 种的结合。例如,每周一至周六进行一次增量备份或差分备份,每周日进行全备份,每月底进行一次全备份,每年年底进行一次全备份。这样的备份策略可以保证数据在大多数情况下的安全性。

11.2.2 备份与恢复操作流程

备份操作和恢复操作启动之后,备份系统中的各节点之间会按照一定的流程工作。

1. 备份操作

备份操作过程如图 11-5 所示。

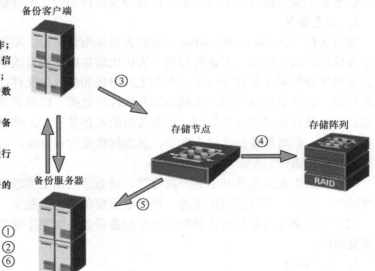

备注:
① 由备份服务器发起备份操作;
② 备份服务器获取备份相关信息,包括备份内容及备份位置;
③ 备份客户端将需要备份的数据发送至存储节点;
④ 存储节点再将数据存储于备份设备中;
⑤ 存储节点对备份服务器进行存储反馈;
⑥ 备份服务器更新备份数据的目录和状态。

图 11-5 备份操作

(1)由备份服务器发起备份操作。

(2)备份服务器获取备份相关信息,包括备份内容及备份位置。

(3)备份客户端将需要备份的数据发送至存储节点。

（4）存储节点再将数据存储于备份设备中。

（5）存储节点对备份服务器进行存储反馈。

（6）备份服务器更新备份数据的目录和状态。

2. 恢复操作

恢复操作过程如图 11-6 所示。

（1）备份服务器确定需要恢复的客户端。

（2）存储设备将数据传输至存储节点。

（3）存储节点将数据发送至备份客户端。

（4）存储节点对备份服务器进行恢复反馈。

（5）备份服务器更新数据目录。

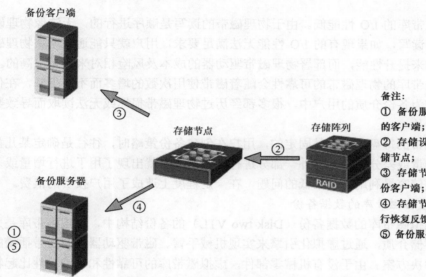

备注：
① 备份服务器确定需要恢复的客户端；
② 存储设备将数据传输至存储节点；
③ 存储节点将数据发送至备份客户端；
④ 存储节点对备份服务器进行恢复反馈；
⑤ 备份服务器更新数据目录。

图 11-6　恢复操作

11.3　备份技术

11.3.1　常见的备份结构

一个应用系统的数据备份决定了该系统的可靠性及可维护性，因此，数据备份系统的建设要充分考虑可靠性、可管理性及维护成本等几方面的重要因素。根据存储介质与备份介质的不同，常见的备份结构如下。

1. 磁盘—磁盘的数据备份

磁盘—磁盘（disk to disk，D2D）的备份是使用磁盘阵列作为主存储介质和备份存储介质的一种解决方案，具体有两种实现方式。

（1）用户为备份系统部署一套磁盘阵列作为备份介质，通过备份软件将应用数据备份到备份服务器连接的磁盘阵列中。

（2）用户为备份系统部署磁盘阵列作为备份介质，新部署的磁盘阵列与现有的在线存储磁盘阵列为同一品牌、同一型号，通过此类磁盘阵列所具备的 LUN 拷贝、快照或远程复制功能将现有磁盘阵列中的数据复制到备份磁盘阵列中。

2. 磁盘—物理磁带库的数据备份

磁盘—物理磁带库（disk to physical tape library，D2T）的备份是应用最为广泛的一种备份结构，然而物理磁带库的缺憾却经常使整个备份系统的运行以及管理面临很大的风险和挑战。

（1）物理磁带库故障率高。通过物理磁带库与备份软件结合，可以方便地规划备份策略，然而，物理磁带库的故障却经常使得备份策略无法正确完成，甚至影响整个系统的备份计划。

（2）物理磁带库的 I/O 性能低。由于物理磁带的读写是顺序进行的，无法像物理硬盘一样进行随机读写，如果现有的 I/O 性能无法满足要求，用户就只能通过增加物理磁带驱动器的方式来提升性能，而部署物理磁带驱动器的成本及风险相对来说是很高的。

（3）物理磁带库的物理磁带的可靠性会随着磁带使用次数的增多而不断下降，在使用物理磁带库作为备份介质的用户中，很多都经历过物理磁带损坏或无法读取而导致数据无法恢复的事故。

（4）物理磁带的每盘容量都是固定的，用户在创建备份策略时，往往是确定某几盘磁带分别进行增量或差分备份，另外一部分进行全备份，这就出现了用于进行增量或差分备份的磁带存储容量利用率非常低的问题，在一定程度上造成了用户投资的浪费。

3. 磁盘—虚拟磁带库的数据备份

在磁盘—虚拟磁带库的数据备份（Disk two VTL）的备份结构中，虚拟磁带库是采用物理硬盘为存储介质，通过虚拟化引擎来实现机械手臂、磁带驱动器以及磁带插槽的全新备份介质解决方案。由于没有机械零部件，虚拟磁带库的可靠性和可维护性比起物理磁带库大大提高，与磁盘阵列的物理可靠性、可维护性相一致。虚拟磁带库采用了物理硬盘作为存储介质，物理硬盘的随机读写、高速寻道定位在性能上远远高于物理磁带的顺序读写；因此，虚拟磁带库的 I/O 性能取决于虚拟磁带库的对外连接带宽，而非物理磁带库的磁带驱动器类型及数量的总和。

4. 磁盘—虚拟磁带库—物理磁带的数据备份（D2V2T）

D2V2T 的数据备份方式相对而言是最合适的备份方式，兼顾了可靠性、可管理性以及性能等多方面的因素。

虚拟磁带库有着安全、可靠、性能高的优点，而物理磁带库相对来说有着支持介质可移动的功能。综合分析来看，最好的解决方案应该是如下诸方面的整合。

（1）采用物理磁盘作为一级备份介质，并通过 RAID 功能进行保护，以提高性能和可靠性。

（2）采用虚拟化磁带库技术确保主机端备份系统的可管理性和安全性不受到挑战。

（3）虚拟磁带库系统能够支持按需存储功能，充分利用存储资源。

（4）虚拟磁带库系统支持将虚拟磁带导出到物理磁带的功能，方便备份数据的归档保存及异地保存。

11.3.2　常见的备份技术

1. 快照技术

快照（snapshot）是关于指定数据集合的一个完全可用拷贝，该拷贝包括相应数据在某个时间点（拷贝开始的时间点）的映像。快照可以是数据再现的一个副本或者复制。也就是说，快照就相当于一次备份操作，它能够快速、简易恢复意外擦除或损坏的数据，对其进行在线数据恢复。当存储设备发生应用故障或者文件损坏时，可以及时恢复数据，将数据恢复成快照产生时间点的状态。快照技术将在第 12 章中详细介绍。

2. 数据复制技术

复制（duplication）是指将主机产生的业务数据写入主从两端的存储系统中，以实现数据的容灾备份。远程复制是容灾备份的核心技术，可以实现远程数据同步和灾难恢复。在物理位置上分离的存储系统，通过远程数据连接功能，可以在远程维护一套或多套数据副本。灾难发生时，分布在异地存储系统上的备份数据并不会受到波及，从而实现容灾备份功能。数据复制技术将在第 12 章中详细介绍。

3. 镜像技术

镜像是在两个或多个磁盘或磁盘子系统上产生同一个在线数据拷贝的信息存储过程，其产生多个数据镜像系统。以两个镜像磁盘为例，一个叫主镜像系统，另一个叫从镜像系统，当两个磁盘都正常工作时，数据可以从任一磁盘读取，如果一个磁盘失效，则可以从另外一个正常工作的磁盘读出数据。镜像技术将在第 12 章中详细介绍。

4. NDMP

网络数据管理协议（network data management protocol，NDMP）是一种基于企业级数据管理的开放协议。NDMP 中定义了一种基于网络的协议和机制，用于控制备份、恢复，以及在主要和次要存储器之间的数据传输。

NDMP 结构基于客户机/服务器模型。文件备份管理软件用作客户机，也就是 NDMP 数据管理应用程序（DMA）。在一次 NDMP 会话中，有且只有一个 DMA。数据管理会话中的其他每个进程都是一个 NDMP 服务。

NDMP 服务具有 3 种类型：数据服务（data service）、磁带服务（tape service）和转换服务（translate service）。在 NDMP 结构中，将网络附加数据管理应用程序（DMA）、数据服务器和磁带服务器分离。NDMP 也提供磁带设备和 SCSI 介质的底层控制。

5. 数据保护技术

持续数据保护（continuous data protection，CDP）技术是目前最热门的数据保护技术，它在不影响主要数据运行的前提下，可以捕捉到一切文件级或数据块级别的数据写改动，可以对备份对象进行更加细化的粒度恢复，将其恢复到任意时间点。

CDP 技术是对传统数据备份技术的一次革命性的重大突破。传统的数据备份解决方案专注于对数据的周期性备份上，因此一直伴随有备份窗口、数据一致性以及对生产系统的影响等问题。现在，CDP 为用户提供了新的数据保护手段，系统管理者无须关注数据的备份过程（因为 CDP 系统会不断监测关键数据的变化，从而不断地自动实现数据的保护），而只在灾难发生后，简单地选择需要恢复到的时间点，即可实现数据的快速恢复。

CDP 技术包括以下两种。

（1）Near CDP，就是我们所说的准 CDP，它的最大特点是只能恢复部分指定时间点的数据（fixed point in time，FPIT），类似于存储系统的逻辑快照，它无法恢复任意一个时间点。

（2）True CDP，我们称之为真正的 CDP，它可以恢复指定时间段内的任何一个时间点（any point in time，APIT）。

11.4　重复数据删除技术及应用

11.4.1　重复数据删除技术概述

重复数据删除（deduplication）技术，简单来说，就是一种消除重复数据的技术，它用软件或硬件的方式，对存储数据进行处理，以消除其中的重复数据，从而减小数据占用的存储空间。

在备份系统中，数据在备份服务器的控制下，从备份客户端（源端）传输到备份设备（目标端），根据重复数据删除操作发生的位置，可以将其分为源端重复数据删除（deduplication at the source）和目标端重复数据删除（deduplication at the target）。源端重复数据删除指的是：备份客户端将数据传输给备份设备之前，首先对这些数据进行处理，以删除其中的重复数据，然后将删除得到的没有重复的数据发送给备份设备。目标端重复数据删除指的是：数据从备份客户端发送时，并没有经过重复数据删除，只有在到达备份设备时，才由备份设备来执行重复数据删除。

在目标端重复数据删除中，根据重复数据删除操作发生的时间，又可以将目标端重复数据删除分为在线处理重复数据删除（inline deduplication）和后处理重复数据删除（post processing deduplication，业界又有 offline deduplication 的叫法，即 offline 重复数据删除）。

1. 在线处理重复数据删除

在线处理重复数据删除指的是：备份设备在接收备份数据的同时执行重复数据删除操作，即一边接收数据，一边做重复删除操作，备份数据接收完成时，重复数据删除操作也执行完毕。

2. 后处理重复数据删除

后处理重复数据删除指的是：备份结束后，备份设备才开始执行重复数据删除操作，即备份设备接收完所有的备份数据后，在某一时刻才开始对备份数据执行重复数据删除。

无论采用何种重复数据删除技术，其终极目的都是消除重复数据，因而都会涉及将新数据和已有数据进行比较，以判断新数据是否重复的过程。识别重复数据的方法主要有以下两类。

（1）**基于内容的比较方法**：直接比较数据本身以识别重复数据。

（2）**基于索引的比较方法**：通过比较数据的索引以识别重复数据。数据的索引是指，系统将数据划分为定长或不定长的数据块，然后以每个数据块为输入，使用一定的算法计算出一个唯一的值，该值即为该数据块的索引。

在基于索引的比较方法中，由于索引存储空间远小于其对应数据块的存储空间，所以索引的比较操作可以直接在内存中执行，其效率显著高于基于内容的比较方法。当前，基于索引的比较方法已经在众多重复数据删除技术中应用。

11.4.2 重复数据删除的应用

随着数据的爆炸式增长，传统磁带备份系统的备份恢复速率已无法满足用户的备份需求。随着磁盘技术的快速发展，磁盘介质的容量得到了很大的提高，单位容量磁盘存储的价格也大幅下跌，基于 SATA 磁盘的备份系统已经在用户 IT 环境中大量部署，并以其高备份恢复性能而逐渐为用户青睐，VTL 就是其中具有代表性的产品。VTL 产品兼有磁盘设备的高性能、易维护和磁带设备先进成熟的介质管理等优点，一经推出，即获得了良好的发展和成长，市场前景极为广阔。

华为产品 VTL6900 是一款面向中高端用户的虚拟磁带库产品，它支持重复数据删除、HA 集群以及磁盘休眠技术，并以此作为解决中高端用户面临的诸多问题的切入点。下面介绍 VTL6900 中运用的重复数据删除技术。

1. Post processing 重复数据删除技术

VTL6900 支持的 Post processing 重复数据删除技术的数据比较方法为索引比较方法。

在 Post processing 重复数据删除模式中，VTL6900 软件包含两个模块：VTL 模块和 SIR 模块。VTL6900 的存储空间逻辑上被划分为两部分，分别称为 VTL 模块和 SIR 模块所用，分别称为 VTL 存储空间（又称为 Cache）和 SIR 存储空间（又称为 Repository）。VTL6900 接收到备份数据后，首先将其存放于 VTL 存储空间，此后的某个时刻（如某时间点、备份结束、达到存储水位等），SIR 模块会读取这些数据，并将其和 SIR 存储空间中已有的不同数据块进行比较：SIR 模块将原始备份数据划分为大小为若干 KB 的数据块，然后使用 SHA-1 算法为每个数据块计算出一个哈希值（又称为索引/Index），通过比较新数据块和已有数据块的哈希值来确定新数据块是否重复，重复的数据块将被丢弃，而仅保留其数据块指针，这时全新的数据块才会被存放到 SIR 存储空间如图 11-7 所示。

在 VTL6900 中，运行 VTL 软件模块应用的实体物理机以及运行于其上的 VTL 软件模块应用统称为 VTL 引擎，运行 SIR 软件模块应用的实体物理机以及运行于其上的 SIR 软件模块应用统称为 SIR 引擎。VTL 引擎必

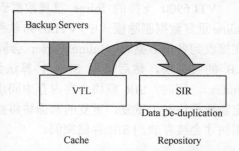

图 11-7 post processing 重复数据删除技术原理

须配置，以支持对外提供虚拟磁带库服务；SIR 引擎为可选配置，用于提供重复数据删除功能。

SIR 引擎执行重复数据删除之前，VTL 存储空间中的备份数据以虚拟磁带的形式存放，如图 11-8 所示。重复删除执行后，虚拟磁带中的数据被指针替代（此时的虚拟磁带称为 VIT（virtual index tape）），该指针指向 SIR 存储空间中的单一实例数据块，所释放的 VTL 存储空间用于存储新的备份数据，如图 11-9 所示。

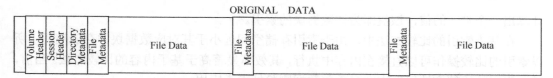

图 11-8　VTL6900 中虚拟磁带原始数据

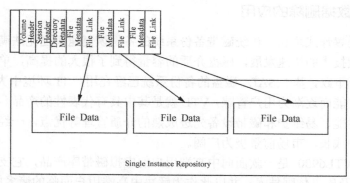

图 11-9　VTL6900 中重复数据删除后的数据分布

前面已经说明，在 Post processing 重复数据删除模式中，VTL6900 存储空间逻辑上被划分 VTL 存储空间和 SIR 存储空间两部分，即 Cache 和 Repository 两部分，其中，SIR 存储空间又被划分为 SIR data disk 和 SIR index disk 两部分。SIR data disk 中存放重复数据删除后的不同数据块，新备份到 Cache 中的数据和 SIR data disk 中的数据块进行比较以确定其是否重复。SIR index disk 中存放 SIR data disk 中所有数据块的索引，即 SHA-1 哈希值，可见，SIR data disk 越大，SIR index disk 就越大。在 SIR 模块运行过程中，将 SIR index disk 中的所有索引（索引表）读取到 SIR 引擎的内存中，快速完成索引表查找，SIR index disk 越大，SIR 引擎需要配置的内存容量也越大。

2. Inline 重复数据删除技术

VTL6900 支持的 Inline 重复数据删除技术的数据比较方法也为索引比较方法。在 Inline 重复数据删除模式中，VTL6900 软件包含两个模块：VTL 模块和 SIR 模块。VTL6900 在接收到备份数据时，Inline Parser 会同步将内存中的原始备份数据划分为大小为若干 KB 的数据块，然后使用 SHA-1 算法为每个数据块计算出一个哈希值（又称为索引 /Index）。同时，SIR 模块会在内存中同步地比较新数据块和已有数据块的哈希值，以确定新数据块是否重复，重复的数据块将被丢弃，而仅保留其数据块指针，这时全新的数据块才会被存放到 SIR 存储空间。

11.5　华为备份系统及其应用场景

传统备份方案包含了备份服务器、存储交换机（可选）、备份介质（存储阵列、磁带库等）、备份软件。硬件设备形态多样，厂家品牌各异，用户常常面临设备兼容性差，选型过程繁琐，系统维护困难，人员技能要求高，整体成本高昂等问题。其中，备份系统的管理维护工作繁琐问题最为关键。首先，备份系统的软硬件独立管理，分别维护，没有一个统一的界面可以查询硬件平台和备份软件的状态信息。其次，当系统故障后，系统管理员需要分别收集备份系统中所有部件的日志信息，这可能还需要各个厂家服务工程师的远程技术支持，整个过程繁琐而且耗时。最后，在日常巡检中，需要维护工程师通过不同的命令行接口和管理界面确定备份系统的各组件是否正常工作，操作复杂、工作量大。华为产品 HDP3500E 提出了针对这些问题的良好解决方案。下面将从 HDP3500E 的软硬件、应用场景、操作特性等方面介绍其备份技术。

HDP3500E 备份系统

1. 产品概述

传统松耦合的备份系统的备份服务器、备份介质、备份软件是分开管理的，并由各设备厂商独立维护。备份系统出现问题时，如何进行故障定位，并协调各厂商进行维护是个长期困扰用户的难题。

HDP3500E 是一款采用一体化设计的产品，集备份服务器、备份介质、备份软件于一身，向用户提供统一的专业维保服务，解决了松耦合备份系统面临的维护难题，并提供图形化的管理系统与命令行管理工具。用户可以轻松地对备份系统的软硬件设备进行统一管理和维护，快速定位故障，大大降低了运维的难度。DHP3500E 的外观如图 11-10 所示。

OceanStor HDP3500E 备份设备具有以下特点。

- 强大的数据保护能力。
- 快速简便的部署。
- 高性价比。
- 高可靠性。
- 高可用性。
- 良好的可维护性。
- 简便的管理能力。
- 绿色节能。

图 11-10　HDP3500E 外观

2. 硬件

HDP3500E 将备份服务器、备份介质融为一体。

- 配置 2 个 Intel E5 CPU，16GB 内存（8GB DDR3/条），具有强大的备份数据处理能力。
- 支持 12 块 2TB NL-SAS 硬盘做数据盘，位于设备前端，通过背板（集成扩展器）与电源、磁盘控制器等部件连接，从而构建起一个高可靠的磁盘系统。

通过整合备份系统硬件资源，HDP3500E 能够很好地满足备份数据存储需求，最大限度降低维护难度，减轻维护人员的工作，降低备份系统总体成本。

HDP3500E 拥有良好的备份容灾设备。除了磁盘控制器提供的 RAID1、RAID6 级别的保护之外，HDP3500E 每 2 周自动运行一次系统自身的备份，并提供三张恢复光盘，支持在 HDP3500E 备份系统运行故障时，快速恢复系统。进行恢复前，需要对 HDP3500E 系统进行备份，并保存关键数据，以便于快速恢复。

灾难恢复主要包括如下两个场景。

（1）数据盘未损坏的 HDP3500E 系统故障恢复。数据盘未损坏的 HDP3500E 系统故障会导致业务不可用，通过系统恢复，不会导致数据丢失。

（2）单台 HDP3500E 所有数据全部丢失的系统故障恢复。此种系统故障恢复只针对某一台 HDP3500E 的数据盘 RAID 组失效或者误操作导致所有 14 块硬盘数据被清空的情况，通过系统恢复将 HDP3500E 恢复到出厂状态，HDP3500E 服务器上的数据将全部丢失。

3. 软件介绍

HDP3500E 集成 NetBackup 企业级备份软件，支持 Windows、Linux、UNIX 操作系统平台多种应用数据的备份恢复，支持多种备份类型，提供备份策略的集中管理和备份作业的自动调度，HDP3500E ISM 管理界面首页如图 11-11 所示。

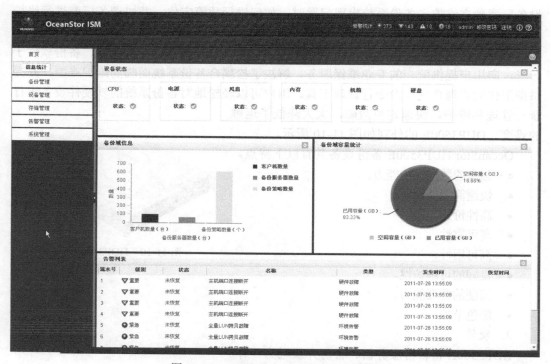

图 11-11　HDP3500E ISM 管理界面首页

NetBackup 三层架构使 HDP3500E 具有强大的可扩展性，Master Server 是备份系统的核心，对整个备份域做统一管理，Media Server 连接存储设备，完成备份作业，Client 部署在需要备份的业务系统上。HDP3500E 设备既可配置为 Master Server，也可以配置为 Media Server，用户可以根据应用系统数量和备份数据总量部署一台或者多台 HDP3500E，在多台 HDP3500E 之间轻松实现备份策略和备份空间的统一管理。NBU 三层架构示意图如图 11-12 所示。

NetBackup for NDMP 是可选的 NetBackup 应用程序。它允许 NetBackup 使用网络数据管理协议（NDMP）启动和控制网络挂接存储（NAS）系统的备份和还原。

NDMP 是一种被广泛采用的协议，符合 NDMP 的备份应用程序可通过该协议控制运行 NDMP 服务器应用程序的任何 NDMP 主机的备份和还原。

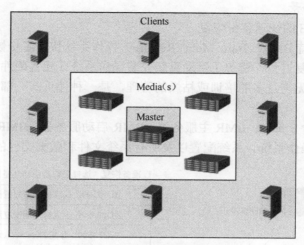

图 11-12　NBU 三层架构示意图

NDMP 体系结构遵循客户端/服务器模型。

- 安装了 NetBackup for NDMP 的 NetBackup 主服务器或介质服务器称为 NetBackup for NDMP 服务器。
- NDMP 服务器应用程序所驻留的主机称为 NDMP 主机。
- NetBackup 软件是 NDMP 服务器应用程序的客户端。NetBackup for NDMPNet Backup 充当 NDMP 客户端。另一方面，NDMP 主机充当 NetBackup 客户端。

HDP3500E 支持通过 NDMP 协议将 NDMP Host（NAS 机头）系统中的数据备份到 HDP3500E 并进行恢复。注意：NDMP 主机无需安装 NBU agent。NDMP 数据备份示意图如图 11-13 所示。

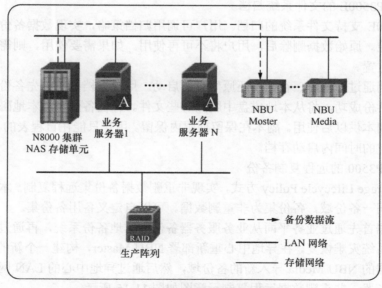

图 11-13　NDMP 数据备份示意图

4. 典型应用场景

（1）HDP3500E 的快速备份恢复

HDP3500E 支持 BMR（Bare Metal Restore）操作系统快速备份恢复。BMR 可自动化和简化服务器恢复过程，避免了手动重新安装操作系统或配置硬件，还可以在短时间内还原服务器，而无需过多的培训或枯燥的管理，是一种傻瓜式、部署简单、经济的灾难恢复方法。

BMR 组件包含 3 部分：BMR 主服务器、BMR 启动服务器、BMR 客户机如图 11-14 所示。BMR 还原操作系统、系统配置以及所有系统文件和数据文件的操作步骤如下。

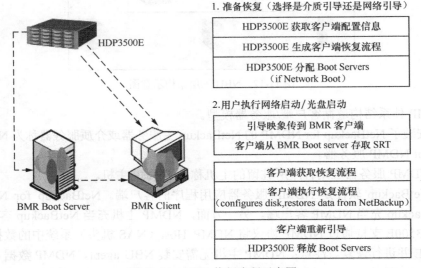

图 11-14　　BMR 执行流程示意图

（2）HDP3500E 的文件系统归档

HDP3500E 支持文件系统的归档。用户可调用归档策略，实现数据备份后，删除原始数据的功能。原始数据删除后，用户将不可再使用。如果需要使用，则需要恢复归档数据到原始位置。

用户存档通过"备份、存档和还原"界面启动。用户存档备份首先备份用户指定的文件。如果备份成功，将从本地磁盘中删除这些文件。存档备份释放本地磁盘空间，同时保留一个副本供以后使用。副本在保留期限内保留。用户只能在日程表的"启动时段"选项卡中指定的时间内启动存档。

（3）HDP3500 的远程复制备份

通过 Storage Lifecycle Policy 方式，实现非重删数据备份集远程复制。本地与异地中心必须属于同一备份域，备份集为非重删数据。可以自定义备用备份集。

备份数据首先通过业务平面从业务服务器备份到本地备份系统，再通过 WAN 迁移到异地备份系统灾难恢复，在异地中心重新部署 NBU Master，构建一个新的备份域，将包含备份数据的 NBU Media 导入新的备份域，然后通过异地中心的 LAN 网络恢复到备用的业务服务器。非重删数据远程复制示意图如图 11-15 所示。

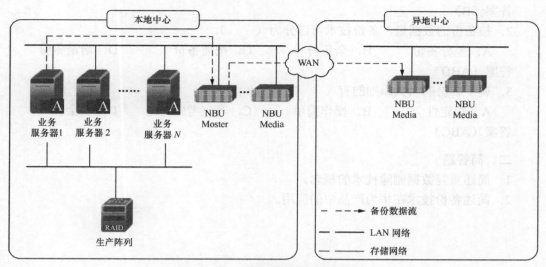

图 11-15　非重删数据远程复制示意图

5. 操作与管理

HDP3500E 充分考虑了设备维护时面临的备份系统的管理维护工作繁琐等问题，提供了设备配置显示、信息收集、一键巡检等工具包，大大简化了设备管理维护的难度。

（1）提供设备配置显示工具，管理员通过一个命令即可查询备份系统的硬件平台、OS、备份软件等组件的版本信息，简单易用。

（2）专门设计了一键式信息收集工具，系统管理员只需执行一个信息收集命令，即可完成整个系统的日志和其他信息收集，极大地降低了日志收集难度，缩短了日志收集时间。

（3）针对备份系统关键部件的健康状态检查还提供了一键巡检的工具，管理人员通过命令行可以快速检查备份系统关键部件的状态，完成巡检工作。

11.6　本章总结

完成本章学习，将能够：
- 了解备份的基础知识。
- 了解备份的拓扑结构。
- 了解备份使用的几种常见技术。
- 了解备份技术在华为产品中的实现与应用。

11.7　练习题

一、选择题

1. 在备份方案中，描述数据恢复所需时间的指标是（　　）。

A. RPO　　　　　　B. RTO　　　　　　C. D2D　　　　　　D. D2T

答案（B）

2. 按备份的数据量，备份技术可以分为（　　　）。

　　A．差分备份　　　　　B．全备份　　　　　C．按需备份　　　　　D．增量备份

答案（ABD）

3. 属于备份的六大原则的有（　　　）。

　　A．稳定性　　　　　B．操作简单　　　　　C．容灾考虑　　　　　D．安全性

答案（ABC）

二、简答题

1. 简述重复数据删除技术的概念。

2. 简述备份技术在华为产品中的应用。

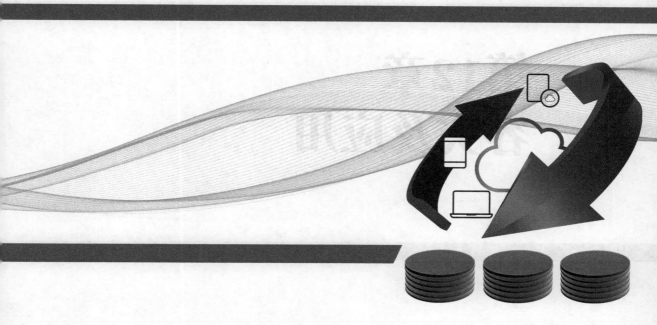

第12章
容灾及应用

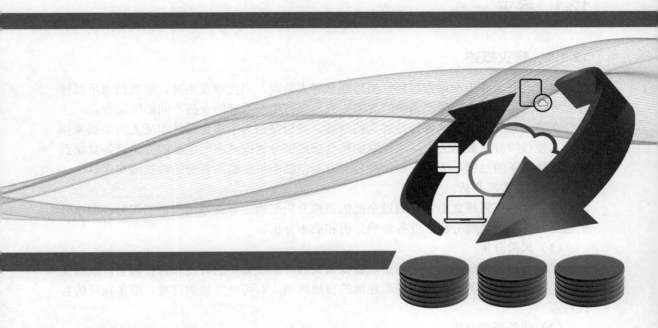

关于本章

容灾系统是指在相隔较远的异地，建立两套或多套功能相同的IT系统，互相之间可以进行健康状态监视和功能切换。容灾技术是系统高可用性技术的一个组成部分，容灾系统更加强调处理外界环境对系统的影响，特别是灾难性事件对整个IT节点的影响，提供节点级别的系统恢复功能。

当数据中心因灾难不能工作时，备份的副本将用于在第二地点恢复数据。因此容灾是生产系统中非常重要的环节，它尽可能地减少生产系统的数据丢失，保持生产系统的业务不间断运行，从而避免灾难带来的数据损失，并保证生产系统效率的持续性。

本章将介绍容灾的定义、容灾的关键指标RPO与RTO、容灾的类型以及企业基于RPO和RTO的要求所实施的灾难恢复数据保护策略，近年来充分运用于容灾的3种技术：快照技术、镜像技术、复制技术，以及容灾系统基于这3种技术的实现方式。在本章的结尾，将介绍华为在容灾方案方面的相关技术与产品。

12.1　容灾

12.1.1　容灾概述

容灾，就是除生产站点以外，另外建立容灾站点。当灾难发生时，容灾站点可以接管业务，尽可能地减少生产系统的数据丢失，保持生产系统的业务不间断的运行。

在容灾系统中，数据备份是容灾的基础。备份是指为了防止系统遭受人为的误操作或者其他故障导致数据丢失，而采取的将全部或部分数据从应用主机的存储设备复制到其他存储设备的过程。无论采取何种容灾方案，都不可能脱离备份的数据而实现。

1.　容灾需求分析

在建立容灾系统之前，要通过全面的需求分析来确定容灾系统所需的指标。需求分析包括业务系统风险分析、业务影响分析和成本分析。

（1）风险分析

风险分析是确定哪些是可能造成数据损失或者系统瘫痪的外在和内在因素。既然是容灾，就必须充分考虑业务系统所在地的自然环境，对可能发生的灾难，准备相应的容灾对策。

（2）业务影响分析

业务影响分析（business impact analysis，BIA）也称作业务影响评估（business impact assessment），分析灾难风险对组织运营的影响方式，识别并量化必要的容灾管理能力。具体来说，BIA 就以下问题达成一致的认识。

- 关键经营过程的识别和临界状态、职能和相关资源以及组织已有的关键互相依存关系。
- 灾难事项对实现重要业务目标的能力会产生的影响。
- 管理干扰的影响以及使组织恢复到约定运行水平所需的能力。

（3）成本分析

建立容灾系统，需要购买必要的设备，并考虑系统维护管理成本和使用通信线路的费用。这些容灾成本也是构建容灾系统必须考虑的因素。

2.　容灾类型

在今天的大多数容灾系统中，从对系统的保护程度来分，可以分为数据级容灾、应用级容灾和业务级容灾。

（1）数据级容灾

在容灾数据中心建立对应的数据系统，作为数据备份，而且该数据备份是本地全部数据的可用复制。当本地的数据系统发生不可避免的灾难时，容灾数据中心的数据备份系统能够迅速恢复丢失的数据。备份数据可以是与本地数据的完全实时复制，也可以比本地数据略微延时，但一定是可用的。

（2）应用级容灾

在数据容灾的基础上，在容灾数据中心建立一套完整的与本地生产系统相当的备份应用系统。建立这样一个备份应用系统比只备份数据复杂得多，其中需要包含多种其他资源与技术：主要的资源包括网络、主机、应用等，其间还需要良好地协调各资源之间的调用关系；主要的技术包括负载均衡、集群技术。

（3）业务级容灾

包含 IT 系统的容灾。数据级容灾和应用级容灾都是在 IT 范畴之内，然而对于正常业务而言，仅保障其 IT 系统是不够的。因此有些用户还需要构建最高级别的业务级别容灾。业务级容灾的大部分内容是非 IT 系统，如电话、办公地点等。当一场大的灾难发生时，用户原有的办公场所都会受到破坏，用户除了需要原有的数据和应用系统外，更需要工作人员在一个备份的工作场所正常地开展业务。

12.1.2　容灾的应用场景

2005 年 4 月国务院信息化办公室出台的《重要信息系统灾难恢复规划指南》中明确定义："灾难是由于人为或自然的原因，造成信息系统运行严重故障或瘫痪，使信息系统支持的业务功能停顿或服务水平不可接受、达到特定的时间的突发性事件，通常导致信息系统需要切换到备用场地运行。"由此可见，灾难不仅指自然的原因，也包括人为的原因。

在信息系统中，一切能导致系统非正常停机的事件都可以称为灾难。灾难大致可以分成以下 4 种。

- **自然灾害**：包括地震、洪水、雷电等，这种灾难破坏性大，影响面广。
- **社会灾难**：包括战争、火灾、盗窃等。
- **IT 系统灾难**：包括主机的 CPU、硬盘等损坏，电源中断以及网络故障等，这类灾难影响范围比较小，破坏性小。
- **人为灾难**：包括黑客攻击、病毒侵入、误操作、蓄意破坏等。对人为灾难的解决，属于广义的容灾的范畴。但狭义上，还是主要依靠备份。因为容灾通常是依靠镜像和复制，一旦主端感染病毒，或者误删了数据，从端会被同步修改。此时，需要靠备份的历史数据来恢复。

12.2　容灾方案涉及的基本概念

12.2.1　容灾中数据的一致性

1. 数据一致性

数据一致性，就是当多个用户试图同时访问一个数据库，它们的事务同时访问相同的数据时，读取到的数据完全相同。如果数据不一致，可能会发生以下 4 种情况：丢失更新、未确定的相关性、不一致的分析和幻像读。因此在容灾数据复制的应用中，保持数据的一致性是决定容灾效果的关键。

2. 数据的不一致性

数据的不一致性通常是因为异步传输过程中每个远程拷贝的 I/O 可能出现的失败与重传。现在的容灾系统大多采用时间戳（time stamp）技术来保证同步过程中的数据一致性，其主要过程如下。

（1）在每一个异步 I/O 操作中加上时间标签。

（2）每当收到来自主机的一个写更新时，生产磁盘控制器立即返回一个 I/O 完成的应答，并将数据放置到控制器 CACHE 中的一个文件中。

（3）应用软件定期地或在磁盘控制器达到某个临界状态时，收集来自所有控制器的更新数据。

（4）根据更新记录上的时间戳，重新编排更新记录（将这组记录称为数据分组号），使其能够保证数据和顺序更新完整性，然后一次性地用这组记录去更新备份磁盘。

（5）这个数据一致组保证备份磁盘系统的更新与生产磁盘系统有完全相同的顺序，即顺序的完整性。

12.2.2　容灾指标

（1）RTO

恢复时间目标（recovery time objectives，RTO）是指从业务中断到业务恢复正常运营之间的时间间隔。它是反映业务恢复及时性的指标。RTO 值越小，容灾系统的数据恢复能力越强。例如，一个 5 分钟的 RTO 表明所有业务需要在 5 分钟之内恢复，并且系统能够正常运作；没有停顿的业务恢复（即 0 小时的 RTO）表明没有任何延迟地恢复业务，并且能够重新正常运营。RTO 示意图如图 12-1 所示。

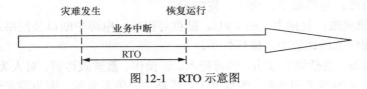

图 12-1　RTO 示意图

（2）RPO

恢复点目标（recovery point objectives，RPO）是指当灾难发生时，允许数据丢失的最长时间间隔。例如，昨天晚上 23:00 进行了数据同步，那么 RPO 即业务能够恢复到的时间点就是昨天的 23:00。它是反映数据恢复完整性的指标。

一个 5 分钟的 RPO 表明必须每隔 5 分钟进行一次业务及系统数据同步，一个 1 小时的 RPO 表明这种业务及系统数据只需要 1 小时同步一次。当 RPO 数值较大时，间隔时间较久才同步一次数据，这段较长时间内，需要同步的数据可能已经丢失而无法恢复；反之，当 RPO 数值较小时，因为数据被及时地备份、复制或记录，丢失的数据很少。但越小的 RPO 意味着付出更多的费用。所以，在付出更多的费用和更少的数据丢失量之间，必须做出权衡。PRO 示意图如图 12-2 所示。

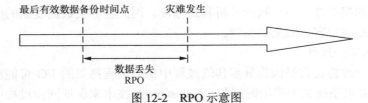

图 12-2　RPO 示意图

12.2.3　容灾级别

根据 SHARE 78 国际组织提出的标准，灾难恢复解决方案可分为 7 级，即从低到高有 7 种不同层次的灾难恢复解决方案。可以根据企业数据的重要性以及业务所需恢复的速度和程度来设计选择并实现业务的灾难恢复计划。这 7 个层次分别如下。

（1）Tier 1——PTAM 卡车运送访问方式（Pickup Truck Access Method）

Tier1 的灾难恢复方案必须设计一个应急方案，能够备份所需的信息并将它存储在异地，然后根据恢复的具体需求，有选择地建立备份平台，但不提供数据处理的硬件。

PTAM 是一种应用于许多中心的备份的标准方式，数据在完成写入之后，将会被送到远离本地的地方，同时准备有数据恢复的程序。在灾难发生后，需要重新安装整套系统，系统和数据可以恢复并重新与网络相连。这种灾难恢复方案相对来说成本较低（仅仅需要消耗传输工具和存储设备）。但同时有难于管理的问题，即很难知道什么样的数据在什么地方。

（2）Tier 2——PTAM 卡车运送访问方式+热备份中心（PTAM + Hot 中心）

Tier 2 相当于 Tier1 再加上热备份中心能力的灾难恢复。热备份中心拥有足够的硬件和网络设备去支持关键应用的安装需求，这样的应用是十分关键的，它必须在灾难发生的同时，在异地有正运行的硬件提供支持。这种灾难恢复的方式依赖于 PTAM 方法将日常数据放入仓库，当灾难发生时，数据被移动到一个热备份的中心。虽然移动数据到一个热备份中心增加了成本，但明显降低了灾难恢复时间。

（3）Tier 3——电子链接（Electronic Vaulting）

Tier 3 是在 Tier 2 的基础上用电子链路取代卡车进行数据传送的灾难恢复。在灾难发生后，通过电子链路传送存储的数据用于灾难恢复。由于热备份中心要保持持续运行，所以增加了设备采购和运营成本，但通过电子链路方式传送数据大大提高了灾难恢复的速度。

（4）Tier 4——活动状态的备份中心（Active Secondary 中心）

Tier 4 灾难恢复具有两个中心同时处于活动状态并管理彼此的备份数据，允许备份行动在任何一个方向发生。接收方硬件必须保证与另一方平台物理地分离，在这种情况下，工作负载可能在两个中心之间分享，中心 1 成为中心 2 的备份，反之亦然。在两个中心之间，彼此的在线关键数据的拷贝不停地相互传送着。在灾难发生时，需要的关键数据通过网络可迅速恢复，通过网络的切换，关键应用的恢复也可降低到小时级或分钟级。

（5）Tier 5——两中心两阶段确认

Tier 5 在 Tier 4 的基础上管理被选择的数据（根据单一 commit 的范围，在本地和远程数据库中同时更新数据），也就是说，在更新请求被认为满意之前，Tier 5 需要生产中心与备份中心的数据都被更新。我们可以想象这样一种情景，数据在两个中心之间相互映象，由远程 two-phasecommit 来同步。Tier 5 为关键应用使用了双重在线存储，在灾难发生时，只有传送中的数据丢失，恢复时间降低到分钟级。

（6）Tier 6——0 数据丢失（Zero Data Loss）

Tier 6 可以实现 0 数据丢失率，并保证数据立即自动传输到恢复中心。Tier 6 被认为是灾难恢复的最高级别，在本地和远程的所有数据更新的同时，利用了双重在线存储和完全的网络切换能力。Tier 6 是灾难恢复中最昂贵的方式，但也是速度最快的恢复方式。

（7）Tier 7——0 数据丢失，动系统故障切换

第 7 层和第 6 层实现之间的区别是，当一个工作中心发生灾难时，第 7 层实现能够提供一定程度的跨站点动态负载平衡和自动系统故障切换功能。现在已经证明，为实现有效的灾难恢复，无需人工介入的自动站点故障切换功能是需要被纳入考虑范围的重要事项。

中国容灾与备份的行业标准《信息系统灾难恢复规范》也对灾难的恢复能力作了等级划分（共 6 级）。它规定了信息系统灾难恢复应遵循的基本要求，适用于信息系统灾难恢复的规划、审批、实施和管理。

《规范》对灾难恢复行业相应的术语和定义、灾难恢复概述、灾难恢复需求的确定、灾难恢复策略的制定和灾难恢复策略的实现等内容作了具体描述。

以下是《信息系统灾难恢复规范》对灾难恢复能力的等级划分。

① 第 1 级基本支持。

② 第 2 级备用场地支持。

③ 第 3 级电子传输和部分设备支持。

④ 第 4 级电子传输及完整设备支持。

⑤ 第 5 级实时数据传输及完整设备支持。

⑥ 第 6 级数据零丢失和远程集群支持。

对于不同的容灾等级，《规范》都对其 RTO 与 RPO 进行了明确的定义，如表 12-1 所示。

表 12-1　　灾难恢复等级的 RTO 和 RPO 的定义

灾难恢复能力等级	RTO	RPO
1	2 天以上	1～7 天
2	24 小时以后	1～7 天
3	12 小时以上	数小时至 1 天
4	数小时至 2 天	数小时至 1 天
5	数分钟至 2 天	0～30 分钟
6	数分钟	0

12.3　快照技术

容灾离不开备份。常见的容灾技术包括快照技术、镜像技术、复制技术。本节主要介绍快照技术，在 12.4 节将着重介绍镜像技术，12.5 节主要介绍复制技术。

12.3.1　快照技术简介

在现实生活中，只要轻轻按下照相机的快门，就能把景物或人像留在相册里。在计算机中，我们也希望通过快速拍照来进行记录与保存。但在计算机中，我们需要保存的是数据，快照技术就是把数据在某一时刻的映像保留下来，作为增强容灾系统的一种技

术。同时，随着存储应用需求的提高，用户也需要通过在线方式保护数据，快照就是在线存储设备防范数据丢失的有效方法之一。越来越多的存储设备支持快照功能。

存储网络行业协会（SNIA）对快照（snapshot）的定义是：**关于指定数据集合的一个完全可用拷贝，该拷贝包括相应数据在某个时间点**（拷贝开始的时间点）的映像。快照可以是数据再现的一个复本如图 12-3 所示。

图 12-3　快照技术示意图

快照技术有如下特点。

- 快照可迅速生成，并可用作传统备份和归档的数据源，缩小甚至消除了数据备份的窗口。
- 快照存储在磁盘上，可以快速直接存取，提高了数据恢复的速度。
- 基于磁盘的快照使存储设备有灵活和频繁的恢复点，可以快速通过不同时间点的快照简易恢复意外擦除或损坏的数据，对其进行在线数据恢复。

从具体的技术细节来讲，快照建立一个指针列表，指示读取数据的地址，当数据改变时，该指针列表能够在极短时间内提供一个实时数据，并进行复制。

12.3.2　常见的快照技术

存储快照有两种模式：写前拷贝（copy-on-write）快照和分割镜像快照。

1. 写前拷贝快照（copy-on-write，COW）

写前拷贝快照是表现数据外观特征的"照片"。这种方式通常也被称为"元数据"拷贝，即所有的数据并没有被真正拷贝到另一个位置，只是指示数据实际所处位置的指针被拷贝。使用这项技术当已经有了快照时，如果有人试图改写原始 LUN 上的数据，快照软件首先将原始的数据块拷贝到一个新位置（专用于快照操作的存储资源池），然后进行写操作，如图 12-4 所示。之后引用原始数据时，快照软件将指针映射到新位置，或者当引用快照时，将指针映射到老位置。因此写前拷贝快照通常也称为指针型快照。它的优点是占用空间小，对系统性能的影响较小；缺点是如果原数据盘在没有备份的情况下发生不可恢复性损坏，数据就无法恢复了。

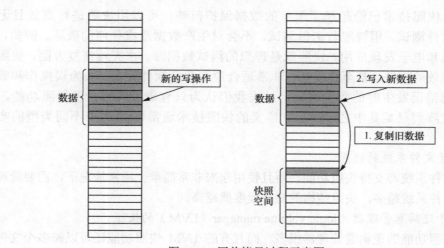

图 12-4　写前拷贝过程示意图

写前拷贝快照在每次输入新数据或已有数据被更新时，改动存储数据。这样可以在发生硬盘写错误、文件损坏或程序故障时迅速恢复数据。但是，如果需要对存储媒介上的所有数据进行完全的存档或恢复，则所有以前的快照都必须可供使用。

2. 分割镜像快照

分割镜像快照也被称为镜像型快照或原样复制快照。它相当于当时数据的全镜像，因为需要占用到与原数据相等容量的空间，所以这种类型的快照会对系统性造成一定的负荷，而且缺乏灵活性，无法在任意时间点为任意数据卷创建快照。其优点是，即使原数据损坏，它也不会受到太大的影响。

它的工作原理是：每次应用运行时，都生成整个卷的快照，而不只是新数据或更新数据的备份。这种快照方式使离线访问数据成为可能，并且简化了恢复、复制或存档 LUN 上的所有数据的过程。但是，这个过程较慢、占用空间较大。

这两种快照技术的优缺点对比如表 12-2 所示。

表 12-2 快照方式优缺点对比

类型	模式特点	优点	缺点
写前拷贝快照（指针型快照）	写前拷贝快照是表现数据外观特征的"照片"。所有的数据并没有被真正拷贝到另一个位置，只是指示数据实际所处位置的指针被拷贝	占用空间小，对系统性能的影响较小	如果原数据盘在没有备份的情况下发生不可恢复性损坏，数据就无法恢复了
分割镜像快照（镜像型快照或原样复制型快照）	每次应用运行时，都生成整个卷的拷贝，而不只是新数据或更新的数据。相当于当时数据的全镜像	即使原数据损坏，它也不会受到太大的影响，使离线访问数据成为可能，并且简化了恢复、复制或存档 LUN 上所有数据的过程	这种类型的快照会对系统性能造成一定的负荷，而且缺乏灵活性，无法在任意时间点为任意数据卷快照

12.3.3 快照技术的应用

现在，快照技术已经超越了简单的数据保护范畴。可以用快照进行高效且无风险的应用软件测试。用快照数据做测试，不会对生产数据造成任何的破坏。例如，对于数据挖掘和电子发现应用，快照就是理想的测试数据源。在灾难恢复方面，快照是一种非常有效的方法，甚至是首选，非常适合遭到恶意软件攻击、人为误操作和数据损坏等逻辑错误发生时的数据恢复。过去我们认为只有磁盘阵列具备快照功能，但事实上磁盘阵列只是其中之一而已。广义的快照技术通常可有 7 个不同类型的实现主体。

1. 基于文件系统的快照

很多文件系统都支持快照功能，而且使用起来非常简单。通常情况下，需要管理的服务器和文件系统越多，快照结构的复杂程度就越高。

2. 基于逻辑卷管理器（logic volume manager，LVM）的快照

带有快照功能的逻辑卷管理器很多，而且有的 LVM 快照功能还可以跨多个文件系

统实现。像基于文件系统的快照一样，LVM 上的快照应用也需要面对系统之间的协调问题和复杂的技术实施问题。

3．基于网络附加存储系统（network access server，NAS）的快照

NAS 本质上就是一个经过优化的或是专门定制的文件系统，运行在特定的设备上，或集成在存储设备中。大多数中端和企业级 NAS 系统都提供快照功能。通过网络连接到 NAS 的计算机系统都可以使用这种标准的通用快照，包括物理服务器、虚拟机、台式机和笔记本电脑，它也非常容易操作和管理。

4．基于磁盘阵列的快照

大多数磁盘阵列的软件系统都含有快照功能。基于磁盘阵列的快照与基于 NAS 的快照有非常相似的优点，所有与磁盘阵列相连的计算机系统都可以使用这种标准的通用快照功能，包括物理服务器、虚拟机、台式机和笔记本电脑等。快照的实施、操作和管理也都很简单。像 NAS 一样，很多磁盘阵列的快照功能也可以被 Windows VSS（Visual Source Safe）、备份服务器和备份 Agent 等软件直接调用。

5．基于存储虚拟化设备的快照

磁盘阵列和 NAS 快照具备的优点在存储虚拟化设备上同样能够体现，而且某些方面还能做得更好。可以将来自不同厂商的很多存储设备聚集在少量的几个控制点或单一控制点上管理，提供通用的标准化快照，最大程度地简化了快照的管理操作成本和学习成本。

6．基于主机虚拟化软件的快照

随着服务器虚拟化应用的普及，基于主机虚拟化管理软件（hypervisor）的快照技术也逐渐流行起来。在主机虚拟化软件层实现快照的优点是简单直接。由于同虚拟机管理软件绑定在一起，因此可以为所有的虚拟机提供统一的快照。相对于其他类型快照而言，基于虚拟机的快照很容易部署、使用和管理。

7．基于数据库的快照

在数据库中，快照动作被称为"快照隔离"。在一般情况下，数据库备份工具会利用快照隔离的功能来恢复崩溃（出现一致性问题）的数据表。针对数据库内部数据和基于该数据库的相关应用，使用数据库自带的快照比较有效。但是，数据库快照的重要缺陷就是覆盖的范围非常有限，其作用仅限于特定的数据库内部和数据库相关的应用，无法管理在同一台服务器上的文件系统、文件类应用或其他数据库，更不用说管理其他的服务器了。有时候不得不通过其他层次的快照技术来解决数据库之外的数据保护问题，这样，操作和管理将变得有些复杂。

12.3.4　华为产品中快照技术的应用

华为产品中的 N8500 集群 NAS 存储系统采用了快照技术。该存储系统的文件系统快照支持生成源文件系统在某个时间点上的一致性映像，在不中断正常业务的前提下，快速得到一份与源文件系统一致的数据副本。副本生成之后立即可用，并且对副本的读写操作不再影响源文件系统中的数据。因此通过文件系统快照技术可以解决在线备份、数据分析、应用测试等难题。用户可以通过多种方法使用存储检查点。例如，它们可用于：

- 创建可以备份到磁带的文件系统的稳定映像。
- 提供源文件系统的磁盘备份，在意外删除情况下，最终用户可以恢复自己的文件。
- 在安装修补程序之前，创建应用程序的二进制副本，以允许出现问题时进行还原。
- 创建文件系统的磁盘备份，可用作传统的基于磁带备份的补充，从而提供更快的备份和恢复功能。

N8500 的文件系统快照采用了写前拷贝（copy-on-write）技术方式实现。它为用户提供读写业务，用户可通过创建快照方便地重定义数据用途，实现测试、备份、归档等各类操作。对快照的修改操作需要说明的是，如果对某一快照执行了写操作，那么该快照将不再是快照创建时间点的一致性映像，因此将不能恢复到创建时间点的文件系统数据状态。

N8500 文件系统中的快照技术具有以下特点。

1. 快速数据恢复

对于传统的离线备份，备份数据无法直接在线读取，必须经过较长时间的数据恢复过程，才能够获得原数据在备份时间点的可用副本，从而实现数据的还原。N8500 的文件系统快照可以直接从快照中恢复出快照时间点的数据，实现了方便地数据恢复。

2. 循环定时快照，实现持续数据保护

N8500 对同一文件系统支持多个时间点的快照，用户可以定制策略定时自动创建快照。当多个时间点的快照采用循环的方式沿时间轴向前推进自动操作时，非常方便且低成本地实现了持续数据保护。

3. 快照对性能的影响

在文件系统中使用快照并非对系统性能没有影响。在文件系统中创建快照后，读操作的性能不会受到影响，但却增加了写操作的复杂度。当原文件系统数据更新较大时，写操作增加，系统性能有一定的降低。

12.4　镜像技术

12.4.1　镜像技术简介

镜像是在两个或多个磁盘或磁盘子系统上产生同一个在线数据拷贝的信息存储过程，其产生多个数据镜像系统。以两个镜像磁盘为例，一个叫主镜像系统，另一个叫从镜像系统，当两个磁盘都正常工作时，数据可以从任一磁盘读取，如果一个磁盘失效，则可以从另外一个正常工作的磁盘读出数据。

数据镜像技术按照主从镜像存储系统所处的位置可分为本地镜像和远程镜像。

在本地镜像模式下，由最少两个相同容量的磁盘子系统组成。磁盘子系统处于不同的磁盘驱动器上。每次磁盘子系统的写操作将同时对所有镜像进行。读操作则根据特定算法选择某镜像来提供服务。

远程镜像技术又叫远程复制，用于备份主数据中心和备援中心之间的数据。它是容灾备份的核心技术，同时也是保持远程数据同步和实现灾难恢复的基础。在远程镜像模式下，镜像磁盘与数据源不在同一地点，镜像操作通过协作处理器完成。协作处理器是控制异地镜像拷贝的处理器，源处理器是控制数据源拷贝的处理器。协作处理器由数据源处理器控制，即协作处理器服从来自源处理器的命令。远程镜像根据采用的"写"协议不同，可划分为同步远程镜像和异步远程镜像两种方式。

- 同步远程镜像（同步复制技术）是指通过远程镜像软件，将本地数据以完全同步的方式复制到异地，每一本地的 I/O 事务均需等待远程复制的完成确认信息，方予以释放，在这种情况下，"写"操作会同时在原始磁盘和镜像磁盘上完成。同步镜像的优点是：使拷贝总能与本地机要求复制的内容相匹配。当主站点出现故障时，用户的应用程序切换到备份的替代站点后，被镜像的远程副本可以保证业务继续执行，而没有数据丢失。但它存在往返传播造成延时较长的缺点，只限于在相对较近的距离上应用。

- 异步远程镜像（异步复制技术）保证在更新远程存储视图前完成向本地存储系统的基本操作，由本地存储系统提供给镜像主机 I/O 操作，并完成确认信息。远程的数据复制是以后台同步的方式进行的，这使本地系统性能受到的影响很小，传输距离长（可达 1000km 以上），对网络带宽要求小。

12.4.2　镜像技术的应用

一般来说，镜像是在硬件架构的基础上由软件实现的，通常可在系统的 3 个位置上实现。

1.　卷管理器

卷管理器作为服务器的软件组件，它是在文件系统和主机总线适配器驱动程序之间构架的单独一层，其主要目的是把服务器挂载的物理磁盘驱动器虚拟化，以更方便的形式提供给文件系统使用。

2.　磁盘控制器

磁盘控制器除了完成数据块的移动、拷贝、计算等特殊功能外，还带有功能强大的通用处理器，磁盘控制器是一些较大型服务器实现数据镜像和 RAID 最为常用的位置。

3.　主机总线适配器

一些供应商开发了一种既可以提供传统主机总线适配器的格式转换功能，又能实现多 I/O 总线接口以及 RAID 和数据镜像算法的主机总线适配器。这种主机总线适配器具有很高的性价比，已经普遍应用在小型部门服务器上，但由于这种主机总线适配器难以实现多主机的数据存取，所以它们在企业服务器上的用途有限。

4.　镜像技术在华为产品中的应用

华为产品 OceanStor V3. 系列采用了镜像技术。OceanStor V3. 系列同时支持文件系统和块数据远程复制，根据用户的实际需求，选择不同的异地容灾方式。OceanStor V3. 系列存储系统的远程复制分为同步远程复制（hyper mirror/S）和异步远程复制（hyper mirror/A）两种主流的远程复制技术。OceanStor V3. 系列存储系统也采用了分裂镜像技术。其分裂镜像名为 HyperClone，其主要功能是在不中断业务的前提下，为存储系统的 LUN 建立一份某时刻的完整物理拷贝，并且在分裂后，对物理拷贝的读写操作不会影响原 LUN 上的数据。因此通过分裂镜像技术可以解决在线备份、数据挖掘、应用测试等难题。

12.5   复制技术

12.5.1   复制技术简介

复制技术是容灾方案中的关键技术之一。

复制是指将主机产生的业务数据写入从端存储系统的从逻辑单元号（logical unit number，LUN）中，以实现数据的容灾备份。远程复制是容灾备份的核心技术，可以实现远程数据同步和灾难恢复。在物理位置上分离的存储系统，通过远程数据连接功能，可以在远程维护一套或多套数据副本。一旦灾难发生，分布在异地存储系统上的备份数据并不会波及，从而实现容灾备份功能。

容灾数据复制技术的目的和受益如表 12-3 所示。

表 12-3   **容灾数据复制技术的目的和受益**

复制的作用	目的	受益
远端备份和恢复	业务数据失效后，可以通过远端的备份数据进行恢复	避免主站点数据失效后，由于数据丢失给客户造成的损失
保持业务的不间断	灾难发生时，可以通过从站点快速接管主站点的业务数据，保证业务的持续性	避免主站点故障后，由于业务中断给客户造成的损失
容灾恢复	灾难发生后，可以通过从站点的数据恢复主站点的数据	避免灾难发生后，由于业务数据丢失或恢复时间过长给客户造成的损失

上面描述中，主站点、从站点、主机的含义如下。

- 主站点是指由主端存储系统、应用服务器、链路等构成的生产中心。
- 从站点是指由从端存储系统、应用服务器、链路等构成的备份中心。
- 如果没有特殊说明，本节中的主机特指应用服务器

完整的容灾解决方案至少应包括两个部分：数据复制和系统切换。从表 12-2 可以看出，数据复制的作用是保证主备中心两地数据的有效性和一致性，是容灾建设的基础。

复制技术与上节提到的镜像技术是有本质区别的。在镜像技术中，数据与其镜像的内容自始至终都保持完全一致，也就是说两边的数据是完全同步的。而在复制技术中，两边的数据只在复制的那一刻是完全相同的，之后改变其中一边的数据，都不会影响到另一边的数据，此时两边的数据并不同步。

目前主要的数据复制技术有磁带备份、基于智能存储系统的磁盘数据复制技术、数

据库数据复制技术、基于应用的数据复制技术和基于逻辑卷的数据复制技术等。这几种复制技术的比较如表 12-4 所示。

表 12-4　　　　　　　　　　　　　　复制技术比较

	存储系统数据复制		操作系统层数据复制	应用程序层数据复制
	普通数据复制	虚拟存储技术		
基本原理	数据的复制过程通过本地的存储系统和远端的存储系统之间的通信完成	复制技术是伴随着存储局域网的出现引入的，通过构建虚拟存储来实现数据复制	通过操作系统或者数据卷管理器来实现对数据的远程复制	数据库的异地复制技术通常采用日志复制功能，依靠本地和远程主机间的日志归档与传递来实现两端的数据一致
平台要求	同构存储	与平台无关，需要增加专有的复制服务器或带有复制功能的 SAN 交换机	同构主机、异构存储	与平台无关
复制性能	高	高	高	较高
资源占用	对生产系统存储性能有影响	对网络要求高	对生产系统主机性能有影响	占用部分生产系统数据库资源
技术成熟度	成熟	成熟度有待提高，非主流复制技术	成熟	成熟
投入成本	高，需要同构存储	较高，需要专有设备	较高，需要同构主机	一般部分软件免费，如 DataGuard
复制软件/功能系统	IBM PPRC、EMC SRDF、HP CA、华为 Hyper mirror 等	UIT SVM、EMC VSM、华为 VIS 66000T 等	Symantec、SF/VVR 等	Oracle DataGuard、DNT IDR 等

12.5.2　复制技术的应用

随着应用系统的不断发展，系统对数据库的依赖与日俱增，目前无论是金融、政府、石化、电力、教育、医疗，还是企业 ERP 系统，无一例外地出现了数据库，特别是大型数据库的身影，主要集中在 Oracle、SQL Server 和 DB2，目前应用系统都需要通过数据库来保证交易的完整性以及交易完成的效率。但是很多中小企业不可能使用大型集中数据库的方式，只能通过数据复制技术，利用廉价 VPN 技术，使用简单宽带技术构建各分公司的集中交易模式。

复制技术在应用方面主要有以下两种模式。

（1）同步远程复制。实时地同步数据，最大限度保证数据的一致性，以减少灾难发生时的数据丢失量。

（2）异步远程复制。周期性地同步数据，最大限度减少由于数据远程传输时延造成的业务性能下降。

两种模式的简单对比如表 12-5 所示。

表 12-5 两种复制模式的简单对比

	同步远程复制	异步远程复制
操作	必须在通知源站点写完成前，将写操作同时提交源和目标。在先前写操作完成并通知主机前，不能进行额外写操作（一次写两个地方，都完成了源站点，才能进行下一个写操作）	一个写操作提交源后，立即通知目标主机。数据先缓存在源站点，之后再传输给目标站点
优点	如果源发生故障，同步复制提供 0 或接近 0 的恢复点指标级最低恢复时间	减少响应时间对主机性能的影响。不限制两个站点部署距离
缺点	写响应时间影响主机性能，而且两个站点越远，影响越大。两个站点部署距离必须小于 200km	恢复点指标级，最低恢复时间不及同步远程复制。不适合要求不间断服务的源站点

说明：

上面描述中，源、目标的含义如下。

- 源：指位于主站点的存储信息资产的基础设施。
- 目标：指位于远程站点的存储信息副本的基础设施。
- 访问源和目标的主机分别为源主机和目标主机

由于复制模式的不同，数据写入从 LUN 的原理也不同。下面详细介绍同步远程复制和异步远程复制处理主机写 I/O 的原理。

1. 同步远程复制写操作

同步远程复制需要将主端存储系统上的数据实时地同步到从端存储系统上。其特点如下。

（1）主端存储系统接收到主机的写 I/O 请求后，分别发送写 I/O 请求至从 LUN 和主 LUN。

（2）只有主 LUN 和从 LUN 都执行写操作成功时，才向主机返回写 I/O 请求成功。

当主 LUN 和从 LUN 建立同步远程复制关系之后，需要对远程复制进行一次手动同步，以保证主 LUN 和从 LUN 的数据一致。同步完成后，每一次主机向主端存储系统写入数据，都会实时同步到从端存储系统的从 LUN 中。其中某一次写入数据块 N，同步远程复制处理此次写 I/O 的原理如图 12-5 所示。

2. 异步远程复制写操作

异步远程复制是指将主端存储系统上的数据周期性地拷贝到从端存储系统上。其特点如下。

（1）异步远程复制依赖于快照技术。快照是指源数据在某个时间点的一致性数据副本。

（2）主机对主 LUN 进行写操作，只要主 LUN 返回写请求成功，就向主机返回写请求成功。

（3）通过用户手动触发或系统定时触发同步，保证主 LUN 和从 LUN 数据一致。

当主 LUN 和从 LUN 建立异步远程复制关系之后，启动初始同步，将主 LUN 数据全部复制到从 LUN，以保证主 LUN 和从 LUN 数据的完全一致。初始同步完成后的写操作如下。

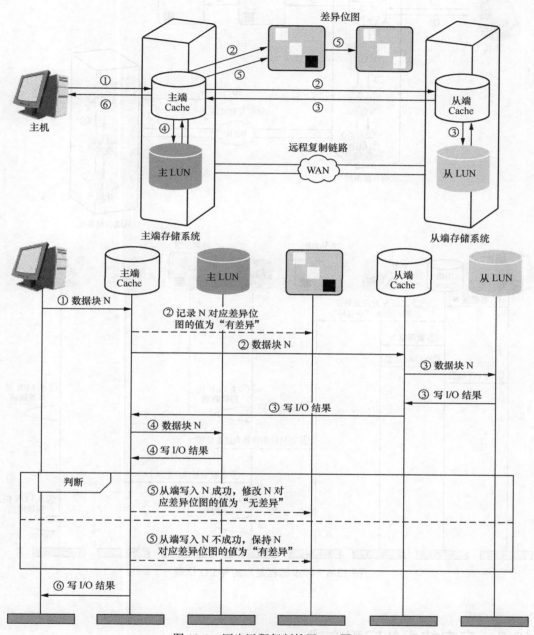

图 12-5 同步远程复制的写 I/O 原理

主端存储系统接收到主机发送的写 I/O 时，发送写 I/O 至主 LUN，只要主 LUN 返回写 I/O 成功，主端存储系统就向主机返回写 I/O 成功。从 LUN 的数据在同步周期到达时，再进行主 LUN 和从 LUN 数据的同步。其中某一次写入数据块 N，异步远程复制处理此次写 I/O 的原理如图 12-6 所示。

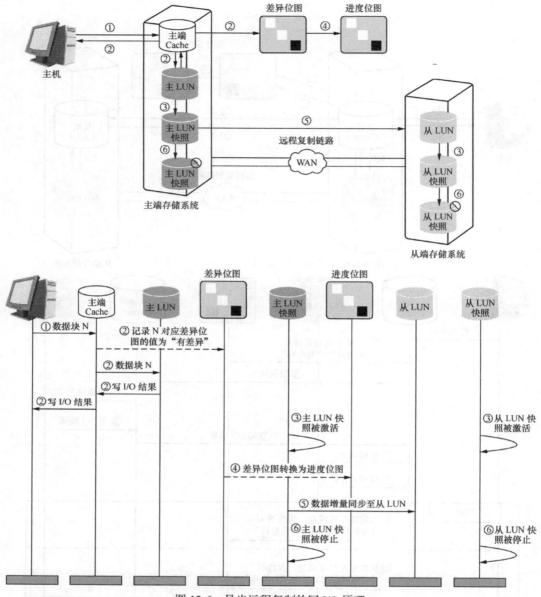

图 12-6　异步远程复制的写 I/O 原理

12.6　容灾技术的实现方式

　　容灾技术发展至今，其类型众多，过去企业广泛采用的是以备份磁带为基础的远程容灾方式，而如今这种方式已经渐渐优化到通过网络连接来将本地端的数据复制一份到远程保存。

　　容灾分为**同城容灾**和**异地容灾**两种。

1．同城容灾

同城容灾通常是指在同一个地区选择不同机房、不同楼层或楼宇来建设容灾系统，目的是防备软硬件故障、机房停电、中毒、人为误操作等更加常见的破坏因素，或者准备一套备用系统用于例行维护，或者实现生产、查询相分离的业务建设。这样的建设非常实惠。

2．异地容灾

异地容灾则是为了防止如地震、火灾、丢失等区域性的大规模灾难造成的损失而选择在其他不同的地区建立灾备系统。其通过在异地建立起数据的备份，进一步提高了数据抵抗各种可能安全因素的容灾能力。

从投入成本和故障发生概率来考虑，企业一般都会按照"先本地，再异地"的由近及远原则建设容灾系统。先在同一个机房的不同主机和存储上建设，或在不同的楼层和楼宇建设一个备份中心。经济条件具备的，考虑同城建设一个备份机房。在实际操作中，很多企业基本都会在本地建设一个高等级的、投入也不大的容灾，然后在分部或者同城其他地方做一个异地备份。这样的建设方案投入不大，比较实惠。

随着光纤存储网络技术的成熟，以及其在距离上的拓展，光纤城域存储网络的实现已经趋于成熟，现在不再需要依赖复杂的数据复制技术，就可以实现同城容灾。下面主要讨论异地容灾的实现方式。

异地容灾的实现方式主要有两种类型：主机型（host based）和存储系统型（storage based）。

（1）主机型远程容灾

主机型远程容灾简单地说，就是通过安装在服务器的数据复制软件，或应用程序提供的数据复制/灾难恢复工具（如数据库的相关工具），利用 TCP/IP 网络连接远端的容备服务器，实现异地数据复制。

基于主机实现的容灾技术的特点可以归为以下几点。

- 需要在主机上安装相应软件，一些甚至需要更改相应的分区技术，这种方式需要支付软件的授权费，也会消耗主机的运行资源。
- 需要实施现有系统停机调整。
- 单个费用稍低，在服务器较少的环境下，所需成本小，用户不需要更换太多现有的系统架构，也不用担心系统的兼容性问题。
- 当服务器数量较多时，管理复杂程度会大幅增加，整体投入成本也会大大增加。

（2）存储系统型远程容灾

存储系统型远程容灾顾名思义是基于存储系统（光纤磁盘阵列、NAS）的模式。使用存储系统内建的固件（firmware）或操作系统，通过 IP 网络或 DWDM、光纤通道等传输介质连接，将数据以同步或异步方式复制到远端。知名的存储系统型远程容灾方案有 SRDF、TrueCopy、PPRC 等。

基于存储数据级实现的容灾技术的特点可归纳为以下几点。

- 不占用主机资源，其将数据与运行分开，对主机系统的运行资源影响较小，效率高。
- 需要的链路设备较多，因为用户要在本地端和灾备端分别配置两套相同的存储系统，不仅采购成本高，也要受制于单一的设备厂商，未来拓展性缺乏弹性。

- 单个投资较大，与主机数量无关。
- 对于数据库的一致性容灾存在很大缺陷，在多点到一点的容灾架构上存在不适用性。

对比这两种不同的容灾技术实现方式可以发现，主机型远程容灾在实际中将会存在很大的局限性，而存储系统型远程容灾的缺点是成本更加高昂。

12.7　构建容灾解决方案

容灾技术是灾备系统的核心，许多企业在下达灾备系统建设任务之后，一直都无法在技术方案的论证环节上统一，由此可以看出，找到一个完美的容灾解决方案，是一件十分艰难的事情。在众多构建容灾解决方案实例的基础上，逐渐形成了一些通用的方法和流程。现在就从用户切实的容灾系统技术和可行性出发，对构建容灾系统时的通用流程进行简单的概括和分析。

1. 明确容灾将要防范的"灾"

明确容灾将要防范的"灾"即明确计算机系统等可能遇到的灾难类型，如系统故障、硬件问题、数据逻辑受损、火灾地震等，对于不同情形，采取的应对措施也是不尽相同。例如，传统的容灾手段重点集中在大型站点类灾难的恢复能力上（主要指自然和电力等灾难），一般不具有防范软件和人为错误（如各类失误）等的能力，因此这类灾备系统不具有涵盖全系列灾难防范的内容，当需要建设防范更加全面的容灾系统时，就不得不重新考虑升级和改进新一代的系统。就一般而言，硬件故障、人为失误、软件错误居信息系统故障发生概率会占据前三位，自然灾害等则属于小概率事件，但由于破坏力巨大，也是容灾系统不得不考虑的重要内容。

2. 尽可能减小容灾系统的存在形成的影响

容灾系统的存在与否，对现有业务造成的影响肯定是不同的。一个好的容灾系统，应该能极少地影响到当前业务的运营，对其不造成任何障碍，而不是通过限制一些系统的正常行为来达到保护系统数据的目的。这就要求构建容灾方案在工程上应具有可操作性、周期的可控性以及实施周期短等特点，这样才能最大限度降低对原有系统的影响。

3. 明确业务能接受的系统恢复用时

明确业务能接受的系统恢复用时即必须知道当系统遇灾时，整个业务能允许的"瘫痪"时间，也就是定义用户对于计算机系统发生故障的最大容忍时间（即 RTO）。这也是在构建容灾解决方案时要考虑的重要技术指标。

4. 确认数据的保护级别

对于不同重要程度的数据，所构建的容灾方案也是不同的。有些数据可能并不需要完全恢复，而有些重要数据可能要完全且完整地都恢复出来（即 RPO），并且数据的保护级别高低也涉及是否在数据恢复的同时，还要实时地同步数据，这些都是影响容灾方案构建的重要因素。

5. 容灾系统具有较低的维护难度

毫无疑问，一个管理界面友好和易操作的容灾系统更容易被人接受。谁都不想面对一个复杂、成本高、维护难度很大的灾备系统，当然，这不仅要考虑到容灾技术本身，以及容灾系统的管理系统本身是否易学、易用和易维护，管理人员所具有的管理能力和维护能力也是重要因素。

6. 容灾系统所用技术具有一定的可移植性

这是很容易忽略的一点，就是容灾使用的技术和手段是否适用于现有的所有参与系统以及今后可能加入的其他业务系统。这点经常成为容灾体系技术路线讨论中最为困扰的一个因素。尽量在第一次建立容灾系统时，就采用有前瞻性的技术，从而形成一次构建，长期受益的良好架构，而且一旦这样的系统建立好，在未来加入各种其他系统时所需的改造成本会十分轻微，使系统具有优异的可拓展性和弹性。因此，在选择容灾技术和容灾产品时，应该选择主流的技术和实力雄厚的供应商的产品。因为，通常业界主流的技术，更容易被后来的技术兼容；实力雄厚的系统供应商，在开发新技术时，能够更多地考虑技术的可移植性。

还有一些其他非主流因素，就不再一一赘述了。由此可见，想要构建一个好的长久的容灾解决方案并不是一件容易的事情，它需要从各个方面去权衡利弊、裁量得失，这样才能找到一个具有最高性价比的方案。

12.8　华为容灾方案的实现和应用

12.8.1　产品介绍

华为在这方面推出的产品很多，典型的像 VIS6000T、APM 等，下面介绍 OceanStor VIS6000。

1. 产品定位

虚拟智能存储（Virtual Intelligent Storage）是一款存储虚拟化产品，它通过独特的虚拟化技术，整合 IP SAN、FC SAN 异构存储资源，将复杂的异构环境简化为统一虚拟存储池，并提供丰富的存储特性，提升管理效率和资源利用率，从而减少客户开销。

该产品的定位如下。

- 提供异构存储环境下的数据整合、统一管理。
- 提供存储系统的数据备份、实时数据保护与恢复功能。
- 提供在线数据迁移的解决方案。
- 提供安全、可靠、方便、快捷的数据容灾功能。

其硬件如表 12-6 所示。

表 12-6　　　　　　　　　　　　　　　　　　　　**产品硬件**

项目	VIS6000T
处理器	XEON 5645×2
内存容量	48GB×2

（续表）

项目	VIS6000T
前端端口类型	8GB FC 和 1/10GE（iSCSI）
后端端口类型	8GB FC 和 1/10GE（iSCSI）
最大业务端口数	20（8GBFC）/10（10GE）/20（GE）
最大卷数目	4 096
最大 LUN 数目	4 096
最大主机数量	1024 FC/256 iSCSI

2. 功能特性介绍

（1）强大的异构存储虚拟化能力

- 业界领先的广泛兼容性，能够兼容业界主流的存储设备。
- 基于网络层的异构存储虚拟化技术，能够将不同厂商存储整合为统一的存储资源池，实现存储资源共享和统一管理。
- 原有存储数据无需迁移和转换。

（2）良好的可靠性和运行稳定性

- 多节点集群技术。
- 关键部位全冗余。
- 可热插拔接口卡。

（3）灵活的业务与数据保护功能

- 快照：虚拟和完整空间快照，对数据进行时间点保护，预防客户可能面临的软灾难。
- 镜像：卷镜像技术，在 2 台或多台存储设备之间建立实时镜像，保证客户的业务不受单台存储设备故障影响。
- 远程复制：业界领先的 I/O 级远程复制技术，实现异构存储之间跨地域的数据容灾。

（4）镜像技术

- 特性描述：镜像卷是和生产卷相同的拷贝，通常不在一个磁盘系统中。
- 功能优点：其中一个卷故障，另外的卷可提供连续的数据访问，是经济的本地数据保护方式。

3. 典型应用案例

OceanStor VIS6000T 广泛应用于多个国家或地区的运营商、金融、媒体、能源、交通、医疗卫生、政府等行业，案例包括黑龙江联通、工行杭州分行、沙特 STC、也门 CCBS、墨西哥 SCT、委内瑞拉 CDC、智利 VTR、南非 Telkom 等。

（1）某移动集团异构整合

方案：

- 在数据中心，部署 4 台 VIS 集群，对不同厂家的阵列进行统一虚拟化管理。
- VIS 对外提供存储资源管理接口，更好地为私有云业务服务。
- 主机层面采用虚拟化技术。

价值：

- 构建了按需分配资源的私有云业务基础架构。
- 开放的体系，有利于存储空间、处理能力的平滑扩容。

（2）某中心医院同城镜像

方案：

- 使用裸光纤、长波模块将距离 1km 左右的 4 台交换机两两级联。
- 部署 VIS 镜像，提供同城可靠保障。

价值：

- 构建同城数据高可靠系统，使 RTO 和 RPO 等于 0。
- 依旧使用老阵列 HP EVA6400，有效节约投资。

（3）某农商行异地数据容灾

方案：

- 在本地数据中心，使用 VIS 虚拟化功能，整合不同厂家阵列。
- 采用远程容灾技术，将本地数据复制到距离 100km 外的远程中心。

价值：

- 虚拟化整合异构阵列，高效利用原有投资。
- I/O 级别容灾技术，有效利用传输带宽。

12.8.2　容灾方案的应用

下面详细介绍华为推出的几种企业级容灾方案。

1．同城容灾解决方案

（1）背景

华为同城容灾解决方案在客户业务系统生产中心的同城，建立一个灾备中心，旨在解决生产中心发生电路故障或火灾等灾难时，业务瘫痪或数据丢失等问题，确保在灾备中心信息系统数据零丢失、业务快速切换，最大化保护业务系统连续运行。

随着信息系统的快速发展，银行、保险、政府、教育和电信等行业业务大集中速度的加快，企业的技术风险也相对集中。一旦生产中心需要升级维护，或发生停电、火灾等灾难时，将导致企业所有分支机构、营业网点和全部的业务处理停顿，甚至客户数据丢失，给企业带来巨大的经济和名誉损失。据此，基于华为存储的同城容灾解决方案应运而生，旨在帮助企业建设高可用、高可靠、高业务连续性的数据中心。

（2）解决方案

1）双活方案

华为提出以虚拟化智能存储为基础的存储双活架构，为客户建设业务不间断运行的解决方案。两个数据中心都处于运行状态，可同时承担相同业务，提高数据中心的整体服务能力和系统资源利用率，并且互为备份，当单数据中心故障时，业务自动切换到另一数据中心，实现 RPO=0，RTO≈0，解决了传统灾备中心不能承载业务和业务无法自动切换的问题。双活方案的示意图如图 12-7 所示。

2）存储虚拟化镜像方案

华为存储虚拟化镜像方案，利用 VIS 镜像卷技术，保证两个数据中心存储阵列之间数据的实时同步，确保生产单存储或数据中心发生灾难时，另一中心有相同数据可供访问。由于 VIS 镜像卷技术，在 SAN 网络层屏蔽异构存储差异，同时对主机层透明，当任一存储阵列故障时，镜像阵列无缝接管业务，数据零丢失，业务零中断。存储虚拟化的镜像方案示意图如图 12-8 所示。

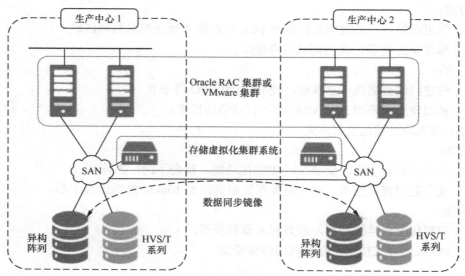

图 12-7　双活方案示意图

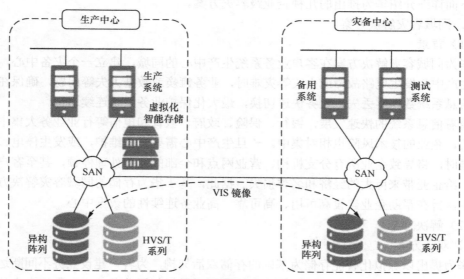

图 12-8　存储虚拟化镜像方案示意图

3）磁盘阵列同步复制方案

华为磁盘阵列同步复制方案，采用 OceanStor V3. 系列和 18000 系列高端存储的同步远程复制技术，在磁盘阵列层提供生产中心与灾备中心间的数据实时同步，实现生产单存储或生产中心发生灾难时，数据零丢失，同时配合一致性组功能和华为 UltraAPM 软件，确保数据库应用数据一致性和业务的快速拉起。该方案的示意图如图 12-9 所示。

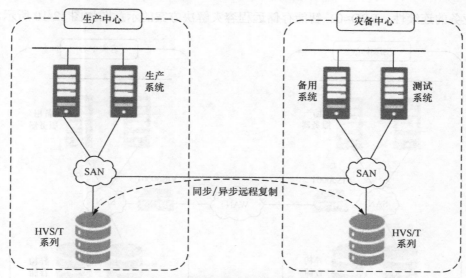

图 12-9　磁盘阵列同步复制方案示意图

2. 异地容灾解决方案

（1）背景

近年来，世界上一系列大型自然灾难性突发事件频繁发生，这些突发灾难导致的往往是一个城市，甚至是一个区域的毁灭性破坏，企业只做本地的数据冗余保护或容灾建设，已不能规避区域性灾难对企业数据的破坏，也无法保证业务连续性建设的需求。异地数据保护及保障企业业务连续性成为了企业亟待解决的问题。另外，企业在远程容灾建设中，也面临网络链路租赁费用高昂、网络带宽不够以及传输数据安全性的问题。

为满足企业远程容灾的需求，华为提供了远程容灾解决方案。

华为远程容灾解决方案的核心是尽可能减少宕机时间及数据丢失量，保障上层业务的连续性，把损失降到最低。远距离数据容灾时，对企业传输数据进行压缩，减少数据传输量，进而减少对带宽的需求，尽可能节约企业投资成本。同时，对传输数据进行加密处理，并结合华为接入认证、网络安全、访问控制等技术，为企业容灾数据进行全方位安全防护。

（2）解决方案

结合客户的业务应用场景和业务连续性需求，华为提供了基于虚拟化智能存储远程容灾解决方案和阵列异步复制远程容灾解决方案，客户可以根据自己的业务需求以及现网 IT 架构选择最优的远程容灾方案。

1）虚拟化智能存储远程容灾解决方案

华为虚拟化智能存储远程容灾解决方案，首先，利用虚拟化技术屏蔽不同厂商磁盘阵列差异，实现不同厂商磁盘阵列的资源整合，充分利用企业已有投资设备，节约投资成本；其次，通过业界领先的 I/O 级远程复制技术，有效节约复制带宽，降低企业网络链路投资成本；然后，华为完善的容灾管理平台，使容灾管理简易化，降低企业维护管理成本。

当企业生产中心发生灾难时，业务可快速切换到灾备中心继续对外提供服务，保障企业业务的连续性，RPO≈0。智能存储远程容灾解决方案的示意图如图 12-10 所示。

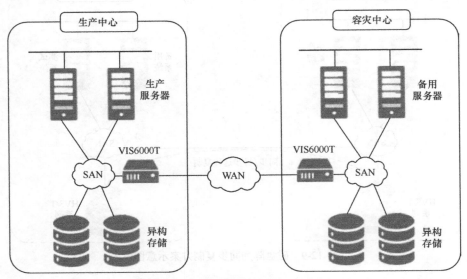

图 12-10　智能存储远程容灾解决方案

2）阵列异步复制容灾解决方案

华为阵列异步复制容灾解决方案，支持华为高、中、低端阵列容灾业务互通，灾备中心存储设备选型相对多样化，降低了容灾系统的建设成本；阵列支持最高 4:1 的数据压缩功能，有效降低容灾链路投资；支持数据传输加密功能，确保容灾数据的安全性。

当生产中心发生灾难时，利用应用级数据保护与容灾软件快速切换容灾，保障企业业务的连续性，尽可能减少 RPO 和 RTO。阵列异步复制容灾解决方案的示意图如图 12-11所示。

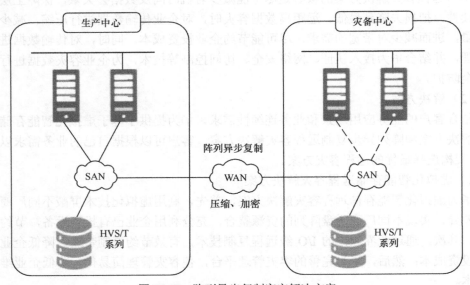

图 12-11　阵列异步复制容灾解决方案

3. 两地三中心容灾解决方案

（1）背景

近年来为预防大范围自然灾害，多点灾备方式逐渐成为灾备领域发展的重要方向之一。其中，同城灾备中心结合异地灾备中心的"两地三中心"灾备解决方案越来越受到业界重视和认可。两地三中心的主要作用是在业务中心遭遇自然灾害或人为破坏时，在异地的灾备中心能够提供有效的信息服务，从而保证业务连续性。

（2）解决方案

针对客户的不同需求，华为结合自己的产品提供了不同架构的两地三中心容灾方案。

架构一：基于华为统一存储多级跳复制技术的两地三中心方案

基于华为统一存储多级跳复制技术，并结合专业的容灾管理软件实现数据的两地三中心保护。该方案在生产中心、同城灾备中心和异地灾备中心分别部署华为 OceanStor 统一存储设备，通过异步远程复制技术，将生产中的数据复制到同城灾备中心，再到异地灾备中心，实现数据的保护。若生产中心发生灾难，可在同城灾备中心实现业务切换，并保持与异地灾备中心的容灾关系；若生产中心和同城灾备中心均发生灾难，可在异地灾备中心实现业务切换。该方案的示意图如图 12-12 所示。

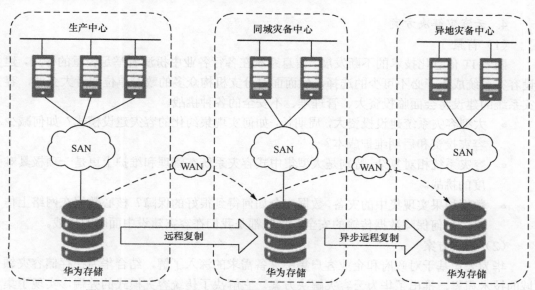

图 12-12　基于华为统一存储多级跳复制技术的两地三中心方案示意图

架构二：基于华为虚拟化智能存储设备和统一存储相结合的"两地三中心"方案

基于华为虚拟化智能存储设备（OceanStor VIS6000T）的镜像技术和统一存储远程复制技术，实现两地三中心数据保护。在生产中心部署 VIS6000T，同城灾备中心和异地灾备中心部署统一存储设备（可以根据客户的需求在同城灾备中心部署 VIS6000T，与生产中心组成四节点集群）。首先利用虚拟化智能存储设备，实现同城数据镜像保护，任意单存储故障时数据读写路径自动切换；其次利用远程复制技术，将同城灾备中心数据容灾到异地灾备中心，当生产中心、同城灾备中心都发生灾难时，可快速进行业务切换。

该方案的示意图如图 12-13 所示。

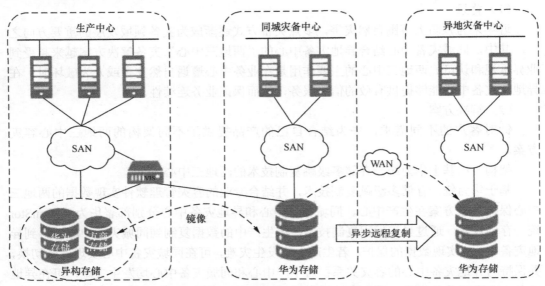

图 12-13　基于华为虚拟化智能存储设备和统一存储相结合的两地三中心方案示意图

4．云容灾解决方案

（1）背景

随着 IT 信息化技术的不断发展，信息系统在各行各业中扮演着举足轻重的作用，建设容灾系统成为了必不可少的选择，然而面对分支机构众多的政府单位或者大企业，容灾系统的建设将会面临投资大、管理难、不安全的各种挑战。

- 大型容灾系统建设投资大，周期长，如何实现集约化的容灾建设模式？如何减少容灾投资和后期维护成本？
- 容灾系统相对复杂，特别是大型集中式容灾系统在管理和维护上更是一项极具难度的挑战。
- 数据如果实现集中的灾备，数据安全如何得到很好的保障？核心数据在网络上传输，如何保障数据传输的安全？这些都是我们在容灾建设中面临的挑战。

（2）解决方案

华为公司基于对政府和企业客户集中灾备需求的深入了解，结合华为在存储容灾领域的技术积累，推出了华为云容灾解决方案。它解决了传统容灾模式的弊端，实现了集约化的灾备建设模式，降低了整个容灾备份系统的管理和维护难度，同时采用多种安全技术，确保灾备数据的安全可靠。但云容灾也有其局限性，就是只适合对网络宽带要求不高，数据量不大的小企业使用。

云容灾解决方案的整体架构包括云容灾中心和容灾用户接入部分。云容灾中心采用模块化设计，客户可以根据业务需要选择部署不同的容灾功能区，同时支持来自不同省、市级的众多个容灾用户接入，数据从容灾用户端复制到云容灾中心。

容灾用户可以根据自己的数据安全级别、业务类型和容灾需求，选择不同的接入方式，并在用户生产端部署容灾接入设备。通过容灾链路实现实时或者周期性的数据传输，并最终将容灾数据汇总到云容灾中心。通过部署云容灾管理平台，统一管理灾备系统中的设备、资源、容灾业务，简化整个灾备系统的管理和维护难度。该方案的示意图如图 12-14 所示。

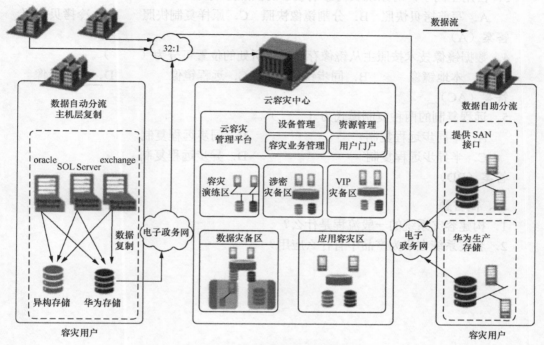

图 12-14　云容灾解决方案示意图

12.9　本章总结

完成本章学习，将能够：

* 了解容灾的基础知识。
* 了解容灾的基本实现方案。
* 了解容灾使用的 3 种常见技术：快照技术、镜像技术和复制技术。
* 了解容灾在实际产品中的实现与应用。

12.10　练习题

一、选择题

1. 用于表示灾难发生后恢复系统运行所需时间的指标是（　　）。

　A. RIO　　　　　B. RTO　　　　　C. RPO　　　　　D. TCO

答案（B）

2. SHARE 78 国际组织提出的标准，可将灾难恢复解决方案分为（　　）。

　　A. 8 级　　　　　　B. 5 级　　　　　　C. 7 级　　　　　　D. 4 级

答案（C）

3. 占用空间小，对系统负荷影响较小的快照方式为（　　）。

　　A. 写前拷贝快照　　B. 分割镜像快照　　C. 原样复制快照　　D. 冷拷贝快照

答案（A）

4. 数据镜像技术按照主从镜像存储系统所处的位置可分为（　　）。

　　A. 本地镜像　　　　B. 同步镜像　　　　C. 远程镜像　　　　D. 异步镜像

答案（AC）

5. 远程复制的两种复制模式为（　　）。

　　A. 半同步远程复制　　　　　　　　　　B. 同步远程复制

　　C. 半异步远程复制　　　　　　　　　　D. 异步远程复制

答案（BD）

二、简答题

1. 构建容灾系统的一般流程是什么？

2. 容灾系统在华为产品中有什么应用？

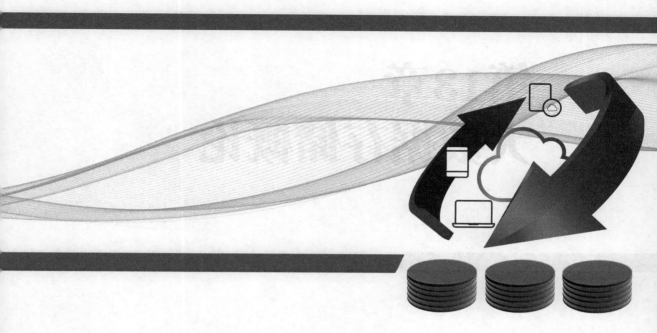

第13章
大数据存储概论

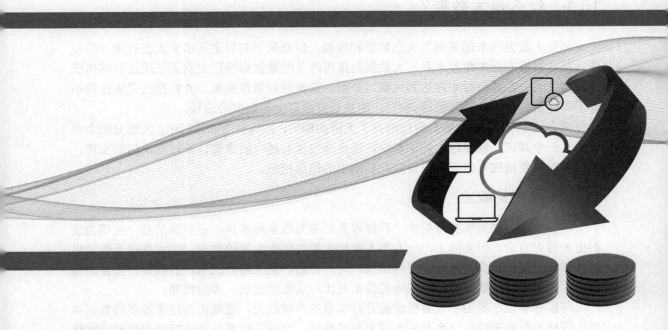

关于本章

　　本章首先介绍大数据的概念，说明大数据的由来、发展历程、应用及前景，之后着重介绍与大数据存储相关的一些基本概念和技术，最后介绍华为在大数据存储方向上的相关产品和解决方案。

13.1　什么是大数据？

尽管大数据越来越多地为大众熟悉和重视，但是关于它的定义事实上没有统一的标准。从计算机专业的角度来看，大数据是指所涉及的数据规模巨大到无法通过目前传统的软件工具，在适当时间内达到采集、分析、管理的海量数据集。大数据的采集往往不会采取随机分析方法（如抽样调查），而是通过提取全部数据的途径。

现在的 IT 企业对大数据应用抱有了无限的期望。尤其在商业领域中，大部分的企业形成了一个共识：规模越大的信息中，往往会包含着越大的价值，而这些价值的实现，依赖于对大数据的有效存储以及在此基础上的信息挖掘。

13.1.1　大数据概述

尽管从常人的直观视角看来，存储容量正变得越来越廉价，在存储信息上应该会变得更加游刃有余。但实际上，一方面人类每天都在创造大量的数据，在此基础上的信息管理和信息挖掘也变得越来越富有挑战；另一方面，企业对自己用户的数据往往会选择保留，因为这些旧数据可以与未来的数据对比，从而给出进一步的预期。

与以往相比，我们不仅要继续提升存信息的存储能力，更要面对越来越多的数据类型。多样的数据来源往往会产生不同类别的数据，这些数据源往往包括网上交易、网络社交、传感器、移动设备以及科学计算。除了那些已知的固定产生数据的数据源，各种网络行为的交互会大大加快数据的累积速度。数据永远都处在不停地增长之中。

在信息时代的背景下，数据已经同资本、劳动力、原材料等一样，成为了必不可少的生产要素。而它的应用范围也不仅仅局限于我们熟悉的 IT 产业，还包括医药、公共卫生、科学研究（尤其是天文学和前沿物理）、金融系统，等等，这些领域都越来越依赖于对大数据的收集和分析处理。

大数据将逐渐成为现代社会基础设施的一部分，就像公路、铁路、港口、水电和通信网络一样不可或缺。但就其价值特性而言，大数据却和这些物理化的基础设施不同，不会因为人们的使用而折旧和贬值。因此，大数据时代的经济学、政治学、社会学和许多科学门类都会发生巨大，甚至是本质上的变化和发展，进而影响人类的价值体系、知识体系和生活方式。

可以预见，大数据在不久的将来会扮演举足轻重的角色。它很有可能像我们熟知的运输、电力、通信一样，成为社会基础设施的一部分。而大数据的存储将是支撑整个系统的基石，稳固、高效的大数据存储技术将会掀开信息时代改革的一页。

13.1.2　大数据产生的背景

大数据并不是单纯的理论创新，它的产生与技术进步和应用市场的发展息息相关。从大体上看，大数据的产生背景主要包含以下几个方面。

1. 基础信息设施的发展和完善

摩尔定律是过去几十年间信息工业对计算机性能预测的基础。在其指引下，工业界周期性地推出新的产品以追赶摩尔定律。由此，也使得个人和企业不断升级计算机设备。如果将时间跨度放大，那么计算机对信息的处理能力，在过去几十年间，得到了成千上万倍的提升。

在 20 世纪 60 年代，存储的价格高达 1 万美元/MB，而现在仅仅是 1 美分/GB，价格上的差距达到了上亿倍。

光纤通信系统的逐渐普及，也极大地提升了网络带宽。与此同时，网络的接入方式也不仅仅局限于有线连接，高速无线网络的发展，使人们可以随心所欲地接入至网络。网络带宽的增加、网络接入的便利和大规模存储的成本降低，为大数据的发展提供了廉价的存储和高速的传输服务。运算性能、存储成本、传输效率，这三者的提升使得大规模数据存储成为了现实。

2. 新兴数据采集和数据处理技术的发展

物联网是传感器技术进步的产物。广泛分布在各个重要路段的监控摄像头是物联网的一个直观形态。而随着技术的发展，传感器网络将深入生活中的方方面面，如检测大气的温度、压强、风力，检测桥梁、铁路、矿井等重要设施的安全，监控飞机、汽车、轮船的运行状态等。这些不同类型的传感器，实时产生大量的数据，而其中的一部分将会被持续地收集，成为大数据的重要来源。

云计算则更多的改变了数据的存储、访问和处理方式。在云计算出现之前，数据大多呈分散态势，独立地存储在个人计算机或企业的服务器中。公用云计算则倾向于将各种数据集中存储在几个大型的"数据中心"，亦即所谓的"云端"。通过集中式管理，使存储成本和处理开销都降低，同时也提高了数据的利用率。数据中心的产生，使得大数据的存储和处理成为了迫在眉睫的任务。

3. 移动智能终端普及

以智能手机、平板电脑为代表的移动智能终端正在变得越来越常见。图 13-1 说明了桌面电脑和移动智能终端销量的对比变化。可以看到，在 2011 年，移动终端的销量首次超过了桌面电脑，而在未来的几年中，两者的差距将越来越大。

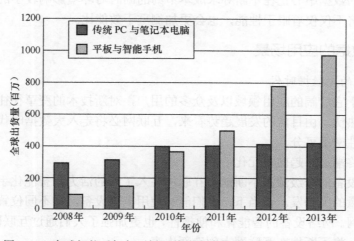

图 13-1　全球智能手机与平板同传统台式与笔记本电脑出货量对比

　　和传统的桌面电脑不同，由于移动终端具有无可比拟的便捷性，人们会更倾向于使用移动设备。因此，它将给互联网带来更丰富、更鲜活的数据。以 Apple 公司 2012 年的运营数据为例：iMessage 功能目前每秒为用户传递 28 000 条信息；iCloud 已经为用户提供了总计 1 亿多份的文档；GameCenter 的账号创建数达到了 1.6 亿。传统的数据处理和存储方案对于如此庞大而且活跃的数据集显得力不从心。

　　在上述原因的催化下，大数据技术应运而生。

13.1.3　大数据的发展趋势

　　数据的存储和处理伴随着整个计算机发展的历程。大数据出现后，并不意味着传统的方法和技术全部失效了，但是在一些情境中，传统的数据存储和处理方式已经无法满足人们的需求，因此人们需要新型的技术解决所面临的困境，而这些问题也决定了大数据的发展趋势。

　　大数据当下的发展趋势如下。

　　1. 非结构化数据所占比重持续增加

　　由于移动设备的蓬勃发展和成像技术的进步，诸如图像文件、视频文件、音频文件的非结构化数据在数据中心占据越来越大的比重。和传统的结构化数据不同，结构化数据库对可变字段长度、重复字段、数据项变长存放等方面的缺陷，使得其无法有效存储、索引非结构化数据。因此，优化存储管理非结构化数据是大数据的一个重要发展趋势。

　　2. 倾向于向外扩展网络接入服务器（network access server，NAS）

　　过去 15 年来，数据中心主流的 NAS 架构实际上没有多少改变。这些系统的设计是针对分布式计算环境，往往只能扩展到数百个磁盘驱动器。而当常规 NAS 存储环境应对当下的 PB 级存储需求时，显得力不从心。因此，对 NAS 的向外拓展技术也是大数据发展的新领域。

　　3. "绿色节约"成为大数据发展潮流

　　越来越多的数据中心正在不断寻求成本节约的同时对环境影响较小的 IT 解决方案。大数据的发展将不仅仅着眼于性能，也会更加侧重于效能比。

13.1.4　大数据的应用场景

　　1. 互联网的大数据时代

　　互联网由于它广阔的应用领域以及众多的用户，对新技术的变革往往充满着蓬勃的活力和极高的热忱。由目前的发展趋势看来，互联网必将走入大数据时代，这与互联网的以下几个特性密不可分。

　　（1）网络终端设备趋向多元化

　　网络终端设备的升级源源不断地给互联网注入了新的活力。智能化手机的普及带来了终端设备数量的大爆发。在当下，人们能够使用多种设备，在不同位置，通过多种手段来接入互联网。网络设备的智能化和便携性，也更加强了人们通过互联网的信息交互。在这一过程中，将不断地在互联网上创造新内容。

　　（2）在线应用和服务的蓬勃发展

　　Facebook、twitter 这些名称不仅仅代表了一个公司或应用，从更深层次的意义上说，它们也代表着一种新的沟通社交方式。越来越丰富的在线应用和服务，不断激励用户创造和分享信息，尤其是社会化媒体业务，带动图片、视频等非结构化数据飞速增长。

　　（3）与各垂直行业的充分融合

　　互联网作为一个高渗透力的行业，正在与各垂直行业发生深度的融合。名为 Farecast 的票价预测工具就是一个鲜明的例子。通过对航班业务这一垂直行业信息的深度挖掘，它为互联网的用户提供了能得到最佳折扣的订票时机。作为一个高渗透性的行业，互联网的发展逐步向各个分布相对独立的垂直行业融合和汇总。原本相互孤立隐藏在各个企业数据孤岛的信息，被源源不断地提取上线。

　　社会化媒体、电子商务在大数据时代的序幕下，已经得到了迅猛的发展。随着互联网其他分支在技术方面和经验的成熟，社会化媒体也将在大数据的推动下进一步发展和提升。

　　2．医疗的大数据时代

　　（1）医疗成像与大数据

　　PACS 影像、B 超等医学成像技术的成熟和发展不仅仅带来了医疗水平的提高，人们同时注意到了在此过程中产生的大量非结构化的数据信息。不同患者、不同人体部位和不同专科影像数据，由于其离散的特性，医疗成像领域也不可避免地接触到了大数据。

　　（2）药品开发与大数据

　　药品的开发常常伴随着长时间的病例分析、药理论证、临床实践。在这些可能长达数十年的研发过程中，将会在多个层次产生大量的数据。在这些数据基础上的建模、分析、检验也是一个复杂而庞大的工作。如何处理这些庞大的信息，给大数据的发展带来了新的机遇和挑战。

　　（3）公共卫生预防与大数据

　　对于公共卫生部门，信息化的建设可以提高整个系统的应急效率和响应速度。通过遍布在全国的各个医疗信息中心的病例数据库，快速提取特定病例，进行高效的疫情监测，同时将应对措施反馈给各个医疗中心。而这一切都将基于对海量数据的可靠性存储和高效处理。

　　3．科研的大数据时代

　　随着人类对宏观和微观世界了解的不断深入，以高能物理、天文观测、基因组以及蛋白组学为代表的大科学工程正在发生深刻的变化。它们的共同特点就是越来越以数据为中心。这些学科带来的数据规模令人震惊而欣喜，前沿科学迫切需要用大数据的技术和工具进行分析和处理。

　　（1）高能物理与大数据

　　高能物理研究中带来的数目庞大的数据，一直持续推动着计算、网络、存储等大数据基础技术的发展。寻找西格斯（Higgs）的大型强子对撞机试验，就是一个典型的基于大数据的科研试验。

　　（2）天文学与大数据

　　随着天文望远镜的逐步发展，天文数据规模的扩张尤为突出。以斯隆数字巡天（Sloan

Digital Sky Survey）项目为例，仅其在新墨西哥州收集的数据就达到了 1.4×2^24 字节。而据预计，在 2016 年投入的智力全景巡天望远镜将在 5 天之内得到同样多的信息。

（3）生物研究与大数据

无论是人类的基因组，还是蛋白质的拓扑结构，生物信息研究的发展同大型数据分析密切相关。人类首次破解基因密码花了前前后后 10 年的时间。而今天随着大型数据处理的蓬勃发展，基因仪平均 15 分钟就能完成同样的工作。大数据技术的不断进步使得生物信息学家正变得野心勃勃。

13.2　大数据的特点和要求

大数据和传统数据集不同，它有着鲜明的特点。这些特点的存在，对于大数据系统有着相应的技术要求。

13.2.1　大数据的特点

尽管大数据是一个模糊的概念，但是被称为大数据的信息集往往都具有相似的特点。目前对大数据特点的解读多种多样，简单来看，它往往都涵盖如图 13-2 所示的几个方面。

1. Variety（数据类型多样）

现在产生数据的途径越来越多，数量并不仅仅是大数据的唯一特征。以 facebook 播放一段视频为例，这一简单的操作其实涉及了 3 种主要的数据类型：结构化数据、半结构化数据、非结构化数据。

（1）用户的相关评论：针对该条视频的好友评论是最普通的文本数据。它非常便于存储和后续管理，也是人们最熟

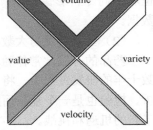

图 13-2　大数据的特点

悉的数据类型——结构化数据。它一般以事务管理、关系型数据库核心字段、普通文本文件等形式出现。

（2）用户的视频文件：这类数据往往在存储上占据着大量的空间。事实上可以看出，此类数据往往是先有数据本身，之后在此基础上衍生出它的结构。因此它被称为非结构化数据。它通常是一些音频、视频、图片、地理位置信息等多种多样的形式。

（3）Facebook 的网页文件：为了维护良好的用户界面，网页文件往往同时包含具有上述两种特点的数据。网页会同时出现文本数据以及视频数据。对于这种介于文本数据和视频数据之间的数据，我们称之为半结构化数据。它一般是一些网页文件邮件、HTML、报表、资源库等。

在大数据的环境下，往往数据的产生和管理并不是针对某一种数据类型而言，它往往是结构化数据、非结构化数据的综合体。一个大数据应用需要面对的将是多样化的数据。这种多类型的数据对数据的存储和处理都提出了新的要求。

2. Volume（数据量大）

大数据的规模往往是它最显而易见的特点。计算机技术发展到今天，其数据规模的

扩张日新月异。

互联网公司几乎是要被数据淹没了。谷歌公司每天要处理的数据量达到了 24PB。24PB 的数据量是美国国家图书馆所有纸质数据中数据量的上千倍；Facebook 的用户每天上传的照片超过 1 000 万张，评论大约有 30 亿条；YouTube 每月的访客达到 8 亿；Twitter 上的信息量几乎每年翻一番。

大数据更是广泛存在于尖端科学领域。例如，一颗卫星在使用期间，由其产生的数据量将达到 1PB；欧洲强子对撞机每年将产生数十 PB 的原始数据，在此基础上的中间数据和分析结果则更加惊人。

不论是医学图像处理、高能物理研究、天气预报、勘探、内容服务、地理信息这些尖端领域，还同每个人日常生活密切相关的互联网应用，或是企业级别的数据中心，海量是这些数据集最基本、最显著的特征。

3．Value（价值密度低）

人们之所以关注大数据，是看重大数据中的价值。互联网大数据的价值法则和科研大数据有着显著的区别。科学的严谨性使得每个数据都具有重要的作用。而在互联网数据中，价值密度的高低往往与数据总量的大小成反比。例如，电商公司可能存储着用户大量的搜索历史记录，在这些庞大的数据中，事实上与电商利益相关的数据只有一两条。

但通常而言，更大的数据往往可能包含更多的价值。通过机器算法来更加有效地从数据中挖掘出真正有效的内容是大数据背景下急需解决的难题。而在另一方面，如何平衡构建大数据的成本和大数据带来的价值也是人们不可忽视的现实。一味地增大数据集并不能带来价值的提升。

4．Velocity（数据处理速度快）

大数据和数据挖掘都是现在 IT 领域的热点问题。两者具有很强的相似性：都是从海量的数据中挖掘出有价值的信息。当然两者在数据规模上的差距往往很明显。除此之外，两者还具有更加鲜明的区别：时效性。

考虑一个电商平台的情况，当用户对订单做出修改之后，系统需要快速响应。对订单的分析往往被限制在几个小时之内。如果对数据的分析结果在第二天才能得到的话，那么库存部门将无法及时进行退货处理，可能会出现暂时的库存短缺或者拥堵现象。如果响应时间过慢的话，存储下来的数据也就失去了分析的价值和意义。

因此，大数据系统对时效性的要求更高，这既是大数据的一个显著特征，又是和数据挖掘的显著区别。

13.2.2　大数据的核心技术

大数据系统包含与大数据相关的方方面面，如大数据的收集过程、大数据的存储过程、大数据的调用过程和大数据的处理过程等。这一系列的操作会涉及众多的 IT 技术。整个大数据生命周期可以划分为 3 个阶段：大数据采集阶段、大数据预处理阶段、大数据存储和处理阶段。下面讲解这 3 个阶段中使用到的重要技术，如图 13-3 所示。

1．大数据采集技术

数据是指通过 RFID 射频数据、传感器数据、社交网络交互数据及移动互联网数据等方式获得的各种类型的结构化、半结构化（或称之为弱结构化）及非结构化的海量数据，是大数据知识服务模型的根本。重点突破分布式高速高可靠数据采集、高速数据全映像等大数据收集技术；突破高速数据解析、转换与装载等大数据整合技术；设计质量评估模型，开发数据质量技术。

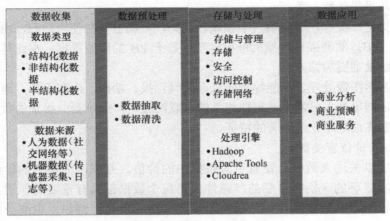

图 13-3　大数据技术流程图

大数据采集一般分为两个层次。第一层为大数据智能感知层：主要包括数据传感体系、网络通信体系、传感适配体系、智能识别体系及软硬件资源接入系统，实现对结构化、半结构化、非结构化的海量数据的智能化识别、定位、信号转换、传输、管理等操作。

第二层为处理基础层：主要涵盖为上层应用提供虚拟化的服务器，针对结构化、半结构化和非结构化数据的专用数据库，以及物联网等网络基础资源。

2. 大数据预处理技术

大数据预处理技术主要针对大数据采集技术接收到的数据进行简单的加工和处理，从而提高后续操作的效率。这些处理主要分为两个部分。

（1）抽取：由于获取数据的来源和产生背景不同，它们可能具有多样的结构和类型。数据抽取操作主要是将这些复杂的数据转化为统一的或者便于处理的构型，从而加速后续的分析和处理。

（2）清洗：大数据的价值不言而喻，然而由前文所述的价值密度原理，数据集会包含相当一部分的无用数据，甚至会存在一些由于采集中出现的错误而导致的干扰项。因此，清洗操作会对数据进行过滤，保证数据集的可靠和有效。

3. 大数据存储及处理技术

针对于大数据，需要用存储容量大、扩展性强的存储器对采集到的数据进行存储，同时建立起高效的数据库来进行管理和调用。其技术侧重点为解决复杂的结构化数据、半结构化数据以及非结构化数据的管理与处理。可存储、可表示、可处理、可靠性和有效传输等几个问题，都是大数据存储管理技术的关键。

大数据的存储技术是大数据应用的基石，因而现在的主要技术热点是开发可靠的分布式文件系统（distributed file system，DFS），同时对于存储的能耗，也提出了存储不仅针对存储容量的提升，也要面向能效优化。

大数据存储的下一步操作就是大数据处理，因此在存储技术中，越来越倾向于将计算融入存储，典型代表就是 MapReduce 编程框架和谷歌文件系统（Google file system，GFS）的融合。

由于大数据的规模庞大，因此去冗余及高效低成本的大数据存储技术相当关键。高效低成本的存储能够大幅提高存储系统的容量，可靠的去冗余技术则能够保证数据的质量。

针对于大数据存储，前沿的研究热点主要包含以下几个方面。

（1）异构数据的数据融合技术。对于结构化数据、非结构化数据和半结构化数据，只采用不同数据类型分别处理的操作不仅繁琐而且效率低下，因此，将异构数据进行融合是今后大数据存储发展的关键。

（2）大数据移动、备份、复制等技术。由于数据规模的原因，大数据的移动、备份、复制往往意味着很高的开销。以数据备份为例，在 HDFS 中，通常采取三重副本备份，整个系统有三分之二的存储容量都得不到高效的利用。因此，如何高效地对大数据进行移动、备份、复制等操作，仍是值得深入研究的技术方向。

（3）开发大数据存储可视化监控技术。大数据相关的存储方案种类繁多，它们都能够在一定场景中解决相关问题。然而，并没有一个通用的可视化管理标准存在。对大数据的存储维护目前仍相当繁琐，如果存储中出现了问题，可能需要维护人员进行一系列操作才能找到问题的来源，因此，可视化的监控技术将会大幅缓解管理人员的压力。

源于 MapReduce 编程框架、GFS 和 BigTable 的存储系统已经成为了大数据处理技术的开拓者和领军者，源于这三项技术的 Apache Hadoop 等开源项目则成为了大数据处理技术的事实标准，实践已经证明其在 PB 量级大数据处理上的成熟和可靠。然而，受限于 HDFS 比较适合存储非结构化数据和 MapReduce 编程框架的高延迟数据处理机制，Hadoop 无法满足大规模实时数据处理的需求。

现在技术人员将目光转向了开发新型数据库技术，以便于半结构化数据存储和处理。例如，键值存储系统、文档存储系统、类 BigTable 存储系统、HBase 数据库系统打破了传统关系型数据库对非结构化数据操作的瓶颈，同时保证了处理的即时性，因此可以统称为 NoSQL 系统开发新型数据库技术。

要实现数据之间的交换和处理，安全问题始终是大数据必须考虑的。针对大数据存储和处理的模型，分布式访问控制、数据审计技术、隐私保护、数据真伪识别和取证、数据完整性验证等技术也显得尤为重要。

13.2.3　大数据存储与管理的技术要求

大数据是近来的一个技术热点，然而从 Big Data 这个名称来看它并不是什么新颖的词汇。毕竟大数据仅仅只是个相对概念。我们的计算机系统已经与数据存储打交道非常久了。

从计算机的发展史来看，数据库、数据仓库、数据集等信息管理领域的技术，很大程度上都是为了应对大规模数据问题才产生和提出的。数据仓库之父 Bill Inmon 早在上个世纪的 90 年代就已经常常提及 Big Data。

　　然而，如前所述，互联网、云计算、移动和物联网的迅猛发展，使得大数据更加贴近我们的生活而不只限于一个尖端部门。无所不在的移动设备、RFID、无线传感器分分秒秒都在产生大量的数据，上亿的用户同互联网服务时时刻刻产生巨量的交互。数据的扩张比任何一个时代都要迅速。

　　与此同时，业务的发展和 IT 企业的激烈竞争使得对数据处理的实时性、有效性又有了新的要求。前述的大数据的几个特点使得传统的数据处理手段无法应对。大数据核心技术中，最为重要的就是大数据的存储和管理过程，因此对于大数据存储与管理，我们有了更新的技术要求。

　　1. 大数据与分布式存储技术

　　大数据与分布式存储技术主要包括：分布式缓存、基于 MPP 的分布式数据库、分布式文件系统、各式各样的 NoSQL 分布式存储方案，等等。目前火热的 Cassandra、Voldemort 的存储系统都是基于分布式的解决方案。由此不难看出，分布式的存储系统是现在比较主流，也相对成熟的大型数据存储系统解决方案。

　　（1）CAP 理论

　　在十多年前，Eric Brewer 提出著名的 CAP 定理，指出在设计分布式系统时，一致性、可用性、分区容忍性 3 个属性不可能同时满足，该定理也叫做布鲁尔定理。CAP 定理明确了分布式系统所能实现系统的局限性，目前互联网中的很多分布式系统是基于首要满足可用性和分区容忍性而设计的，如图 13-4 所示。

图 13-4　CAP 定理图解

　　一个分布式系统最基本的几个技术要求也就是 CAP 定理中定义的一致性（consistent）、可用性（availability）、分区容忍性（partition tolerance）。大数据系统希望在这 3 个方面都呈现出非常好的性能，然而因为 CAP 定理的存在，现在的分布式存储系统往往只能较好地实现其中的两者。

　　① 一致性：所有在分布式系统上的操作有一个总体的顺序，每一个操作看起来就像是在一个单独的瞬间完成的。这就要求分布式系统的运行就像是在一个单节点上一样，在一个时间响应一个操作。

　　② 可用性：对于一个可用性的分布式系统，每一个非故障的节点必须对每一个请求做出响应，也就是，该系统使用的任何算法必须最终终止。当同时要求分区容忍性时，这是一个很强的定义：即使是严重的网络错误，每个请求也必须终止。

　　③ 分区容忍性：为了定义分区容忍性，假定网络满足如下条件：网络可能丢失从一个节点发往另一个节点的任意消息，当网络被分区（隔断）时，所有从一个分区的节点发往另一个分区的消息将会丢失。一致性要求每个响应必须是一致的，即使系统内部的消息没有被正确地发送。可用性要求从客户端接收请求的任一节点必须被响应，即使任意的消息可能没有被正确地发送。

　　（2）CAP 理论应用

　　由于这个定理的存在，对于不同的系统关注点，往往会采取不同的策略来尽可能实现其中的两者，同时尽量将第三者的性能控制在合理的范围之内。只有真正理解了系统的需求，才有可能利用好 CAP 定理。

一般有两个方向来利用 CAP 理论。

1）键-值（key-value）存储，如 Amazon Dynamo 等，可以根据 CAP 理论灵活选择不同倾向的数据库产品。

2）领域模型+分布式缓存+存储，可根据 CAP 理论结合自己的项目定制灵活的分布式方案，但难度较高。

对于大型网站，可用性与分区容忍性的优先级要高于数据一致性，一般会尽量朝着 A、P 的方向设计，然后通过其他手段保证对一致性的商务需求。

不同的数据对一致性的要求是不同的。SNS 网站可以容忍相对较长时间的不一致，而不影响交易和用户体验；而像支付宝这样的交易和账务数据则是非常敏感的，通常不能容忍超过秒级的不一致。

（3）突破 CAP 定理

随着技术的发展，越来越多的工程人员开始了对 CAP 定理的突破，希望同时满足 CAP 的 3 个要素，其中的主要问题集中在以下几个方面。

1）扩展数据模型，支持批量写和随机读。不是每一个应用程序都支持键-值存储的数据库，将分布式计算模型如何同常规程序结合起来是突破 CAP 定理的难点。

2）更好的批处理原语：Hadoop 由于其在商业上的成熟和开源而被各大 IT 公司广泛接纳，然而它并不是进行批处理的最终形态。很多批处理计算 Hadoop 效率不高（如对大量小文件的批处理行为）。

3）提升后的读写 NoSQL 数据库。不同类型数据的数据库还有很大的提升空间，随着这些数据库的成熟，它们将收获很多。

4）高层级的抽象。对批处理模块和实时处理模块的高层次抽象，在批处理和实时架构下一个简单的、描述性的、可靠性好的语言显得尤为重要。

截止到目前，对分布式系统性能的拓展仍在不断进行。尽管有些系统在这三者上都有了些性能提升，但往往随之而来的是系统的高度复杂，使得维护变得困难重重。

2. 针对大数据特点的新要求

除了 CAP 中的 3 个基本要求外，现在的大数据系统根据自己的业务需求，对系统提出了更新的技术要求，主要包括以下几个方面。

（1）更高的性能要求

由于大数据的任务不只是简单的存储，还包含后续的计算分析等诸多工作，系统的读写和支持计算的能力也必须加强。

对于一个分布式系统而言，当一个计算任务被分配到系统集群式时，各个计算节点将首先从 I/O 模块读取数据，之后计算，最后再写回 I/O 节点。在这个过程当中，计算的开始和结束阶段将对系统的 I/O 性能提出很高的要求。

图 13-5 是一个实际分布式数据存储和处理系统的文件吞吐量界面，从该图可以看出，每个节点上统计出来的吞吐量。

不同节点对吞吐量的需求不尽相同，最高的可能达到 2Gbit/s 左右，总吞吐量达到 9Gbit/s。常规的文件系统由于采取了集中的资源分配模式，往往导致存储系统的单点故障对系统性能的显著影响。同时，当系统扩展到一定的规模时，会产生性能瓶颈以及 Hot Spot 问题。

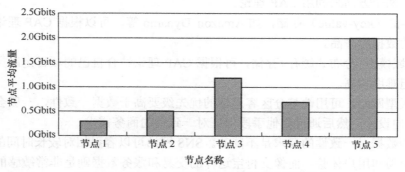

图 13-5　分布式文件系统各个节点吞吐量统计表

与此同时，如何分配各个节点的缓存资源，尽可能降低访问磁盘带来的性能损耗也是同样需要考虑的问题。

不论是 I/O 模块、缓存利用，还是资源分配，大数据系统对整个存储以及计算都提出了更高的性能要求。

（2）更强的并发处理能力

对于大数据处理系统，存储模块往往是制约整个系统应用性能的关键因素。虽然存储模块的容量提升和单位存储能力成本的下降趋势明显，但是传统的存储技术架构对于存取带宽的提高却非常昂贵和困难。当数据量较大时，I/O 读写部分占用的整个数据处理时间非常可观，往往是整个集群系统的性能瓶颈。如何使存取能够在系统中更好地并发，增加整个系统的并发 I/O 读取能力，实现高速并行存取，是大数据时代数据中心面临的关键性问题。

一个大规模的数据系统，往往不只服务一个用户，企业内部的数据中心很可能被财务部门、人事部门、后勤部门、销售部门同时访问。为了提高整体的系统访问效率，如何并发处理各个不同的用户请求，也是对现在大数据系统的新要求。

（3）更好的拓展性

IT 业务的扩展往往非常迅速，新创公司的存储节点很可能每天都会增加数十个。由于大数据往往采用分布式系统，对其节点的扩展往往不是那么简易。然而，由于节点扩张是大数据系统的常态，因此升级扩展性能也是衡量大数据系统的重要指标。同时，由于磁盘的异构型，如何使异构的磁盘阵列能够简单地添加并迅速融入系统进行工作也是新颖的问题。

对于大数据系统而言，节点的多样性不仅仅表现在磁盘的异构上，更大的计算节点也可能具有不同的形态。例如，主要负责存储提供数据的存储节点和提高整体计算性能的性能加速节点在结构上的区别非常明显。针对不同的磁盘、不同的节点进行系统拓展将会使大数据系统变得更加灵活，富有弹性。

（4）更强的安全性

传统存储系统扩展时，在规模尚小时适用的技术在规模较大时变得不再适用，RAID 就是最好的例子。只有在发生另一起故障前重新构建数据时，RAID 才有效。但是，数据量增加时，访问该数据的速度并未提高，发生其他故障的可能性仍会增加。

如何实现大规模数据的存储安全,同时尽可能保证数据的读写性能是对大数据系统提出的新要求。目前主流的架构默认采取冗余方式保证系统的安全性。例如在Hadoop 分布式文件系统(hadoop distributed File System, HDFS)中,每个数据节点(data node)将会有两个备份节点,当某个磁盘数据损坏时,可以从另外两个磁盘中恢复其数据。

然而,这样做的缺陷显而易见。它会降低整个系统的存储效率,显著提高成本,同时,对数据的恢复将会消耗大量的内部 I/O 资源。对于大规模磁盘阵列,数据损坏丢失是一个常态,因此,由此引发的性能降低将非常明显。

如何在维护好存储安全性的同时,不降低系统的性能并尽可能节省开支,依然是有待满足的要求。

(5) 更方便的管理维护

在设计高性能存储系统时,还有一点也需要考虑,那就是系统的维护工作。由于目前的大数据存储系统广泛建立在分布式存储基础之上,为了确保大量集群节点的工作状态,需要的管理模块使管理人员时时刻刻都能够获取集群或整个系统的运行状态。

而一旦发现了错误的产生之后,对节点的定位和维护同样要变得更加高效。与此同时,系统的升级、备份、补丁的更新等操作,都尽可能变得简单、快捷。

13.3　存储系统如何应对大数据

随着大数据的蓬勃发展,大数据已经衍生出了自己独特的架构,随之而来的是一些崭新的技术:hadoop、openstack、NoSQL、HBase、GFS、HDFS 等,这一切也直接推动了存储、网络的发展。处理大数据是整个 IT 行业的新挑战。

事实上,硬件的发展最终还是由软件需求推动的。从历史的角度而言,大型 3D 游戏的蓬勃发展,催生了显卡业的一次次新生,甚至 Windows 的不断更新,也在催促硬件向前进步。

时至当下,我们可以很明显地看出,大数据分析应用需求正在影响数据存储基础设施的不断发展。从这个角度来说,这一变化对存储厂商是一个巨大的历史契机。

伴随着结构化数据、非结构化数据以及半结构化数据的持续增长和分析数据来源的多样性,之前的存储系统已经无法满足大数据应用的需求。存储系统必须通过修改基于块和文件的存储架构来适应这些新要求。下面将讨论大数据存储基础设施相关的属性,并分析存储系统如何迎接大数据的挑战。

1. 容量的应对

大数据的容量将会达到 PB 级,由此带来的不仅仅是存储模块数量的增加,更对其拓展能力提出了新的要求。通过简单的增加模块或者磁盘柜,就能够达到增加容量的目的,甚至在此过程中尽量不停机(实时大数据系统的停机代价非常大)。

解决方案:目前的发展趋势抛弃了之前传统存储系统的烟囱式架构,横向扩展(Scale-out)架构的存储系统越来越为人们所重视。它的特点是,每个节点除了具有存储容量之外，往往会具有一些简单的数据处理能力，同时能够互连系统中的其他设备，进行机架沟通。人们希望通过 Scale-out 架构，实现平滑无缝地拓展，并避免存储孤岛出现。

2. 元数据管理的应对

大数据不仅仅表现在单个文件的规模巨大，还意味着，大数据将具有海量的文件数量。针对文件的诸多操作将会带来文件系统逐渐积累的元数据。如果对于元数据的管理处　理不当的话，会显著影响系统的拓展能力和性能，这也正是传统的 NAS 文件系统的性能瓶颈。

解决方案：基于对象的存储架构似乎是这一问题的解决方案。它能够管理 10 亿级别的文件数量，同时可以避免传统存储中出现的元数据管理难题。基于对象的存储架构同时具有广域扩展能力，它可以很方便地在不同的地点部署不同数目的数据节点，进而组成一个个跨区域的大型存储基础系统。

3. 实时响应的应对

大数据的特征之一就是快速，也就是时效性。这一特点在涉及网上交易或者金融平台时尤为突出。这也就要求存储系统必须能在支持用户操作的同时，保持较高的响应速度。

解决方案：在这种场景中，Scale-out 架构的存储系统具有显著的优势。由于其每一个节点都具有处理和互联组件，因此可以通过增加存储节点和性能提高节点，解决两方面的问题：容量和响应速度。在节点规模扩大的同时，整个系统的处理能力也有了提高，为实时响应提供了必要的支持。

基于对象的存储系统，则可以通过支持并发的数据流来提高数据的吞吐量和存储系统的响应时效。

4. 高 IOPS（Input/Output Per Second）的应对

大数据的应用场景非常广泛，在某些场景下，对系统的 IOPS 性能有很高的要求（如高性能计算）。而虚拟化的广泛使用也使得 IOPS 的提高迫在眉睫。

解决方案：为了应对这些新的挑战，各种模式的固态存储设备随之产生，对于小型系统而言，在服务器内部增加高速缓存就能很好地满足需求。而对于大型系统而言，往往需要扩展全固态介质的存储系统。

5. 并发访问的应对

在了解到大数据分析背后的潜在价值之后，IT 企业将会将更多数据集纳入系统进行分析，同时将会让更多的用户或者企业共享大数据。为了创造更多的价值，企业将会逐步扩大使用大数据集群的用户数量，而由此将带来并发访问的一系列问题。

解决方案：全局文件系统可以允许多个主机上的多个用户并发式地访问文件数据，一个集中的访问权限控制系统，将使整个系统有条不紊地运行，而多个用户访问的数据，可能集中在不同地点、不同类型的存储设备上。

6. 安全问题的应对

安全性问题一直是大数据的短板。金融数据、医疗信息数据、政府情报统计数据往往都有严格的安全标准和保密分级。但是对于 IT 公司来说，行业上缺少一个强有力并且广泛事实的安全性标准。在过去由于信息的交互往往较少发生，因此整个业内对安全标准的制定往往有声而无力。

解决方案：在当下，大数据的分析往往需要多类数据相互参考，数据混合使得安全性问题变得尤为突出。未来的发展将会催生出一个新的安全性标准，在此基础上，存储系统将进行相应的调整和改善。

7. 成本问题的应对

成本问题在当下变得越来越严重，业务的拓展使得存储系统变得越来越庞大，而对于初创公司而言，在前期存储上的投入往往是令人头疼的问题：一次性购置大量的存储设备往往带来成本的负担，而如果搭建的系统规模较小，可能需要面对后续升级拓展的一系列困难。

解决方案：控制成本一方面是提高单位存储系统的存储效率，同时尽量减少那些昂贵部件的比重。重复数据删除系统现在已经开始走向存储市场。而对于大数据而言，由于数据的多样化，使得数据的删除更加复杂。同时，为了保证数据的可靠性，存储校验以及恢复能力的提升同样可以提高存储效率。这既是挑战，也是存储系统的机遇。

另一方面，降低维护系统所需的开销。减少存储的能源消耗，哪怕十几个百分点，往往也能获得明显的回报。

对于长期性的数据，归档往往能将存储规模控制在一个可以接受的范围之内。从成本上来看，磁带是归档数据的最佳存储介质。在大数据时代，依旧如此。支持 TB 级的大容量归档系统能够显著降低历史数据的维护成本。

成本当中最大的一部分是商业化的硬件设备。因此 AMC 的模式很值得借鉴。通过定制自己的"硬件平台"而不是购置实体的硬件设备，可以方便地对它们的业务扩展成本进行有力的控制。为了适应这个发展趋势，存储系统将会变得更加虚拟化，向软件服务模式的方向发展。软硬一体化的存储系统将显著降低企业级别的数据存储的整体价格。

长时效数据的优化存储。数据的累积是影响成本的重要部分。对于不同的应用场景来说，尽管有些数据的使用频率很少，但是法律法规或者个人用户的习惯，将会使存储系统不得不对这些历史数据进行专项化的处理（如病患的历史病例或者公司的历史财务信息）。而由于数据的分析具有时效性，如何对那些失去时效性的数据进行数据迁移并保证数据的可靠性，也是控制存储成本的一个策略。存储系统针对历史数据和热点数据的异化存储将会降低整个系统的成本和开销。

8. 灵活性的应对

大规模存储系统的基础设施往往规模庞大。因此在最初的设计和架构上必须考虑到今后针对不同业务的多变性，使其能够适应分析程序的改变而扩展。一个大型的数据存储设施一旦投入使用，调整的成本就会很高，因此存储系统必须灵活应对各种应用和数据场景。

解决方案：现在的存储系统不能再只针对某一种数据类型，更需要对结构化、非结构化和半结构化数据都提供高效存储。同时，越来越多的存储系统采取了分布式方案，也能够提高系统的灵活性。

13.4　华为针对大数据存储的实践与应用

华为对于大数据存储和处理做出了积极的贡献，聚焦于提供创新的存储技术和架构，力争更好地完成海量数据的存储和处理工作。

13.4.1　华为 OceanStor 9000

1. 产品定位

随着物联网、社交化、BYOD 等技术的广泛应用，数据呈现爆炸性增长。这不仅对存储的性能及容量提出苛刻考验，还要求具备快速的数据检索与分析能力以及时获取关键价值信息，同时活跃数据归档需要更加简便、具有成本效益的存储方案。美国市场研究公司 IDC 认为"在可预见的未来，存储是大数据和分析领域最大的基础设施开支之一。华为 OceanStor 9000 基于"三位一体"的创新理念，融存储、分析、归档于一体，采用新一代 Scale-out 架构，实现数据全生命周期管理，帮助用户从容面对大数据挑战。"除此之外，OceanStor 9000 向客户提供超过 500 万的 OPS，超过 170GB 的系统总带宽，充分满足 HPC、生命科学、媒体编辑、卫星测绘以及数据中心集中存储、互联网运营等多种大数据业务应用的高性能要求。

2. 价值特点

华为 OceanStor 9000 系统融合了 Scale-out NAS、Scale-out Database 和 Scale-out Backup，实现多位一体，是面向大数据存储的集群存储系统。OceanStor 9000 在一个系统内实现了分布式存储、分布式备份以及分布式数据分析的一体化全生命周期管理，在数据统一调度模块的调度下，数据在多域间有效流动。OceanStor 9000 系统采取分布式架构，系统在初始时可以使用较小的配置，降低 CAPEX 开销，随着业务量的增加，客户可以方便扩容，以实现应需而变。

在扩展方面，华为 OceanStor 9000 采用全对称分布式 Scale-Out 架构，全冗余部署，无单点故障，分布式 Raid 保证数据节点间高可靠。在保证数据高可靠的同时，系统支持 3～288 节点弹性无缝扩展，单一文件系统可扩容至 100PB，整个扩容过程业务无中断，这一点在关键应用方面至关重要。

企业，尤其是新兴的企业，在起步阶段，业务量不大，需要的 IT 设施规模也不大，更不可能有大手笔的 IT 预算，但对性能方面的要求可能还很高。华为 OceanStor 9000 系统的起步配置可以以低的 TCO，满足企业在容量和性能方面的需求；随着企业发展壮大，对 IT 的需求也在不断攀升，这时仅需简单地扩容 OceanStor 9000 系统，便能够实现对存储空间和性能的扩充，满足更高需求。

在管理方面，华为 OceanStor 9000 只需一个管理系统，即可对硬件、软件、网络、服务统一管理，统一的界面让管理更加简单。单一文件系统、统一命名空间、自动精简配置等特性，可以有效应对空间规划，当出现硬盘预警时，系统可快速自愈合，让维护更便捷。

3. 关键特性

（1）性能卓越：世界上最快的 NAS 系统。

（2）弹性空间：业界最大单一文件系统。

（3）数据可靠：最大 95%的磁盘利用率。

（4）简化管理：统一视图、统一管理。

OceanStor 9000 与现有产品性能的对比如图 13-6 所示。OceanStor 9000 的单节点带宽可以达到 800MB/s（物理带宽 1000MB/s，按 8+2 去除冗余数据之后为 800MB/s），其系统带宽可达 200GB（按照每节点 800MB/s，288 节点线性系数 0.9 计算），并且 OceanStor 9000 的拓展性能非常强大，整个系统的性能随节点数线性增长。

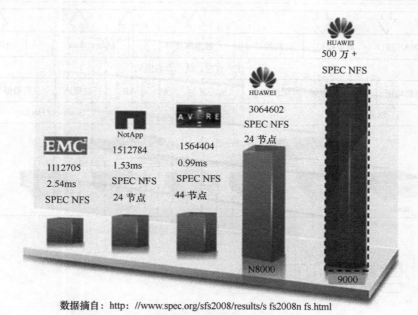

数据摘自：http：//www.spec.org/sfs2008/results/s fs2008n fs.html

图 13-6　OceanStor 9000 与现有产品性能对照柱状图

4．软硬件形态和组件

OceanStor 9000 的整体逻辑架构如图 13-7 所示。

OceanStor 9000 的软件层次如图 13-8 所示。

其中：

- NFS/CIF 集群负责 NAS 协议。
- CA 负责文件系统协议的语义解析执行，是文件系统业务发动机。
- MDS 管理文件系统的元数据，可以定义为文件系统元数据的读写缓存。
- MDS 集群不同节点按照子树切割；相互不重叠；考虑负载均衡、扩展性、可靠性，提供子树迁移能力。
- DS 集群提供可靠的对象存储；为文件系统元数据和文件数据提供存储能力；DS 集群提供差异化的数据冗余保护能力。
- Monitor 集群具有系统的集群状态监控和状态表格同步，以及可靠保存的能力。

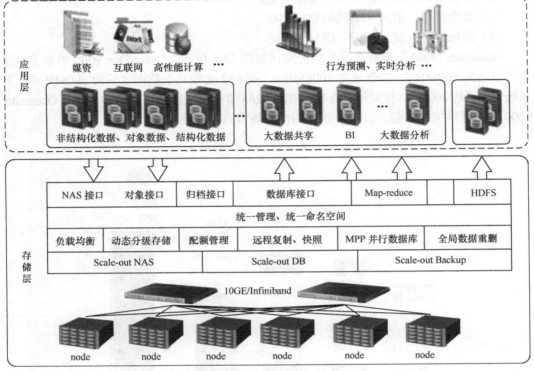

图 13-7　OceanStor 9000 逻辑架构

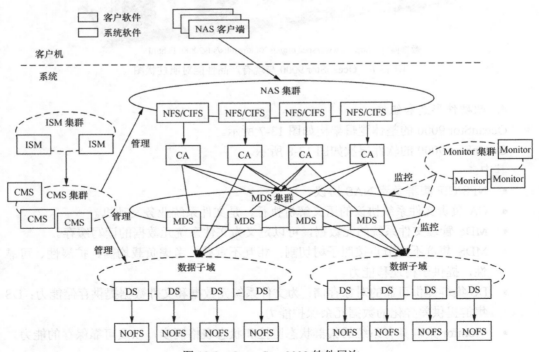

图 13-8　OceanStor 9000 软件层次

- CMS 集群对集群的物理节点进行设备管理，提供配置、告警、日志、升级能力。
- ISM 为 OceanStor 9000 提供配置、告警等 UI 界面。

5. 典型应用场景

（1）电视台非线编和媒资管理系统

① 应用需求：收录系统需要可靠的存储来储存卫星传回的数据；非线编系统需要高性能的存储来快速制编；媒资管理系统（MAM）需要大容量、低成本的存储来储存历史资料；数据共享需求。

② 解决方案的特点

- N+1 到 N+4 业界最高水平的数据可靠性。
- 弹性扩展，高达 40PB 线性扩展。
- 非热点数据自动迁移，节省投资成本。
- 单一文件系统，满足数据共享要求。

电视台非线编和媒资管理系统结构图如图 13-9 所示。

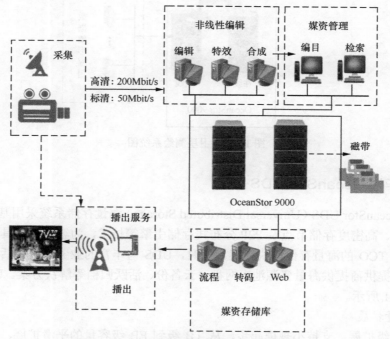

图 13-9　电视台非线编和媒资管理系统结构图

（2）HPC 应用场景——卫星测绘

① 应用需求：存储大文件（GB～10GB 级）和小文件（KB 级）并存，大文件读写（单文件可达 200GB）；每天产生 TB 级的数据，存储总量为 PB 级；生成图像产品时批量作业，要求存储高吞吐；原始数据不允许丢失。

② 解决方案的特点

- 5 000 000+ OPS 业界性能第一，应对每天产生的大量图片存储需求。

- 数据动态分级，存储访问效率提升 5 倍。
- 3～288 节点超大线性扩展能力，业务持续增长轻松扩容。

卫星测绘系统图如图 13-10 所示。

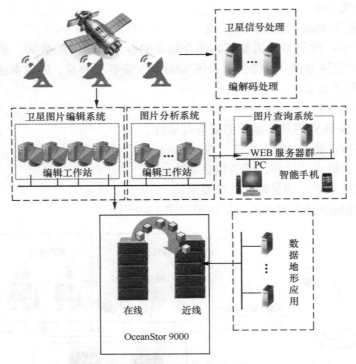

图 13-10 卫星测绘系统图

13.4.2 华为 OceanStor UDS

华为 OceanStor UDS（Universal Distributed Storage）海量存储系统采用基于 ARM 架构的低功耗、高密度存储节点及 P2P 分布式存储引擎等技术，为客户构建具有无限扩展能力和极低 TCO 的海量存储解决方案。同时，UDS 与丰富的业务系统灵活组合，可为企业和服务提供商提供海量资源池、网盘、云备份、活跃归档等解决方案。UDS 逻辑视图如图 13-11 所示。

1. 海量扩展
- EB 级扩展：支持小规模起步，从 TB 级到 EB 级容量的平滑扩展，存储资源按需供给。
- 细粒度增长：基于 SmartDisk（智能硬盘：1 个 ARM 芯片管理 1 个硬盘），性能随容量线性增加，最小扩展单元为磁盘。
- 跨地域统一资源池：支持多数据中心的统一存储资源池，跨地域的数据冗余。

2. 安全可靠
- SmartDisk：最小存储单元 SmartDisk（智能硬盘）独享 CPU 和网络资源，单点损坏不影响其他模块；从最小存储单元到数据中心层面的多级数据保护，增强数据可靠性。

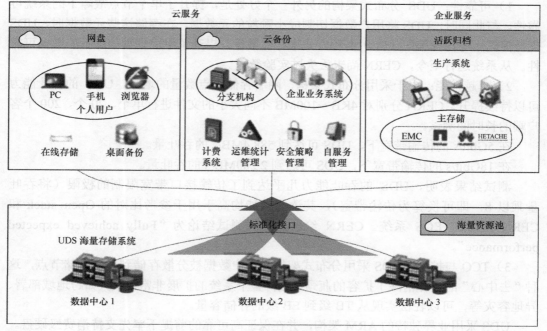

图 13-11　UDS 逻辑视图

- 强自愈系统：多节点并行快速恢复数据，自愈过程对业务系统透明。
- 数据安全：多租户、加密、数据分片等多纬度安全保障，确保客户数据私密性。
- 高密、低功耗整机：4U 75 盘位高密整机设计，单机柜提供 2PB 以上容量；精细化能耗控制，基于 ARM 处理器整体功耗降低 50% 以上，平均每 TB 功耗低至 4.2W。
- 免即时维护：智能的系统监控和分析；自管理，面向无人值守的系统管理设计，故障单元无需即时更换。
- 开放平台：支持标准化接口，具备多业务承载能力，保护客户投资。

3. UDS 云存储系统在 CERN 中的应用

UDS 云存储系统通过了欧洲核子研究中心（the European Organization for Nuclear Research，CERN）的性能测试。此次测试是华为与 CERN 合作的重要组成部分，用于存储领域创新技术和架构的研究与验证，以应对高能物理领域海量数据存储和高性能处理需求的挑战。

CERN 对存储方案的要求大概可以包含 3 个方面。

（1）可靠性。特别是在实验中，存储系统是绝对不能宕机的；

（2）性能。每秒 4 000 万次撞击，1.5 亿个感应器，对存储的要求是做到极高的带宽并保持很长时间；

（3）TCO 和扩展能力。预计 CERN 在 2013 年将会产生 25PB 实验数据，这一数据在 2012 年是 20PB。这样 CERN 每年都需要采购大量的存储设备加到自己的数据中心。因此高性价比和良好的扩展能力是 CERN 对存储设备的基本要求。

华为的 UDS 完全可以满足 CERN 对存储的需求。总结来看包括下面四大优势。

1）可靠性：UDS 分布式架构的另外一个好处是，提升了单个节点故障下的系统可靠性。与此同时，UDS 将用户数据切割成小颗粒的元数据，在存储这些元数据时，UDS 支持多副本与擦除编码（EC）两种方式来存储数据，提升了单块硬盘故障下的数据可靠性。从系统运行至今，CERN 尚未丢失过实验数据。

2）卓越性能：由于采用分布式架构，随着存储节点数量的增加，UDS 的吞吐能力可以持续提升。CERN 分别对 4KB～100MB 不同大小的文件进行单个、20 个、200 个客户端的长时间测试。

在 5Gbit/s 的传输带宽下，UDS 可达到 588.4MB/s 的吞吐量。

在 18Gbit/s 的传输带宽下，UDS 可达到 2 200MB/s 的吞吐量。

测试结果表明，UDS 的吞吐能力几乎达到了传输接口带宽限制的极限（将吞吐量乘以 8，即可换算为传输带宽），其读写性能均高于用于参考比对的 Open stack 和 CERN 现有的 EOS 系统。CERN 给出的性能测试结论为"Fully achieved expected performance"。

3）TCO 与扩展：UDS 采用分布式架构，用户数据被分散存储到多个存储节点，这种"去中心"的设计消除了扩容的瓶颈，使得整个系统的扩展非常灵活，如跨地域部署、异地容灾等，可以轻松实现从 TB 级到 EB 级的存储容量。

UDS 采用业界独特的 ARM 架构，并在保证高可靠的前提下率先支持消费级硬盘。ARM 和消费级硬盘的超低功耗，首先帮助 CERN 大幅降低了设备运行时的功耗。同时，UDS 支持特有的免即时维护特性，有利于 CERN 减少不必要的维护人员。CERN 创建的 OpenLAB 旨在通过部署全球领先的 IT 系统和解决方案，将整个 LHC 行业的资源、研究成果汇集一处。而持续快速增长的海量科研数据对 CERN 的存储系统在可扩展性、可靠性等方面提出了严峻的挑战，这也促使 CERN 开始评估新的存储技术。华为 UDS 云存储系统通过欧洲核子研究中心 CERN 测试如图 13-12 所示。

图 13-12　华为 UDS 云存储系统通过欧洲核子研究中心 CERN 测试

"CERN 在执行数据密集型模拟和分析方面正在面临极限，同华为的合作为我们展现了一个令人激动的新途径，我们看到华为云存储优良的架构设计，使得 CERN 在应对未来 EB 级数据量的挑战时能够轻松以对。"CERN OpenLAB 的总负责人鲍勃·琼斯说。

华为云存储首席架构师詹姆斯·休斯表示："与 CERN OpenLAB 的合作给了我们一个绝佳的机会，来进一步发展我们的云存储产品，同时也证明了其创新的架构设计在极端的科研和海量数据环境的价值。"

13.4.3　华为 FusionInsight 大数据处理平台

1. 产品定位

随着企业的增长，部署在独立硬件的各种应用也随之增多，这给 IT 基础架构带来很多挑战，如资源使用效率低、业务部署费用高和周期长。因此 IT 部门会逐渐转向采用云计算来增加数据共享、提升资源利用率和减少运营成本。

企业也希望 IT 基础架构能够集成上游和下游产业链，保护业务质量和安全。为了满足这些需求，华为提供了全面的基础设施的虚拟化解决方案，以满足企业期望并使 IT 能够为企业创造更多价值。

2. 客户价值

（1）简单

- 充分融合的计算、存储和网络。
- 预验证的虚拟化基础设施。
- 统一的物理、虚拟资源管理，做到自动发现、自动配置。

（2）敏捷

- 部署时间从月缩短到天。
- 灵活自由地计算、存储配比。
- 线性扩展，按需扩容。

（3）高效

- 统一管理，自动化，一键式部署，OPEX 降低 30%。
- 软硬件深度优化带来性能的飞跃。
- 存储 I/O 提升 3～5 倍，网络性能提升 3 倍以上。

（4）平台架构

华为 FusionInsight 大数据处理平台，能够帮助企业快速构建海量数据信息处理系统，通过对企业内部和外部的巨量信息数据进行实时与非实时的分析挖掘，发现全新价值点和企业商机。华为 FusionInsight 大数据平台架构如图 13-13 所示。

 运营商详单查询、经分分析、精准营销　　 银行数据全生命周期分析、实时明细、精准营销、在线征信与风控等　……　 大企业 Web 页面点击行为、系统日志分析

大数据管理维护平台

建模、算法
（Lifelong Machine Learning/Human Computation etc, …）

Native API/SQL/App Engine 服务封装

流处理
CEP/Streaming　　非、半结构化处理
Hadoop

X86 服务器（带本地硬盘）

集群 NAS：出 HDFS 接口

图 13-13　华为 FusionInsight 大数据平台架构

（5）产品亮点

易用：让传统企业轻松驾驭大数据。

原生态的大数据技术因其本身的复杂性，局限应用于自身具备强大研发实力的互联网行业，而华为 FusionInsight 产品针对传统行业客户设计，全自动化在线运行维护，自定义 Dashboard，自动化的二次开发助手，大幅降低了大数据在传统企业内部的部署难度，帮助传统企业轻松驾驭大数据业务。

安全：第一家支持 RBAC 用户组权限管理、消除 HDFS 明文存放。

可靠：基于开源、优于开源的产品性能，无单点故障，支持异地容灾。

开源软件的一个明显特性是存在诸多 Bug，性能未经调优，功能不够完善，而华为大数据产品按照金融和电信行业对产品高性能、可靠性、稳定性、安全性的要求设计，能够支撑企业级核心业务数据的处理与分析。

13.5　本章总结

大数据的发展是当下计算机产业的热点。由于大数据存在的场合众多，应用的情形多样化，大数据技术仍旧处在不断发展当中。大数据好比是一座矿山，矿山中蕴藏的财富不言而喻。而仅仅拥有这样一座蕴藏着巨大财富的矿山还不够，我们更需要一个强有力的工具对它进行提炼，选择出我们需要的财富。大数据就是问题本身，云计算也就是解决问题的具体方法。当然只有真正实现了大数据高效稳定的存储，建立于此基础上的上层建筑才有存在的可能。

后面的章节将结合本章的部分知识，着重介绍云计算的相关技术。

13.6　练习题

一、选择题

1．以下那些是大数据的显著特征？（　　　）

　　A．高时效性　　　　B．海量　　　　　　C．高价值　　　　　　D．低成本

答案（ABC）

2．下述对大数据价值特征的表述正确的是（　　　）。

　　A．大数据就意味着高价值密度和高价值

　　B．越大的数据集，其价值越高

　　C．大数据的价值完全依赖于它的规模

　　D．大数据的价值密度和数据规模并不一定是线性增加关系

答案（D）

3．下列属于 CAP 的三项内容的有（　　　）。

　　A．高性能　　　　　B．高拓展性　　　　C．分区容忍性　　　　D．高并发性

答案（D）

4. 对于大数据技术要求的表述，下列说法错误的是（　　）。

　　A. 高拓展性不仅仅表现在存储容量上的拓展

　　B. CAP 定理的限制使得分布式存储系统的性能无法尽如人意

　　C. 提高大数据存储能力就是提高存储系统读写能力

　　D. 大数据存储的成本需要进行必要的控制

答案（C）

5. 视频文件属于（　　）文件类型。

　　A. 结构化文件　　　B. 非结构化文件　　C. 半结构化文件

答案（B）

6. 数据挖掘和大数据在信息提取上的显著区别是（　　）。

　　A. 时效性　　　　　B. 价值性　　　　　C. 复杂性　　　　　D. 多样性

答案（A）

7. PB 是大数据时代的一个常用计量单位，1PB=（　　）。

　　A. 1024TB　　　　B. 2048GB　　　　C. 2^40 MB　　　　D. 2^20 MB

答案（A）

8. 分布式存储系统越来越多地使用在大数据存储中，以下对分布式存储系统表述不正确的是（　　）。

　　A. 分布式系统的拓展性更好　　　　　B. 分布式系统的并发性更易实现

　　C. 分布式系统的设计架构简单　　　　D. 分布式系统的容错能力更好

答案（C）

9. 由于 CAP 定理的限制，在设计分布式存储系统时，不可能满足其三个方面的要求，以下（　　）系统设计需要特别兼顾一致性。

　　A. 大规模科学信息存储系统　　　　　B. 网上书籍存储系统

　　C. 支付宝系统　　　　　　　　　　　D. SNS 网站

答案（C）

二、简答题

1. 大数据具有哪些特征？这些特点会给存储带来什么改变？

2. 为什么大数据存储的拓展变得越来越重要？广泛采用的横向拓展模式有什么特点？

3. 结合华为 Oceanstor 9000 设备的特点，分析它针对大数据环境的突出优势。

第14章
云计算基础

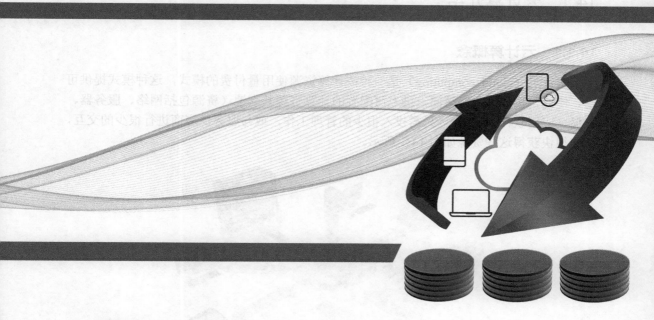

关于本章

在日常生活中，水、电、煤气等都是必不可少的，这些资源是生产厂家集中生产提供给我们使用的，这种模式可以极大地节约资源，方便我们的生活。如今，计算机几乎成为了人们生活当中必不可少的一部分，因此，人们希望能在计算机上使用这种模式，这样就有了云计算（cloud computing）。

云计算的最终目标是将计算、服务和应用作为一种公共设施提供给公众，使人们能够像使用水、电、煤气和电话那样使用计算机资源。

本章节将介绍云计算的基础知识，包括云计算的产生与发展、云计算的概念、云计算模式、云计算应用和云计算产品等相关内容。通过本章的学习，可以初步了解云计算的整体构架和云计算的概念，为深入学习和研究云计算技术打好基础。

14.1   云计算介绍

14.1.1   云计算概念

云计算（cloud computing）是一种按计算资源使用量付费的模式，这种模式提供可用、便捷、按需的网络访问，进入可配置的计算资源共享池（资源包括网络、服务器、存储、应用软件、服务），只需投入很少的管理工作，或与服务供应商进行很少的交互，就能很快获得这些资源如图 14-1 所示。

图 14-1   云计算概念示意图

云计算是由并行处理、分布式计算、网格计算发展来的，是一种新兴的商业计算模型。目前，云计算正在不断地发展变化，不同专家学者对云计算有着不同的定义。

狭义的云计算是指厂商通过分布式计算和虚拟化技术搭建数据中心或超级计算机，以免费或按需租用方式向技术开发者或者企业客户提供数据存储、分析以及科学计算等服务，如亚马逊数据仓库出租。

广义的云计算是指厂商通过建立网络服务器集群，向不同类型客户提供在线软件服务、硬件租借、数据存储、计算分析等不同类型的服务。广义的云计算包括了更多的厂商和服务类型，如谷歌发布的 Google 应用程序套装等。

通俗的理解是，云计算的"云"就是存在于互联网上的服务器集群资源，它包括硬件资源（服务器、存储器、CPU 等）和软件资源（如应用软件、集成开发环境等），本地客户端只需要通过互联网发送需求信息，远端就会有成千上万的服务器为你提供需要的资源并将结果返回到本地客户端。这样，本地客户端几乎不需要做什么，所有的处理都由云计算提供商提供的服务器集群完成。

云计算按照服务类型可以大致分为 3 类：基础设施即服务（IaaS）、平台即服务（PaaS）、软件即服务（SaaS）。在后面的内容中会详细介绍。

14.1.2　云计算的特点

云计算具有以下特点。

1. 按需服务

云端可以为用户提供想要的服务，用户可以按照自己的需求来获取资源，就像现实生活中使用自来水、煤气、电力等资源一样。

2. 虚拟化

云计算支持用户在任何位置、使用各种终端获取服务。所以请求的资源来自"云"而不是固定的有形实体。当用户使用云服务时，无需知道资源运行的位置，只需要一台笔记本电脑或者手机，就可以接入网络来获得各种超强力的服务。

3. 高可靠性

绝大部分的"云"商家都采用了多副本容错、计算节点同构可互换等措施来保障服务的可靠性，使用户的数据更加可靠。

4. 通用性

云计算并不是一种特定的计算方式，可以在"云"端的支持下衍生出千变万化的应用，而且适用范围广。

5. 超大规模的计算能力

现在的各大云计算商家都为用户提供了非常多且非常强大的"云"服务器，这些"云"服务器能赋予用户前所未有的计算能力。

14.1.3　云计算的应用

云计算应用的范围很广，下面将从云服务、云计算、云存储、云安全这 4 个方面来介绍云计算的应用。

1. 云服务

云服务是一种更广义的服务方式，其中的典型代表就是苹果的全新云服务 iCloud。这是一款可与 iPhone、iPad、iPodtouch、Mac 或 PC 应用程序完美兼容的突破性全新云服务免费套件，它的 iCloudStorage 能够通过无线网络来存储用户某个苹果设备上的数据内容，并自动通过无线网络推送至用户所有的苹果设备。当修改某个苹果设备上的信息时，所有设备上的信息几乎同时以无线方式更新。此外，还增加了云备份与音乐自动同步功能，云备份可以每天自动备份用户购买的音乐、应用、电子书、音频、视频以及设置属性、软件数据等。

iCloudStorage 可完好地保存使用 iCloudStorageAPIs 创建的所有文档，并自动推送至用户的全部设备。用户更改设备文档时，iCloud 自动将更改推送至所有设备。iCloud 创新的 PhotoStream 服务可自动上传用户拍摄的照片，导入任意设备，并无线推送至所有设备和计算机。当用 iPhone 为好友拍摄照片后，可与 iPad（或者 AppleTV）上的整个群组共享。这项服务非常受欢迎，如今已有超过 2 000 万人创建了 iCloud 账户。

2. 云计算

云计算其实是一种资源交付和使用模式，是指通过网络获得应用所需的资源。提供资源的网络称为"云"。云计算具有按需服务、无限扩展、低成本和规模化等四大特征。

云计算的核心思想是统一管理和调度大量用网络连接的计算资源，构成一个计算资源池向用户提供按需服务。提供资源的网络被称为"云"。"云"中的资源在使用者看来是可以无限扩展的，并且可以随时获取，按需使用，随时扩展，按使用量付费。

3. 云存储

云存储是在云计算概念上延伸和发展出来的一个新概念。在云计算时代，用户你可以抛弃 U 盘等移动设备，只需要进入 GoogleDocs 页面，新建文档、编辑内容，然后直接将文档的 URL 地址分享给朋友或者上司，他可以直接打开浏览器访问 URL。再也不用担心因 PC 硬盘的损坏或者 U 盘打不开而发生资料丢失事件。

4. 云安全

云安全（cloud security）是网络时代信息安全的新产物，它融合了并行处理、网格计算、未知病毒行为判断等新兴技术和概念，通过网状的大量客户端监测网络中软件行为的异常，获取互联网中木马、恶意程序的最新信息，传送到 Server 端进行自动分析和处理，再把解决方案分发到每一个客户端。未来杀毒软件将无法有效地处理日益增多的恶意程序。来自互联网的主要威胁正在由计算机病毒转向恶意程序及木马，在这种情况下，采用的特征库判别法显然已经过时。云安全技术应用后，识别和查杀病毒不再只依靠本地硬盘中的病毒库，而是依靠庞大的网络服务，实时进行采集、分析和处理。整个互联网就是一个巨大的"杀毒软件"，参与者越多，每个参与者就越安全，整个互联网就会更安全。如今，瑞星、趋势、卡巴斯基、MCAFEE、SYMANTEC、江民科技、PANDA、金山、360 安全卫士等都推出了云安全解决方案。趋势科技云安全已经在全球建立了五大数据中心，几万台在线服务器。

14.2　云计算的现状

云计算发展迅速，各大公司都对其进行研发和利用，其中最具有代表性的就是 Google、Micnsoft、亚马逊等。每个公司都有自己独特的云计算服务，云计算已经成为这些公司未来发展的重要方向。

14.2.1　Google 云计算

Google 公司具有目前世界上最大的搜索引擎，并在海量数据处理方面拥有先进的技术，同时，Google 在近几年的发展中，充分开发云计算，提供了丰富的云端运用，其中包括 Gmail、Google Docs 等。

Google 作为世界云计算的"领头人"，它在云计算的研究与开发方面非常出色，从 Google 的整体技术构架来看，Google 计算系统依然是边做科学研究，边进行商业部署，依靠系统冗余和良好的软件构架来低成本支撑庞大的系统运作、大型的并行计算和超大规模的 IDC 快速部署，通过系统构架来使廉价 PC 服务器具有超过大型机的稳定性都已经不再是科学实验室的故事，而是已经成为互联网时代、IT 企业获得核心竞争力发展的基石。

我们日常使用的 Google Search、Google Earth、Google Map 等业务都是 Google 基于

自己云计算平台提供的。Google 也是通过云计算的方式，大量降低计算成本，使其业务更具有竞争力。

前面提到了 Google 的 Google App Engine，这个平台主要包括 5 个部分：GAE Web 服务基础设施、分布式存储服务、应用程序运行时环境、应用开发套件和管理控制台，如图 14-2 所示。

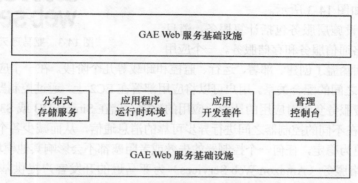

图 14-2　Google App Engine 的概念示意图

GAEWeb 服务基础设施提供了可伸缩的服务接口，保证了 GAE 对存储和网络等资源的灵活使用管理。分布式存储服务提供了一种基于对象的结构化数据存储服务，保证应用能够安全、可靠并且高效地执行数据管理任务。运行时环境为应用程序提供可自动伸缩的运行环境，目前应用程序环境支持 Java 和 Python 两种编程语言，开发者可以在本地使用应用开发套件开发和测试 Web 应用，并可以在测试完成之后，将应用远程部署到 GAE 的生产环境。通过 GAE 的管理控制台，用户可以查看应用的资源使用情况、查看或者更新数据库、管理应用的版木、查看应用的状态和日志等。

从整体来看，Google 的云计算平台包括如下技术层次。

（1）网络系统：包括外部网络（exterior network），这个外部网络并不是指运营商自己的骨干网，而是指在 Google 云计算服务器中心以外，由 Google 自己搭建的不同地区/国家、不同应用之间的负载均衡的数据交换网络。内部网络（Intranet）连接 Google 自建的各个数据中心之间的网络系统。

（2）硬件系统：从层次上来看，包括单个服务器、整合了多服务器的机架以及存放和连接各个服务器机架的数据中心（Internet data center，IDC）。

（3）软件系统：包括服务器中安装的单机操作系统、经过修改的 Redhat Linux 和 Google 云计算底层软件系统（文件系统 Google file system、并行计算处理算法 map reduce、并行数据库 BigTable、并行锁服务 chubby lock、计算消息队列 GWQ）。

（4）Google 内部使用的软件开发工具，如 Python、Java、C++等。

（5）Google 自己开发的应用软件，如 Google Search、Google Email、Google Earth。

14.2.2　亚马逊云计算

Amazon 云计算平台以 Web 服务的方式将云计算产品提供给用户，Amazon Web Services（AWS）是这些 Web 服务的总称。通过 AWS 的基础设施层服务和丰富的平台层服务，用户可以在 Amazon 公司的云计算平台上构建各种企业级应用和个人应用。用户在获得可靠、可伸缩、低成本的信息服务的同时，可以从复杂的数据中心管理和维护工作中解脱出来。Amazon 公司的云计算真正实现了按使用付费的收费模式，AWS 用户只需为自己实际使用的资源付费，从而降低了运营成本。亚马逊云计算如图 14-3 所示。

图 14-3　亚马逊云计算

AWS 基础设施层服务包括计算服务、消息通信服务、网络通信服务和存储服务。一个应用的典型生命周期涵盖了创建、部署、运行、监控和卸载等几个阶段。在一个应用中经常使用各个 AWS 服务之间的配合关系。用户可以将应用部署在 EC2 上，通过控制器启动、停止和监控应用。计费服务负责对应用的计费。应用的数据存储在 Simple DB 或 S3 中。应用系统之间借助 SQS 在不同的控制器之间进行异步可靠的消息通信，从而减少各个控制器之间的依赖，使系统更为稳定，任何一个控制器的失效或者阻塞都不会影响其他模块的运行。

亚马逊网络服务（Amazon Web Services）为亚马逊的开发客户提供基于其自有的后端技术平台、通过互联网提供的基础架构服务。利用该技术平台，开发人员可以实现几乎所有类型的业务。

亚马逊提供的基础设施服务包括：亚马逊弹性计算网云、亚马逊简单储存服务、亚马逊简单数据库和亚马逊简单队列服务。

Amazon Web Services 通过 REST 或者基于 SOAP 的网络服务呼叫，使亚马逊业务体系的各个模块都能够连接和使用。这些模块可以比作是有 2GHz 处理器和 2GB 内存的虚拟计算机系统，并且存储系统能够容纳数 TB 级的数据，数据库、支付管理系统、订单追踪系统、虚拟店面系统，所有上述情况的组合，甚至更多。最为关键的是，可以租用大量的虚拟机，存储数 TB 的数据，或建立一个互联网范围的消息队列，并且只需向 Amazon 支付消费的资源费用。

亚马逊弹性计算云可以理解成是一个 Web 服务，它对外提供了可调整的云计算能力。它旨在使开发者的网络规模计算变得更为容易。亚马逊 EC2 上简单的 Web 服务界面，可以让用户轻松地获取和配置资源。它提供给用户对计算资源的完全控制，并运行于亚马逊已获实证的计算环境中。亚马逊 EC2 将获取和启动新的服务器实例时间缩短到数分钟，让用户能够迅速调整，无论是增加还是缩减，适应用户计算需求的变化。亚马逊 EC2 让用户只需支付实际使用的计算。亚马逊 EC2 上提供开发工具来构建隔离故障应用程序并与日常故障隔离开。

亚马逊简单的存储服务可以理解成是一个以太网上超大容量的磁盘。它可以储存和提取大小从 1byte 到 5GB 的非结构化数据。S3 称为"对象"或"目录"。它由关键字、数值和元数据 3 部分组成。关键字是该对象的名称，数值是该对象的内容，元数据是一组描述对象信息的关键字/数值对。对象的名称可以是 3～255 个字符，亚马逊对命名的唯一约束是不要与网址（IP 地址）相同。

亚马逊 S3 专为大型、非结构化的数据块设计，而 SimpleDB 是为复杂的、结构化数据建立的。虽然 SimpleDB 是使用轻量级并且很容易掌握的查询语言实现的数据库，但支持大部分可能会需要的数据库操作，包括修改、查找、插入和删除。

亚马逊简单数据库不同于 Oracle 或 MySQL 那样的关系数据库，SimpleDB 数据库由数据项组成，数据项由属性组成，属性是一个名字/数值对。数据项必须有 ItemName 属性，作为数据项的唯一识别符。每当用户发送一次查询时，系统将返回 ItemName 数值的集合。使用这些数值作为输入执行 Get 操作，用户可以获取数据项的实际内容（属性）。

一个 SimpleDB 数据库可以成长到 10 GB 的大小和安置多达 2.5 亿个属性。可以为某一特定数据项定义多达 256 个属性，并没有规定一个域中的所有数据项具有相同的属性。此外，特定的属性可以有多个值，因此，客户数据库可以为单一 customer name 属性存储多个别名。

SimpleDB 专为支持"实时"（快速周转）查询设计。为确保快速查询响应，当数据项被放置在数据库中时，所有属性将自动索引编号。亚马逊的文件显示，查询应在 5s 内完成，否则查询可能会中止，以确保查询收到一个快速反应。

亚马逊简单队列服务相对于 JMS 或 MQSeries 服务体系来说，只是一个简单的消息队列服务。

SQS 消息只许是文字，并且长度必须小于 8KB。可以构建一个具有 4 个功能的工作队列：创建队列、发送消息、接收消息、删除消息。

SQS 队列主要设计支持分布式计算机系统之间的工作流。

14.2.3 微软云计算

在云计算时代，微软提供了全面的云计算解决方案，并借助其拥有的领先技术、产品和服务，依靠微软成熟的软件平台、丰富的互联网服务经验及多样化的商业运营模式为各种用户提供全面的云计算服务，真正做到让云触手可及。

早在互联网面世之始，微软就建立了"借助互联网和软件的力量，为用户创造跨越不同设备的无缝体验"的愿景，而云计算时代的开启正加速了这个愿景的实现。

微软认为，未来的互联网世界将会是"云+端"的组合，在这个以"云"为中心的世界里，用户可以便捷地使用各种终端设备访问云中的数据和应用，这些设备可以是计算机和手机，甚至是电视等大家熟悉的各种电子产品，同时用户在使用各种设备访问云中的服务时，得到的是完全相同的无缝体验。其中，云计算平台是现有 IT、互联网技术和业务模型逐渐演变的结果，一个成功的云计算平台可以最大限度地发挥现有软件开发经验、能力和各种资源。长期以来，微软致力于云计算技术和服务的不断创新，在动态数据中心、私有云以及公共云等多方面开展了卓有成效的探索和实践，并取得了业界领先的经验和成绩。

微软的云计算战略包括三大部分，目的是为自己的客户和合作伙伴提供多种不同的云计算运营模式。

1. 微软运营

微软自己构建及运营公共云的应用和服务，同时向个人消费者和企业客户提供云服务。例如，微软向最终使用者提供的 Online Services 和 Windows Live 等服务。

2. 伙伴运营

ISV/SI 等各种合作伙伴可基于 Windows Azure Platform 开发 ERP、CRM 等各种云计算应用，并在 Windows Azure Platform 上为最终使用者提供服务。另外一个选择是，微软运营在自己的云计算平台中的 Business Productivity Online Suite（BPOS）产品也可交由合作伙伴进行托管运营。BPOS 主要包括 Exchange Online、SharePoint Online、Office Communications Online 和 LiveMeeting Online 等服务。

3. 客户自建

客户可以选择微软的云计算解决方案构建自己的云计算平台。微软可以为用户提供包括产品、技术、平台和运维管理在内的全面支持。

2008 年 10 月，微软发布了自己的公共云计算平台——Windows Azure，由此拉开了微软的云计算大幕。Windows Azure 平台是运行在 Microsoft 数据中心，为互联网用户提供服务的一组云计算技术的集合。

Windows Azure 平台由 Windows Azure 及一组平台服务构成，如图 14-4 所示。Windows Azure 平台的基础设施层组件是 Windows Azure，它作为云平台的操作系统安装在提供云服务的数据中心的服务器上。WindowsAzure 管理数据中心的服务器、存储和网络等资源。Windows Azure 平台给云应用层提供的平台层服务包括：Windows Azure platform AppFahric，为基于.NET 的云应用和本地应用的开发提供了支持；SOL Azure，方便用户以服务的方式访问和使用云上的 Microsoft SOL Server 数据库。由于采用了如 SOAP 和 REST 等标准的 Web 通信协议，这些服务能够很好地和用户的应用及其他云平台集成。

图 14-4　微软云计算

14.3　云计算的架构

14.3.1　云计算架构的基本层次

通过前面内容了解到，云计算按照服务模式可以分为基础设施即服务（IaaS）、平台即服务（PaaS）和软件即服务（SaaS），这三种服务模式对应云计算架构的 3 种层次：基础设施层、平台层和应用层。通过这 3 种基础层次向上提供服务又可以分为公有云、私有云和混合云 3 种类型。云计算的架构如图 14-5 所示。

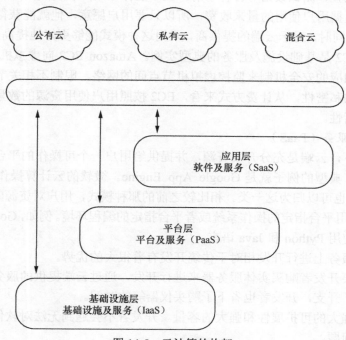

图 14-5 云计算的构架

基础设施层是经过虚拟化后的硬件资源和相关功能的集合，云计算的虚拟资源包括计算、存储和网络等资源。基础设施层通过虚拟化技术对物理资源进行抽象，并实现内部流程自动化和资源管理优化，从而向外部提供动态、灵活的基础设施层服务，也是基础设施即服务（IaaS）的基础。

平台层提供平台即服务（PaaS），它介于基础设施层和应用层之间，通过提供一个平台让开发者更加便利地进行开发，为云应用提供了一个安全可靠地运行、管理和控制的环境。平台层是优化的"云中间件层"，能够更好地满足云的应用在可伸缩性、可用性和安全性方面的要求。

应用层是云上应用软件的集合，这些应用构建在基础设施层提供的资源和平台层提供环境之上，通过网络交付给用户。应用层提供给用户大量的应用，使用户可以更加便利地使用这些应用，用户可以在任何地点，使用任何终端登入云端来运用这些应用，大大方便了用户。

这里需要注意的是，并不是所有的云都必须同时提供以上 3 种不同层次的服务，有些云端只提供其中某一层次的服务，例如，Amazon EC2 和 Google App Engine 就只提供了基础设施和平台层的服务。

下面将详细介绍这 3 种模式。

1．基础设施即服务（IaaS）

基础设施即服务是指云供应商将硬件等基础资源封装成服务提供给用户使用，如

Amazon 云计算的 AWS（Amazon Web Services）的弹性云计算和简单存储服务 S3。在该模式下，用户相当于在使用一个裸机和磁盘，用户可以在上面 DIY，使用任何操作系统，做自己想做的试验、测试数据等各种事情。IaaS 能保证用户在使用的过程中有足够的计算资源，并且根据用户使用的量来收费，所以只要用户愿意，他就能获得相对无限的资源来进行操作，同时，对于云端的提供商，采用这种模式能够更好地提高资源的利用率。

Amazon EC2 是基础设施及服务的典型实例。Amazon EC2 向虚拟机提供动态 IP 地址，并且具有相应的安全机制来监控虚拟机节点间的网络，限制不相关节点的通信，从而保障了用户的私密性。从计费方式来看，EC2 按照用户使用资源的数量和时间计费，具有充分的灵活性。

2. 平台即服务（PaaS）

这种模式下，云端是充分开发资源，并提供给用户一个可操作的平台、一个应用软件的操作环境，典型的例子就是 Google App Engine。微软的云计算操作系统 Microsoft Windows Azure 也可以归为这一类。相比较之前的那种模式，用户对资源的使用会受到一定限制，必须使用平台指定的操作系统或者平台指定的编程环境。例如，Google App Engine 就只允许用户使用 Python 和 Java 语言。

在平台及服务上进行开发相对于传统开发有着很大的优势。

（1）不需要开发者购买实体服务器来进行开发，通过云端提供的服务器进行开发很大程度上节约了开支，开发者也省下了购买仪器等的时间。

（2）具有强大的可扩展性和强大的容量。开发者不会遇到无法对软件进一步扩展以及容量不够的问题。

（3）平台及服务提供的开发接口简介明了，不需要开发者从最基础的地方开发起。

（4）根据用户的使用量来收费，这样对于开发者来说不会产生浪费的资源。

3. 软件即服务（SaaS）

软件即服务的针对性更强，云端提供商将软件封装成服务提供给用户使用。在这种模式下，软件是在云端运行，和平时安装在计算机上的软件有所不同，首先，在这种模式下，软件可以在第一时间更新，不需要用户进行繁琐的下载安装。其次，可以让用户在任何地点使用任何机器登入云端来使用软件，用户使用软件更加方便快捷。

软件及服务具有以下 3 个特征。

（1）用户不需要像使用传统软件一样购买光盘进行软件安装，软件可以通过网络下载获得，只是在使用软件时需要付费。

（2）每个用户都有自己的账号，所以在软件中登入自己的账号，可以看到自己的配置，方便用户在任何地点、任何终端使用软件。

（3）软件不需要更新，每次软件新版本都会直接在云端更新好，用户可以随时享受到最新的软件功能。

14.3.2　公有云

公有云一般是指由第三方服务提供商提供给用户使用的云端，用户通过登入云端来进行操作。公有云需要通过 Internet 来使用，企业把自己的设施通过公有云的方式提供给用户使用，用户并不拥有进行计算的设备，只需要登入企业的云端就可以进行计算。

公有云的意义在于能够以低廉的价格，为用户提供很具有吸引力的服务，从而增加企业利益，也方便了用户的使用。

14.3.3 私有云

私有云是为一个公司单独使用而构建的，因而提供对数据、安全性和服务质量的最有效控制。该公司拥有基础设施，并可以控制在此基础设施上部署应用程序的方式。私有云可部署在企业数据中心的防火墙内，或一个安全的主机托管场所。

14.3.4 混合云

混合云是指将两种或两种以上的云（私有云、公有云）进行组合利用，每个云都保持自己的运作模式，但是整体合在一起运作。并不是说私有云和公有云各自为政，而是私有云和公有云协调工作。下面是一个经典实例。在私有云中实现利用存储、数据库和服务处理，同时，在无需购买额外硬件的情况下，在需求高峰期充分利用公有云来完成数据处理需求。目前，已经有很多企业都朝着这种集中云（cloud-bursting）的架构发展，这也是实现利益最大化的关键。

因为公有云只会针对用户使用的资源收费，所以集中云将变成处理需求高峰的一个非常便宜的方式。比如对一些零售商来说，他们的操作需求会随着节假日的到来而剧增，或者是有些业务会季节性的上扬。

混合云也为其他目的的弹性需求提供了很好的基础，如灾难恢复。这意味着私有云把公有云作为灾难转移的平台，并在需要的时候使用它。这是一个极具成本效应的理念。另一个好的理念是使用公有云作为一个选择性的平台，选择其他的公有云作为灾难转移平台。

14.4 云计算的关键技术

14.4.1 虚拟化技术

1. 虚拟化的定义

虚拟相对于真实，虚拟化就是将原本运行在真实环境上的计算机系统或者组件运行在虚拟出来的环境中。一般来说，计算机系统分为若干层次，从上至下包括底层硬件资源、操作系统、操作系统提供的应用程序接口。虚拟化技术可以在这些不同层次中构建虚拟化层，向上提供与真实层次相同或类似的功能。

虚拟化是一个广泛而变化的概念，在维基百科中的定义如下。

"虚拟化（Virtualization）是将计算机物理资源如服务器、网络、内存及存储等予以抽象、转换后呈现出来，使用户可以比原本的组态更好的方式来应用这些资源。这些资源的新虚拟部分不受现有资源的架设方式、地域或物理组态的限制。一般所指的虚拟化资源包括计算能力和资料储存。"

虚拟化虽然是一个抽象的概念，但是其有以下三层直观的含义。

（1）虚拟化的对象是各种各样的资源。

（2）经过虚拟化后的逻辑资源对用户隐藏了不必要的细节。

（3）用户可以在虚拟环境中实现其在真实环境中的部分或者全部功能。

2. 常见的虚拟化类型

在虚拟化技术中，被虚拟化的实体是各种各样的 IT 资源，按照这些资源的类型，可以梳理出不同类型的虚拟化。以下是虚拟化常见的几种类型。

（1）基础设施虚拟化

网络虚拟化：将网络的硬件和软件资源整合，向用户提供虚拟网络连接。

存储虚拟化：为物理的存储设备提供一个抽象的逻辑视图，用户可以通过这个视图中的统一逻辑接口来访问被整合的存储资源。

基于存储设备的存储虚拟化——磁盘阵列技术（RAID）。

基于网络的存储虚拟化——网络附加存储（NAS）、存储区域网（SAN）。

（2）系统虚拟化

实现操作系统与物理计算机的分离，使得在一台物理计算机上可以同时安装和运行一个或多个虚拟的操作系统。

虚拟机：是使用系统虚拟化技术，运行在一个隔离环境中，具有完整硬件功能的逻辑计算机系统，包括操作系统和其中的应用程序。

（3）软件虚拟化

应用虚拟化：将应用程序与操作系统解耦合，为应用程序提供一个虚拟的运行环境

高级语言虚拟化：解决可执行程序在不同体系结构计算机之间的迁移问题。

3. 虚拟化应用

目前普遍使用的 3 种虚拟化技术是 VMware Infrastructure、Xen 和 KVM。

VMware 作为虚拟化技术中的龙头，开发设计的 VMware Infrastructure 能创建自我优化的 IT 基础架构，VMware Infrastructure 作为一个虚拟数据中心的操作系统，可以确保应用程序的可用性、安全性和可扩展性。其优点如下。

（1）通过整合服务器降低 IT 成本并提高灵活性。

（2）减少计划内和计划外停机，以改进业务连续性。

（3）运行较少的服务器并动态关闭不使用的服务器。

Xen 是由 XenSource 管理的一个开源 GPL 项目。Xen 是 openSUSE 和 Novell 主要支持的虚拟化技术，它能够创建更多的虚拟机，每一个虚拟机都是运行在同一个操作系统上的实例。

服务器上的虚拟机通过两种模式运行：全虚拟化和半虚拟化。全虚拟化是一种完全模拟所有硬件设备的虚拟化模式；而半虚拟化是一种选择性的模拟硬件设备的虚拟化模式。

KVM 是指基于 Linux 内核（Kernel-based）的虚拟机（Virtual Machine），是以色列的一个开源组织提出的一种新的虚拟机实现方案，也称为内核虚拟机。

虚拟化技术通过将工作量灵活分配给不同的物理机实现资源共享。但这样一来，部分内存就会处于空闲状态。为了提高系统性能和内存的有效利用率，可以通过交换设备

的虚拟化，以及内存灵活动态的交换管理来实现。

14.4.2 数据存储技术

云存储是在云计算概念上延伸和发展出来的新概念，是指通过集群应用、网格技术或分布式文件系统等功能，将网络中大量各种不同类型的存储设备通过应用软件集合起来协同工作，共同对外提供数据存储和业务访问功能的一个系统。

当云计算系统运算和处理的核心是大量数据的存储和管理时，云计算系统需要配置大量存储设备，云计算系统就转变成一个云存储系统，因此云存储是一个以数据存储和管理为核心的云计算系统。

云计算是分布式处理、并行处理和网格计算发展的产物，是通过网络将庞大的计算处理程序自动分拆成无数个较小的子程序，再交由多部服务器组成的庞大系统经计算分析之后将处理结果回传给用户。通过云计算技术，网络服务提供者可以在数秒之内，处理数以千万计的信息。

云存储的概念与云计算类似，它是指通过集群应用、网格技术或分布式文件系统等功能，将网络中大量各种不同类型的存储设备通过应用软件集合起来协同工作，共同对外提供数据存储和业务访问功能的一个系统，保证数据的安全性，并节约存储空间。如果这样解释还是难以理解，那么可以借用广域网和互联网的结构来解释云存储。

云存储系统的结构模型由四层组成如图 14-6 所示。

图 14-6　云存储概念的示意图

1. 存储层

存储层是云存储最基础的部分。存储设备可以是光纤通道存储设备，可以是 NAS 和 iSCSI 等 IP 存储设备，也可以是 SCSI 或 SAS 等 DAS 存储设备。云存储中的存储设备往往数量庞大且分布在不同地域，彼此之间通过广域网、互联网或者 FC 光纤通道网络连接在一起。

存储设备之上是一个统一存储设备管理系统，可以实现存储设备的逻辑虚拟化管理、多链路冗余管理，以及硬件设备的状态监控和故障维护。

2. 基础管理

基础管理层是云存储最核心的部分，也是云存储中最难以实现的部分。基础管理层通过集群、分布式文件系统和网格计算等技术，实现云存储中多个存储设备之间的协同工作，使多个存储设备可以对外提供同一种服务，并提供更大、更强、更好的数据访问性能。

3. 应用接口

应用接口层是云存储最灵活多变的部分。不同的云存储运营单位可以根据实际业务类型，开发不同的应用服务接口，提供不同的应用服务。比如视频监控应用平台、IPTV和视频点播应用平台、网络硬盘引用平台、远程数据备份应用平台等。

4. 访问层

任何一个授权用户都可以通过标准的公用应用接口来登录云存储系统，享受云存储服务。云存储运营单位不同，云存储提供的访问类型和访问手段也不同。

14.5　华为云计算解决方案

14.5.1　云操作系统 FusionSphere

FusionSphere 是华为自主知识产权的云操作系统，包括 FusionCompute 虚拟化引擎和 FusionManager 云管理等组件。

数据中心虚拟化提升 IT 效率和创造客户价值，数据中心虚拟化在服务器虚拟化的基础上，通过软件整合和资源抽象，构建计算和存储虚拟化资源池，集中管理和统一调度，实现资源弹性伸缩和灵活的热迁移。数据中心虚拟化还要保障数据中心从虚拟化层到业务层的数据保护和业务容灾，实现跨数据中心的应用调度，使企业和运营商的业务持续发展。

1. FusionCompute 虚拟化

FusionCompute 是云操作系统基础软件，主要由虚拟化基础平台和云基础服务平台组成，主要负责硬件资源的虚拟化，以及对虚拟资源、业务资源、用户资源的集中管理。它采用虚拟计算、虚拟存储、虚拟网络等技术，完成计算资源、存储资源、网络资源的虚拟化；同时通过统一的接口，对这些虚拟资源进行集中调度和管理，降低业务的运行成本，保证系统的安全性和可靠性，协助运营商和企业客户构建安全、绿色、节能的云数据中心。FusionCompute 的架构示意图如图 14-7 所示。

2. FusionManager 云管理

华为 FusionManager 是云管理系统，通过统一的接口，对计算、网络和存储等虚拟资源进行集中调度和管理，提升运维效率，保证系统的安全性和可靠性，帮助运营商和企业构筑安全、绿色、节能的云数据中心。FusionManager 的架构示意图如图 14-8 所示。

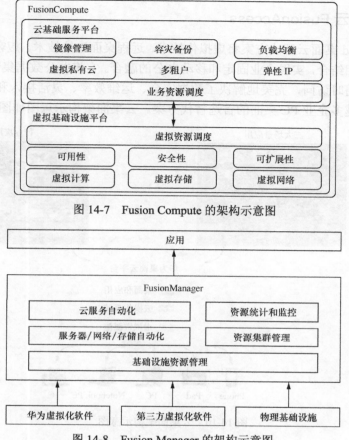

图 14-7　Fusion Compute 的架构示意图

图 14-8　Fusion Manager 的架构示意图

14.5.2　融合一体机 FusionCube

随着云计算时代的来临，商业环境中超过半数的 x86 服务器已经应用了虚拟化技术。虚拟化技术降低了成本，提升了资源利用率并带来了更敏捷的业务效率，但是也对系统管理员的技术水平提出了更高的要求。部署简单、运维便捷的融合一体机成为 IT 发展的新趋势。

FusionCube 是计算、存储、网络深度融合的基础设施一体机，为企业信息化提供了一体化的云平台，能够对 IT 系统进行整合与简化，帮助企业聚焦主营业务，精简 IT 基础设施。FusionCube 具有融（深度融合）、简（家电式安装）、优（业务加速 3～10 倍）的特点。

华为 FusionCube 遵循开放架构标准，于 12U 机框中融合刀片服务器、分布式存储及网络交换机为一体，并预集成了虚拟化平台及云管理软件；实现了一站式交付、家电化安装，资源可按需调配、线性扩展；并针对不同应用场景进行了深入的性能优化。在企业虚拟化平台、数据仓库、桌面云、数据中心建设等场景中，FusionCube 是 IT 基础设施的当然之选。Fusion Cube 融合一体机如图 14-9 所示。

图 14-9　Fusion Cube 融合一体机

14.5.3　桌面云 FusionAccess

FusionCloud 桌面云解决方案将虚拟化技术、远程桌面连接技术、瘦客户端技术、移动软终端技术相结合，实现企业固定和移动办公的融合。它将办公数据集中存放在云端，通过任意终端随时访问，完美地解决了数据安全、运维效率、灵活接入和移动体验的问题，成为越来越多企业 PC 桌面的首选替代方案。云桌面架构示意图如图 14-10 所示。

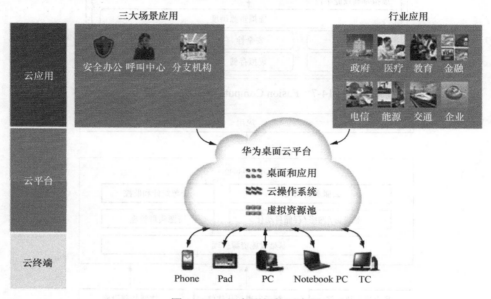

图 14-10　云桌面架构示意图

企业在日益竞争激烈的今天，如何保护企业资产安全，如何高效简单地管理 IT，如何让创新快速实践推广，如何有效控制成本等，成为 CIO、CTO 必须考虑的问题。传统桌面 PC 作为企业 IT 中最普遍，也是最重要的办公设备，在企业运转中，越来越暴露出其弊端和不便。企业必须寻找一种灵活的基础架构来解决 IT 供需矛盾和企业信息安全问题。桌面云正是这样一个最佳的云计算实践，采用最新的云计算的技术和理念，引领 IT 基础架构的变革和创新。

华为桌面云解决方案由桌面云软件 FusionAccess、虚拟化软件 FusionSphere、数据中心基础设施，如服务器、存储、网络和安全产品以及系列化终端构成如图 14-11 所示。华为桌面云是大规模商用的成熟解决方案，广泛部署于全球 40 多个国家拥有 200 多个客户。

图 14-11　华为 CT5000 云终端

14.6　本章总结

云计算是当前最热门的 IT 技术之一，无论什么产品都在向云计算的方向靠拢。云计算开创了一个新的服务时代，使人们的生活更加方便快捷。通过本章的学习，应该掌握以下几点。

- 云计算的定义。
- 云计算的发展现状，各大公司对云计算的利用以及他们提出的云计算方案。
- 云计算的整体架构以及 3 种服务模式。

对云计算有一定的了解后，就可以根据一些现有的云计算网站或者云计算平台做进一步的了解，云计算还有非常大的发展空间，等待你去探索。

14.7　练习题

一、选择题

1. 云计算按照服务类型可以大致分为 3 类，下面（　　）类不包括在内。
   A. 基础设施即服务　　　　　　　　B. 平台即服务
   C. 软件即服务　　　　　　　　　　D. 存储即服务

答案（D）

2. 云计算架构分成 3 个基本层次，下面（　　）层次不包括在内。
   A. 基础设施层　　B. 存储层　　　C. 平台层　　　D. 应用层。

答案（B）

3. 下列不属于云计算应用的是（　　）。
   A. 云存储　　　　B. 云安全　　　C. 云服务　　　D. 云识别

答案（D）

4. 下列不属于云计算特点的是（　　）。
   A. 虚拟化　　　　B. 平台相关性强　C. 高可靠性　　D. 按需服务

答案（B）

二、简答题

1. 云计算的定义是什么？什么才可以称为云计算？
2. 云计算虚拟化技术主要采用哪些技术？它们的优点是什么？
3. 云计算的 3 种服务模式分别是什么？简述这 3 种模式的概念。
4. 分别举一个例子来进一步说明上面 3 种服务模式是如何运作的。

第15章
数据中心方案

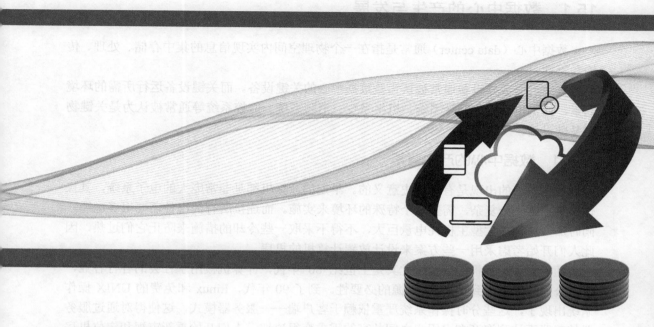

关于本章

本章主要介绍数据中心的发展历史及其产生意义，以及随着云计算浪潮和大数据时代的来临，传统的数据中心向云数据中心演进的过程。最后介绍了华为推出的众多数据中心解决方案。

15.1　数据中心的产生与发展

数据中心（data center）通常是指在一个物理空间内实现信息的集中存储、处理、传输和管理。

其中，服务器设备通常被认为是数据中心的关键设备。而关键设备运行所需的环境因素，如供电系统、制冷系统、机柜系统、消防系统、监控系统等通常被认为是关键物理基础设施。

15.1.1　数据中心的产生背景

数据中心的出现是有其历史意义的。早期的计算机都是非常庞大的电子系统，其操作和维护都十分复杂，需要一个特殊的环境来实施。而连接所有的组件需要很多电缆，同时那些原始的大型主机耗电量巨大，不得不采取一些冷却的措施来防止它们过热，因此人们开始考虑采用一些方案来设计放置计算机的机房。

随着微型计算机的普及，尤其是上世纪 80 年代，计算机被用于社会的各行各业，很多公司开始考虑到控制 IT 资源的必要性。到了 90 年代，Linux 和免费的 UNIX 操作系统出现了，这些分时操作系统严重依赖于客户端——服务器模式，这使得对通过服务器的互联而达到资源在多用户之间共享的需求变得迫切，人们开始重新审视和定位机房中的服务器。随着网络设备的逐渐普及以及网络电缆架设新标准的提出，用分层设计来将服务器放置到公司的 IT 机房成为可能，就在这时，"数据中心"的概念被正式提出，并获得人们的认可，开始在社会广泛流传起来。

数据中心发展的繁荣期则是在网络泡沫到来时。此后数据中心发展出了 3 种类型：

1. Internet 数据中心

早期时候，公司都希望能有高速的 Internet 连接以及能不间断地在网络上部署系统，因此需要安装一些昂贵的设备，但那时候安装这些设备对于小公司来说几乎是不可能的。于是，许多公司瞄准了这个问题，它们建立起被称为 Internet 数据中心（Internet data centers）的设施来提供商业上的系统部署解决方案并获得了成功。

2. 个人数据中心

随后，一些人尝试将 Internet 数据中心里的技术移植应用到为个人服务上，于是产生了个人数据中心（private data centers），并且因其高效性而得到广泛应用。

3. 云数据中心

后来，随着云计算概念的提出，被用于云计算的数据中心出现了，它们被称为云数据中心（cloud data centers）。

现在像 Internet 数据中心、个人数据中心等这些具体的称谓几乎已经没有人使用了，人们一般都习惯统称它们为"数据中心"。

而随着科技的不断发展，各种新式的数据中心也频频浮现。例如，提到传统的数据中心，人们往往都会联想起宽敞的机房和排列整齐的机架，但是近年来出现了一种将服务器、存储、网络设备等一股脑地放入集装箱的数据中心，它就是集装箱式数据中心。

图 15-1 所示为华为推出的集装箱式数据中心。

图 15-1　华为集装箱式数据中心

15.1.2　数据中心的发展历程

数据中心的发展一共经历了以下 4 个阶段。

1. 第一阶段

1945—1971 年，计算机器件组成主要以电子管、晶体管为主，体积大、耗电大，主要运用于国防机构、科学研究等军事或者准军事机构。计算消耗的资源过大，成本过高，因此集中计算的各种资源成为必然的选择。同时，也诞生了与之配套的第一代数据机房。不间断电源（uninterruptible power supply，UPS）、精密机房专业空调就是在这个时代诞生的。

2. 第二阶段

1971—1995 年，随着大规模集成电路的迅速发展，计算机除了向巨型机方向发展外，更多地朝着小型机和微型机方向快速演进。1971 年年末，世界上第一台微型计算机在美国旧金山南部的硅谷应运而生，它开创了微型计算机的新时代。在这个时代，计算的形态总地来说以分散为主，分散与集中并存。因此，数据机房也就处于各种小型、中型、大型机房并存的态势，特别是中小型机房得到了爆炸式的发展。

3. 第三阶段

1995—2005 年，互联网的兴起被视为计算行业在发明计算机之后的第二个里程碑。互联网的兴起本质上是对计算资源的优化与整合。而对人类社会分散计算资源的整合是计算发展本身的内在要求与趋势。

本阶段计算资源再次集中的过程绝不是对第一阶段的简单复制，而是有两个典型的特点。

（1）分散的个体计算资源本身的计算能力急速发展，比如摩尔定律和其后的多核技术就是典型的应用。

（2）个体计算资源被互联网整合。而这种整合现在也成了一个关键环节，因此也会不断地演进。顺着上述两条思路看现今的热点：Intel 和 AMD 的白热化竞争，刀片服务器、互联网宽带、IPv6、虚拟化、云计算等均在上述思路覆盖之中。

4. 第四阶段

2005 年以后，数据机房建设的理念在发展的里程中也更加成熟和理性，不断地超越原来"机房"的范畴，日益演进为组织内部的支撑平台以及对外营运的业务平台。数据机房在这个阶段呈现出了一种新的形态：数据中心。数据中心通过实现统一的数据定义与规范的数据命名，达到数据共享与利用的目的。数据中心按规模划分为部门级数据中心、企业级数据中心、互联网数据中心以及云计算数据中心等。

一个典型的数据中心常常跨多个供应商的多个产品组件，包括主机设备、数据备份设备、数据存储设备、高可用系统、数据安全系统、数据库系统、基础设施平台等。这些组件需要放在一起，确保它们能作为一个整体运行。

数据中心的发展历程如表 15-1 所示。

表 15-1　　　　　　　　　　　　　　数据中心的发展历程

时间	关键技术	IT 架构	机房环境
1945—1971 年	计算机技术	大型机	催生了第一代大型 UPS 和精密空调
1971—1995 年	服务器、网络、摩尔定律	个人电脑、局域网、广域网	推动中小 UPS 和空调技术的发展
1995—2005 年	互联网、宽带、高速链路	基于互联网的 IDC，数据中心雏形	推动大型 UPS 和空调的发展
2005 年—至今	高密度、云计算、虚拟化	中小数据中心向大型数据中心合并	对更大容量系统和更高系统可靠性提出要求，并提出 PUE 的概念

15.1.3　数据中心的结构

1. 概念

广义的数据中心是企业（机构）的业务系统与数据资源进行集中、集成、共享、分析的场地，是工具和流程的有机组合。其核心内容包括业务系统、数据 ETL（Extraction-Transformation-Loading，提取、转换和加载）、ODS（operational data store 可操作数据存储）数据库、数据仓库、数据集市、商务智能等，也包括物理的运行环境（中心机房）和运行维护管理服务。具体来说它包含以下 4 个方面的含义。

（1）数据中心提供所有的应用系统（包括集中的业务应用系统、数据交换平台、应用集成平台）的运营环境。

（2）数据中心是容纳用以支持应用系统运行的基础设施（包括机房、服务器、网络、存储设备）的物理场所。

（3）数据中心包括数据中心本身的 ODS、数据仓库及建立在其上的决策分析应用。

（4）数据中心有一套成熟的运行和维护体系，以保证应用系统高效、准确、不间断地运行。

由上面可以看出，一个完整的数据中心结构应该包含这些模块：基础设施、管理调度、应用系统、容灾备份、IT 管理以及安全。

数据中心总体结构如图 15-2 所示。

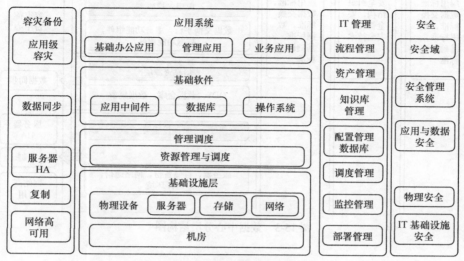

图 15-2　数据中心总体结构

2. 数据中心的层次划分

根据数据中心的定义和发展趋势，可以将数据中心自底向上划分为四个层次：

（1）基础设施层

用统一的技术将机房、通信、计算、存储等 IT 基础资源融合形成数据中心的基础设施，为业务系统提供基本的资源服务。

（2）信息资源层

信息资源是企业生产过程中涉及的一切文件、资料、图表和数据等信息的总称。本层存储了企业（机构）生产和经营活动产生、获取、处理、存储、传输和使用的一切信息资源。

（3）应用支撑层

应用支撑层针对不同应用的结构化数据和非结构化数据，利用 SOA 架构提供数据管理、数据安全、数据传送等数据服务。其中，数据管理主要实现存储资源化、计算资源化、网络资源化，并动态调整资源匹配数据的读写存储；数据传送包括广域网（wide area network，WAN）优化、核心设备的强整合能力以及数据中心网络的智能化；安全服务包括 IPS/IDS、FW 等，同时安全管理中心实现对安全的统一策略和管理。

（4）应用层

应用层主要包括针对结构化和非结构化数据的各种应用，包括各种业务系统、辅助决策系统和各种多媒体应用（监控、流媒体、统一通信、呼叫中心、视频）。

数据中心的分层结构如图 15-3 所示。

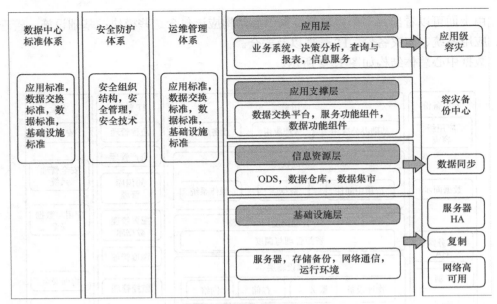

图 15-3　数据中心分层结构图

15.1.4　数据中心的应用

随着现代企业信息化的蓬勃发展和办公自动化的推进，各业务处理系统的开发以及数据采集系统的建成，产生了大量纷繁复杂的数据，而且数据量正以指数级增长。如果还停留在对数据本身的操作上，将会造成数据资源的极大浪费。数据中心的应用则能将这些问题迎刃而解。

作为企业内部数据交换、存储、分析中心，以及向企业各部门传递数据的一种工具，数据中心提供了一个获取数据的平台。它作为一个数据集市，对各业务系统的数据进行整合和优化，能实现数据流程的畅通，提供规范的数据标准。数据中心的应用有以下这些方面或场合。

1．需要统一、有效的数据规范

企业常常需要对自己的数据有统一和有效的数据规范，而这时，建立一个数据中心将会帮上大忙。

2．取消全部或部分手工报表

随着企业的逐渐壮大，手工报表的存在会越发阻碍企业的发展，而建立数据中心后，用户无需任何关于数据库方面的知识，就可以自行从中抓取系统数据，并通过特定工具定制出各种报表。

3．分离业务系统和数据资源管理系统

一些变化较大、灵活性较强的系统，如报表系统、台账系统等可以不再由业务系统开发，而是在数据中心实现。这样，业务系统就能专注于数据的生成、流转和校验。

4．数据的分析应用需要有力保障

在建立起数据中心后，用户随时可以从数据中心抓取各业务系统数据进行分析，而不会因为频繁读取数据库服务器的信息而影响业务系统的性能。

　　5. 解决原有业务系统数据的迁移

　　业务系统可以不再保留大量的历史数据而由数据中心来统一保存，并且查询的职能也将由数据中心承担，这样将能大大提高生产指挥系统的效率，因为海量数据的保存和灵活快速的查询正是数据中心的强项。

15.2　数据中心的现状

15.2.1　传统数据中心的问题

　　最近的一份中国数据中心市场发展报告显示，目前中国数据中心市场的投资额已经达到 70 亿美元，而在未来的 5 年内，市场预计将以 20%的复合年增长率增长。毋庸置疑，数据中心正在以惊人的速度高速发展，但同时也带来了一系列的问题和挑战，其中最大的挑战之一就是如何解决其造成的巨大能源消耗。

　　据统计，我国现有各类数据中心 40 多万个，其能耗已经占到我国全社会用电量的1.5%左右，能源花费所占企业数据中心运营预算的比例也已从 8%激增到 48%。而在一项对于数据中心现状的调查中发现，51%的企业认为，数据中心面临着诸如散热、供电、成本等问题；19%的企业认为，其数据中心供电和散热能力不足，限制了 IT 基础设施的拓展，或无法充分利用高密度计算设备；16%的被访企业认为，其数据中心的平均业务恢复时间太长；还有 14%的企业认为，传统的数据中心资源分散，导致利用率过低。

　　数据中心现状调查结果如图 15-4 所示。

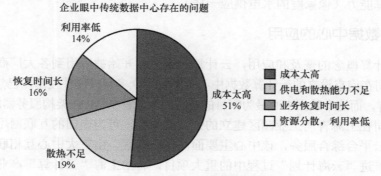

图 15-4　数据中心现状调查结果

　　在现如今提倡节能减排的社会大环境下，数据中心这种能耗大户无疑面临着很严峻的形势和挑战。如果只是能耗问题，或许比起它的作用来，传统数据中心依然可以接受。但如果再加上它呈几何倍数增长的运营成本、十分低下的服务器和网络设备使用效率等问题，大家就要开始考虑传统数据中心存在的意义了。

15.2.2　云数据中心的诞生

　　数据中心的发展可以概括为经历了 3 个不同的时代，分别为主机时代、互联网时代和云计算时代。

1. 主机时代

（1）局域网架构，大、小型机构建的小型数据中心。

（2）物理设施多单点故障。

（3）双机热备与本地备份。

2. 互联网时代

（1）WWW 网架构，X86 服务器参与构建大型数据中心。

（2）集中管理运维。

（3）数据中心异地备份容灾。

3. 云计算时代

（1）云计算架构，X86 服务器主流构建云数据中心。

（2）模块化部署，精细化管理。

（3）基于虚拟机容灾备份。

在云计算的概念还未提出之前，如何使数据中心变得更加绿色和环保，是企业一直在寻求的解决之道。云计算的出现，无疑为数据中心的发展指明了新的道路。

弹性的资源配置、超高的计算能力以及按需使用等特性将成为改变企业内部 IT 能源消耗的关键性因素，成本、灵活性和敏捷性等都将因此得到改善。相比于传统数据中心，云数据中心托管的不再是客户的设备，而是客户的计算能力和 IT 可用性。数据在云端传输，云计算数据中心为其调配所需的计算能力，并对整个基础构架的后台进行管理。

与传统数据中心相比，云数据中心将从软件、硬件两方面进行维护：软件层面不断根据实际的网络使用情况对云平台进行调试；在硬件层面则保障机房环境正常和网络资源运转调配。数据中心会完成整个 IT 的解决方案，客户可以完全不用操心后台，并能获得充足的计算能力（像家庭的水电供应一样）。

15.2.3　云数据中心的应用

随着云计算概念的普及和应用，云计算数据中心开始被应用到各大厂商之中。

百度公司在南京设立的云计算数据中心，汇集了众多新兴硬件技术，已然成为国内最大的万兆集群，而这个数据中心最为瞩目的是它的全球首个 ARM 架构服务器端规模应用。

腾讯公司在上海青浦工业园区建立的云计算中心，可为全国的互联网用户以及第三方企业提供云平台综合服务，该中心主要面向华东地区，由三大中心互相联动、辐射全国，是上海推进"云海计划"过程中的重大项目，将给上海"云计算"产业带来高等级的基础设施、开放式的平台和丰富的应用。

还有最近才推出的中国电信和阿里云合建的智慧城市云数据中心。政府、企业及教育等部门在云计算数据中心上，构建自己的信息系统，可以依托其强大的计算能力和先进的基础设施，大大减少项目投入、建设周期和后续维护成本。该云数据中心提供的服务包括云服务器、云虚拟空间、云应用服务、移动云服务、云灾备、混合云等高性能、高可靠、高稳定、高安全的云服务。

华为公司则在 2012 年 7 月，正式启动了深圳总部"万人桌面云"集装箱数据中心项目。该项目作为华为的样板工程，依据 TIER III+等级规划设计，其中核心系统依据 2N 架构设计，一期工程规划支持 1 万研发人员使用桌面云，二期将稳定支持 2 万研发人员使用桌面云，是目前世界上等级最高、规模最大的集装箱"桌面云"数据中心之一。

15.2.4　云数据中心的优势

云数据中心到底是凭借什么使它能解决传统数据中心面临的问题而如此受欢迎呢？

首先是高度的虚拟化，包括服务器、存储、网络、应用等的虚拟化，其中有"一虚多"，即一台服务器虚拟成多台服务器，有"多虚一"即，多台服务器处理同一个业务，更多的是"多虚多"，即多个业务在多台虚拟服务器上运行，这样就可以使用户能按需调用各种资源，并且应用程序都可以在相互独立的空间内运行而互不影响，从而显著提高了数据中心的工作效率，解决了传统数据中心效率低下的问题。

其次是管理上的差异，主要体现在自动化方面。这包括云数据中心对物理服务器、虚拟服务器的管理，对相关业务的自动化流程管理以及对客户服务的收费等自动化管理。高度的自动化有效降低了数据中心的运营、维护代价。

最后是绿色节能。云数据中心因为虚拟化而减少了物理主机数量，充分利用未被利用的计算能力，且扩充方便，自动化程度高，不需要花费大量人力、电力维持机房的管理和运行，从而节省了资源消耗，直接降低电力成本减少碳排放量，其绿色节能的程度是传统数据中心无法比拟的。

可以说，云计算数据中心的出现，极大地缓解了传统数据中心的发展困境。现在，政府、电信运营商、金融行业、大型互联网企业等都在如火如荼地进行云数据中心的建设。尤其是电信运营商，云数据中心已俨然成为各大运营商重点投入的领域：对外，云数据中心是电信运营商发展集团客户的重要阵地；对内，云数据中心是电信运营商发展3G/4G 用户、宽带用户和互联网产业的"通途"。

15.3　数据中心的构建

15.3.1　数据中心的分类与分级

按不同的标准，数据中心有不同的分类和分级方式。

1. 根据数据中心服务的对象和范围分类

根据数据中心服务的对象和范围，常将数据中心分为企业级数据中心和互联网数据中心。

（1）企业数据中心

企业数据中心是指由企业或机构所有和使用的数据中心，为自己的组织、合作伙伴和客户提供数据处理和数据访问的支撑。企业内部的 IT 部门或合作方负责数据中心设备的运行和维护。企业数据中心是一个公司内部网络、互联网访问、电话服务的核心。

（2）互联网数据中心

互联网数据中心是指由服务提供商所有，并向多个客户提供有偿的数据及互联网服务（如 Web 或 VPN 服务等）的数据中心。

2. 数据中心的等级划分

业界长期以来都是用等级划分的方式来评估数据中心的可用性和整体性能。最广泛使用的是美国 Uptime Institute 提出的等级分类系统，它已成为设计人员在规划数据中心时的重要参考依据。在这个系统中，数据中心被分为四个等级。

（1）一级机房——容错级（fault tolerant）

任何计划的活动都不会中断关键负荷，容错功能使机房基础设施在出现一处故障或事件时，能维持运转而不对 IT 设备产生重大影响。该等级机房具有双路电源和冷却系统，且每路电源有部件冗余，具有较高的容错能力。

（2）二级机房——并行维护级（concurrently maintainable）

允许进行任何计划的机房基础设施活动，而不会中断 IT 设备运行。该等级机房具有双路电源，但每路没有冗余部件，冷却系统有部件冗余，进行计划性的设施维护不需关闭机房负载。

（3）三级机房——部件冗余级（redundant components）

IT 设备运行受计划的或非计划的活动而中断的可能性较小。该等级机房具有单路电源和冷却系统，有冗余部件，在对关键供电路径或其他关键基础设施部件进行维护时，需关闭机房负载。

（4）四级机房——基本级（basic）

IT 设备运行容易受计划的和非计划的活动中断。该等级机房具有单路电源和冷却系统，无冗余部件，有较多单一故障点，设施部件故障将导致机房服务中断。

数据中心基础设施的不同部分可以有不同的分级级别，而中心总的级别是其所有基础设施中的最低等级。比如，如果一个数据中心的基础设施的电力部分是级别 2，其余所有部分都是级别 4，那么该中心仍被评定为级别 2。

15.3.2　数据中心机房构建

1. 数据机房的构成

要构建一个数据中心机房，首先要了解数据机房的构成。其次，要知道数据中心机房的整体布局。

数据中心场地基础设施是一个包括多个子系统的集成，我们把基础设施分为供电系统、制冷系统、内部装修、机柜系统、防雷/接地、消防系统、综合布线和集成管理 8 个系统，每个系统都包括若干内容。

2. 数据中心机房的构成

数据中心机房有一个技术指标——PUE。PUE（Power Usage Effectiveness）概念由 The Green Grid（绿网）提出，已成为评价数据中心物理基础设施层（机房）效率的核心指标。其中

$$PUE=数据中心总用电量\div IT 系统用电量$$

数据中心总用电量=IT 系统用电量+空调耗电+供配电耗电+照明耗电+其他

现在 PUE 的值一般为 1～2，作为衡量数据机房的技术指标，其值越小越好。

15.3.3　数据中心功能构建

通常，建设一个能运作的数据中心要经过以下步骤。

1. 调研及需求分析

首先要明确数据中心的定位问题，它覆盖的范围有多大？所框定内容是什么？这些

都需要用户提前考虑清楚，大原则先定下来。具体的内容、形式和方案需要通过调研等活动完成，而调研活动又可以通过服务提供商来完成具体事项。通过调研活动获得用户具体需求，这些需求再不断地更新、确认。需求确定后，接下来就是对其进行分析，分析包括以下几方面的内容。

（1）数据分类标准。明确由多少类的数据构成，存在多少不同的逻辑工作区，数据如何以库表形式分布于这些不同的逻辑工作区中。

（2）数据共享内容。明确数据共享内容有哪些，如何实现。

（3）数据特性。需要考虑静态数据与动态数据、微观应用与宏观应用的数据共享、集中分布式数据管理、数据源的异构性等。

2. 制定标准及总体框架设计

说明数据中心总体设计的基本思路和方法，制定数据中心的详细设计方案，从长远和近期目标两方面，论述数据中心的主要功能和作用。针对各区的主要特点进行设计，数据流向清晰，并要考虑数据一致性、完整性等问题。明确标准的支持问题，制定数据安全和用户权限策略。从保证数据中心运行的长期性、高效性、安全性出发，提出数据库系统管理和维护方法，并提出数据库优化设计方案。接口数据文件交换不规范，就不能满足数据规范管理和数据安全的需求，因此在设计数据中心时，必须统一数据交换模式，制定规范的接口数据文件结构。一般来说，数据中心的设计架构要考虑几方面：可靠性、易用性、高效、可维护性。数据中心的设计则包括网络设计、安全设计、灾备设计、运维设计等。

3. 平台设计

根据上面对数据中心的调研分析以及总体框架设计，从先进性、可靠性、安全性、高效性、稳定性、管理简便性等方面综合考虑，提出数据中心技术支撑平台设计的一些原则。

（1）在不考虑网络平台的前提下，运行平台主要包括关键主机（数据库和应用服务器）、数据库软件、数据存储网络、数据备份、数据中心开发技术和相关的工具软件选型等。

（2）要求结构设计方案具有先进性、完整性、可靠性、安全性、可扩展性。

（3）主机选型和存储备份方案具有先进性、扩展性、可靠性，并以各区数据量详细测算为依据，提出主机和存储分阶段扩展的思路和策略。

（4）对数据库和数据仓库的选型进行科学论证，并对所采纳的数据复制和集成技术进行比较和论证。

（5）提供完善的数据备份和恢复策略。

（6）系统必须保证其功能和性能上的稳定性和高效率。

管理简单方便，提供简单、方便的辅助工具，减轻数据管理技术难度，减少人为错误造成不必要的损失。

4. 数据库建设

按实际情况，提出数据库建设要求。建议分步进行，先易后难，比如可以先建设基础资源数据库等。

5. 功能实现

就实际需求，在已建设好的数据库等基础设施上设置交换接口标准、应用程序等，配置应用系统，由简单到复杂逐步建设，以达到实现最终功能应用的目的。

15.4　数据中心的关键技术

现今数据中心的热点技术包括绿色机房技术、云计算技术、数据中心网络技术、数据中心安全防护技术、灾备技术等。

1. 绿色机房技术

华为的绿色机房技术提供从咨询设计到解决方案，再到落地交付产品一系列的服务，最终将建设绿色节能的云数据中心，达到节省能耗的目的。该技术的主要流程为：首先提供咨询和评估的服务，从现场测量到分析评估，再到输出报告并确认供配电容量、制冷容量以及能效分析等；随后提出绿色数据中心的解决方案，通过一系列手段有效降低 PUE；最后提供主要设备，包括室外场景的集装箱数据中心和室内场景的模块化数据中心等。该技术的特点是高密、低耗以及快速部署。

2. 云计算技术

云计算技术运用在数据中心中至少有以下优点。

（1）高效。存储利用率>40%（传统数据中心为 25%～30%），内存利用率>50%（传统数据中心约为 30%），虚拟化性能损耗<5%。

（2）开放。具有兼容主流的服务器和统一管理主流的虚拟化平台。支持 Amazon API、双音多频（dual tone multi frequency，DMF）。

（3）自动化。

（4）智能资源调度。

（5）自动化部署。也正是因为这一系列的优点催生了云数据中心的诞生。

3. 数据中心网络技术

数据中心内部核心网络架构采用扁平化二层网络架构（核心层、接入层），使用网络虚拟化技术，核心层交换机承担着核心层和汇聚层的双重任务。核心层采用 CSS 虚拟集群技术，将两台或多台核心交换机虚拟为一台设备；接入层采用堆叠技术，将两台或多台接入交换机虚拟为一台设备，两种技术都是设备背板共享，提高交换能力。

在扁平化二层网络架构中，虚拟集群和堆叠技术的使用，解决了链路环路问题和 spanning-tree 收敛问题，简化了二层链路环路，提高了链路利用率和网络的可靠性。

4. 数据中心安全防护技术

华为在数据中心安全防护上也推出了自己的业务。华为的可信云计算和可信云存储业务，针对 IT 业务流程中潜在的安全风险设计了有效的保障措施，同时通过一些显性化的安全设计让用户可以感知到业务的可信。

例如在用户认证的环节上，华为采用了和银行同样的 USBkey 双因素认证的方式，这样不仅提高了身份认证的安全性，并且对于用户来说，安全可信实体化可感知，而不再是一堆眼花缭乱的专业术语。

加密的环节则可以在 USBkey 中存储加密密钥和加密算法，对用户在 IDC 中的数据和磁盘进行高等级的透明加密，这样即使数据甚至硬盘落入别有用心的人手中，也不用担心数据泄露。

通过强化身份认证、数据和全盘加密以及日志集中审计的有机结合，可信云业务实现了非法用户"进不去"、业务数据"不怕丢"、全业务流程环节"赖不掉"的安全可信保障。

5. 灾备技术

数据中心运行的不间断性对于一个商业组织的成功运作起着非常重要的作用。特别是对于电子商务、金融服务领域来说，如果数据无法被访问，每分钟就会造成几十万上百万美元的损失。因此，必须有可靠的备份机制与成熟的备份技术来保障数据随时可访问。

灾备技术就是当数据中心因灾难不能工作时，用备份的副本在第二地点恢复数据。容灾备份是非常重要的环节，它既保证了生产系统的数据尽可能少的丢失，又保持生产系统的业务不间断运行，这不仅能避免灾难带来的数据损失，而且保证了生产系统效率的持续性。容灾备份通常将数据同时保存在地理位置相互隔离的多个数据中心里，以保证在一个地点出现不可避免的数据灾难时，另一数据中心的数据备份系统能够迅速接管正在执行的工作，保障系统运作的正常进行。

15.5 华为数据中心解决方案

在数据中心的设计和解决方案上，华为公司也有自己一整套完备的体系。下面介绍华为最有代表性的几种数据中心方案。

15.5.1 数据中心整合解决方案

1. 背景

传统数据中心由于过于散乱，面临着资源利用率低、信息共享难、管理能力弱、业务上线慢、能耗高、维护成本高等问题。从分散型的数据中心，到集中型具有业务灾备能力的数据中心，以及基于虚拟化的绿色数据中心，数据中心整合已经成为大势所趋。

华为凭借丰富的专业技能和经验，为客户提供数据中心整合服务，场景涵盖了数据中心的迁移、扩容、整合。

2. 解决方案

华为数据中心整合解决方案包括以下几点。

（1）网络架构整合、网络融合整合、多数据中心网络整合。

（2）服务器的物理整合和逻辑整合。

（3）存储整合。

（4）安全整合。

（5）数据中心管理整合。

（6）数据中心绿色节能整合。

（7）数据中心评估服务：架构、网络、服务器、存储安全、机房、管理。

（8）整合工具：信息采集工具、容量规划工具、迁移工具。

华为数据中心整合解决方案的客户价值（SMART）如下。

（1）Simple（简洁的）：架构简洁、管理简单、扩展简便、使用方便。

（2）Manageable（可管理的）：多数据中心统一管理、业务自动部署、轻量级管理和增强型管理平台随需可选。

（3）Agile（敏捷灵活的）：业务高峰资源自动增加，业务空闲资源自动回收，系统具有模块化扩展能力。

（4）Reliable（可靠的）：设备可靠、软件成熟、架构冗余、灾难备份、主动预警、防患未然。

（5）Trusted（可信的）：数据加密，安全隔离，开放合规，授权访问。模块化端到端安全方案随需可选。

15.5.2　MicroDC 解决方案

1. 背景

华为提供的 MicroDC 解决方案是集成了机房、IT 设施、办公通信与集成管理软件的一体化微数据中心，是可以实现机房环境与 IT 设施统一监控管理的产品。通过设备预安装可实现业务快速部署，通过远程监控功能实现集团统一管理、分支机构无人值守。

2. 解决方案

MicroDC 解决方案是华为提供的面向集团、政府分支机构和中小企业的一体化解决方案。不同客户需要解决的诉求也是不一样的。中小企业主要是为了实现一柜式部署，实现业务的快速上线；大型集团的分支机构主要是为了实现 IT 统一规划、统一管控。

华为是业界唯一一家提供端到端解决方案的厂家，覆盖了云 OS、云管理以及针对云优化的所有硬件设施，可以让所有组件之间无缝集成，并达到最优配置，发挥最大的性能。而 MicroDC 解决方案正是为了华为各种自研产品集成的打包销售，该解决方案实现了各个产品的大集成，充分考虑了彼此的对接关系，并能做到最佳的匹配，确保这些组件之间的集成与整合能够具备更佳的性能、更高的可靠性、更小的系统磨损。华为具有较强的集成能力与交付能力，可以根据客户需求将该组合解决方案打散，其中的大部分产品可以替换为其他友商的产品，并依然有能力做到这些产品的无缝集成来充分满足其不同的应用场景，满足客户的需求。

当然 MicroDC 解决方案不仅仅是产品的集成，更重要的也体现在各个构件设计的合理性、成本价格上。该解决方案基于标准化、模块化设计，兼容行业标准与事实标准，不仅可以集成现有网络上的设备，而且可以集成第三方的厂商设备，其提供的开放 API 也可以便于其他应用程序厂商的系统运行在经过集成的设备上。

MicroDC 解决方案实现了摄像头和温度、湿度、烟感等传感器的预安装，其支架可以伸缩，以适应各种场景。同时该方案集成了华为自主研发的 SSMC，将数据、告警等集中上报进行统一管理，实现远程运维。

（1）统一管理：集团实现分支机构 IT 设备标准化，分支机构无人值守；统一集中管理各地机房、IT 设施，降低运维成本 30%。

（2）快速部署：通过机房中 IT 设施的预安装和本地部署向导，实现一天内设备上电和系统上线。

（3）业界第一款 ICT 一体化融合数据中心，一次集成所需 IT 与电信通信功能。华为 MicroDC 解决方案如图 15-5 所示。

图 15-5　华为 MicroDC 解决方案

15.5.3　云园区数据中心解决方案

华为云园区数据中心解决方案革命性地创新园区 IT 架构，基于云数据中心建设新型的数字化、智能化园区，提供全面的园区内部管理服务和外部业务，促成园区高效、快速引入企业，推动园区企业发展，从而实现园区本身的快速成长。

华为云园区解决方案提供从园区咨询、规划到建设的一站式服务，通过统一管理及运营平台实现园区 IT 资源池化、园区企业业务云化、提供园区内部管理及对外服务所需的各种业务能力，促进园区企业信息化高速发展，提升园区整体竞争力及发展速度。

1. 基础架构

云园区数据中心解决方案基础架构由三层组成如图 15-6 所示。

（1）资源池层：提供基础的物理资源，包括存储资源、计算资源（服务器）、网络资源、安全资源及兼容传统数据中心的机位资源等多种物理资源，物理资源可通过虚拟平台云化后成为云资源池，由云监控管理平台管理、调用，通过云运营服务平台提供服务。

（2）平台层：实现物理资源池的云化，通过监控管理平台和运营服务平台提供运维、运营服务，支撑业务运营。

（3）业务应用层：包括园区支撑类业务、园区办公类业务、园区服务业务三大类，满足园区本身的建设和发展需求，并对园区内部企业提供多种云业务和服务。

2. 园区业务

园区业务由三部分构成。

（1）园区支撑云：园区安防管理、物业管理等园区本身支撑、运作发展所需的各类支撑业务服务，包括园区物业管理、园区项目建设管理、园区企孵化平台、园区智能监控、智能停车等各类支撑园区本身运作、发展的基础支撑类业务。

　　（2）园区办公云：根据入驻园区的不同规模、类型的企业 IT 建设需求，提供丰富多样的各类企业 IT 服务，从基本的云数据中心资源出租（如机位、机架、云服务器、云存储等）到企业办公所需的各类业务服务，如统一通信、办公自动化、企业邮件、云桌面、财务、人力资源等各类业务服务。

　　（3）园区服务云：基于华为统一运营支撑平台，与园区周边政府、工商、生活等各类机构对接，对入驻的企业及相关人员提供全面的服务，包括通过信息门户提供园区各类资讯；通过园区一卡通实现园区无障碍通行及交易管理；通过园区政务服务提供企业资质及各类政府相关手续管理；通过金融服务提供中小企业融资交易渠道；通过生活服务为园区内的企业员工及其家属以及来往园区的各类办公、业务人员提供贴心的衣食住行及休闲商务类服务等。

15.6　本章总结

本章主要介绍了以下知识点。
- 数据中心的发展背景和历史意义。
- 数据中心的定义和结构。
- 传统数据中心面临的问题以及云数据中心出现的意义。
- 主流厂商云数据中心的应用。
- 数据中心建设的基本流程和分类。
- 数据中心的几个重要技术。
- 华为推出的几种数据中心解决方案。

15.7　练习题

一、选择题

1．传统数据中心面临的问题不包括下列哪一项？（　　　　）
　　A．高能耗　　　　　B．低效率　　　　　C．只提供计算能力　D．高运营成本
答案（C）

2．促使 IT 和 CT 走向 ICT 融合的是（　　　）。
　　A．数据中心　　　　B．存储技术　　　　C．服务器技术　　　D．云计算
答案（A）

3．美国 Uptime Institute 提出的等级分类系统将数据中心分为（　　　）。
　　A．2 个等级　　　　B．3 个等级　　　　C．4 个等级　　　　D．5 个等级
答案（C）

4．下列不属于网络数据中心（IDC）总体架构的模块是（　　　）。
　　A．业务层　　　　　B．平台层　　　　　C．网络层　　　　　D．物理层
答案（A）

5．华为数据中心整合解决方案不包括下列哪项？（　　　）

　　A．存储整合　　　　B．应用整合　　　　C．数据中心管理整合 D．安全整合

答案（D）

二、简答题

1．数据中心可以应用到哪些场景之中？

2．云数据中心如何解决传统数据中心遇到的问题？

3．相比于普通的数据中心，华为推出的各种数据中心解决方案分别具有什么特点？

第16章
IT运维管理

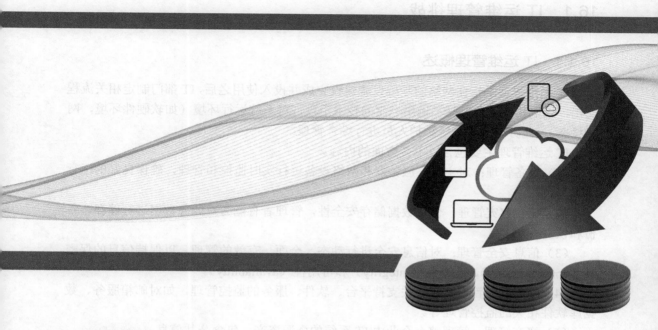

关于本章

本章主要介绍IT运维管理的相关知识，包括IT运维管理的基本概念、IT运维管理现今的局面和面临的挑战、IT数据中心统一运维管理的标准和实现，及华为ICT管理的实现与应用。

16.1　IT 运维管理挑战

16.1.1　IT 运维管理概述

IT 运维管理是指在网络的基础设施建设完成并投入使用之后，IT 部门制定相关流程文档，采取相关管理办法，运用一定的技术手段，对系统运行环境（如软硬件环境，网络状态）、业务系统和系统维护人员进行综合管理。

IT 运维管理主要包含以下 7 方面的内容。

（1）设备管理：对主机、服务器和网络设备进行实时监控和管理，确保良好的运行状况。

（2）储存容灾管理：保证数据储存安全性，管理者有能力对业务数据进行储存、备份和恢复。

（3）信息安全管理：对信息安全进行动态、全面、有效的管理，以保持信息的保密性（confidentiality）、完整性（integrity）和可用性（availability）。

（4）应用服务管理：对相关支持平台、软件、服务的监控管理，如对邮箱服务、数据库软件相关的监控管理等。

（5）资产管理：管理整个企业中 IT 系统的资源资产，包含公共信息。

（6）业务管理：对企业内部 IT 相关业务进行监控与管理，包含业务质量监控、业务分析定位、业务开通支撑和商业建议等。

（7）日常工作管理：规范和明确运维人员的在岗职责，提供绩效考核量化依据，提供员工的培训与日常问题解决经验。采取激励调动运维人员的工作积极性。

16.1.2　传统数据中心面临的挑战

数据中心又称服务器场，是一套复杂的设施，包括计算机系统设备、冗余数据通信连接、环境控制设备（如空调、灭火器）、监控设备和安全装置等，如图 16-1 所示。一方面，数据中心将具有相同环境要求以及安全需求的设备集中安置以便维护，另一方面，通过对设备功能的集成，数据中心可以向用户提供更高层次的应用与服务。

在现今社会，几乎所有的大中型机构（如政府部门、企业院校等）都建立了数据中心，用以管理自己的 IT 系统。企业级数据中心提供企业的信息资源管理、企业核心计算、信息资源服务等功能。从职责上来看，数据中心包含从最底层服务器基础设施布设，到 PaaS（platform-as-a-service），再到应用和 SaaS（software-as-a-service），承载着 IT 部署各层面的请求。可以说，数据中心在信息系统中已经逐渐处于核心地位。

虽然数据中心的功能越来越强大、地位越来越重要，但是其自身的一些问题也逐渐暴露出来。研究报告指出：2006 年全球数据中心能源消耗比 2000 年增长了一倍，到 2012 年，数据中心能源消耗再次翻番。对于传统数据中心来说，解决数据中心高能耗已经是一项严峻的考验。事实上，现今传统数据中心正面临着运营成本高、能源消耗不合理、整合困难、平台化缓慢四大挑战。

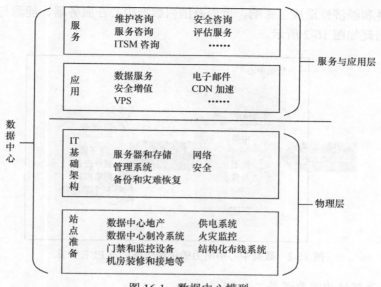

图 16-1　数据中心模型

1. 运营成本不断增加

数据中心的运营成本是指数据中心在运营维护方面需要支出的开销，主要包括以下几个方面。

（1）房屋建筑成本和土地成本的开销。

（2）设备成本，包括设备购买成本或租金。

（3）支持设备工作的水电等能源开销。

（4）网络通信费用，如互联网通信、电话通信和专线通信等费用。

（5）管理成本，包括日常办公管理费用（如交通费、差旅费等）和人力资源成本。

（6）保险和维修费用。

（7）相关税费和财务费用。

其中，数据中心建设成本与数据中心能源消耗为运营成本主体。

从规模上来看，随着 IT 行业对数据处理要求的不断提高，数据中心的规模必将不断扩大。美国研究公司 IDC 指出：全美数据中心规模将出现显著增长，从 2013 年初的 6.114 亿平方英尺增加到 2016 年的 7 亿英尺以上。国内数据中心虽然从规模上来讲不及国外，但是随着 IT 业的发展和政策的支持，国内数据中心也将迎来一次发展高潮，规模的扩大已成必然。

数据中心规模的扩大，意味着服务器也将不断增加，同时，机房的不断扩大，也对空调制冷、火灾监控、机房布线提出了更高的要求，维持设备正常工作所需的能源费用不断上升；另一方面，机群规模的扩大，也会使维护系统的工作变得更加繁琐，直接导致了管理人员的增加，管理费用也呈上升趋势。综上，数据中心的运营成本直线上升。

从能源消耗来看，数据中心的主要能源消耗表现为电力消耗。现今国内大多数企业的数据中心电力成本为每年几百万元，很多已经超过千万元，巨型数据中心的电力开销更是数以亿计，随着数据中心的发展，这些数字更有增加之势，电力成本已经逐渐成为制约数据中心规模扩大的瓶颈。除电力成本外，数据中心的发展在能源方面仍然受到制约，很多地区的电力供应已经达到饱和，无力支持数据中心的扩建，这一点直接对数据中心的可用性和经济性造成了影响，世界范围内数据中心在服务器、能源与制冷、人员管理方面的消耗如图 16-2 所示。

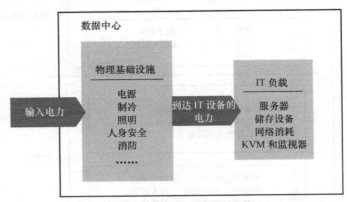

图 16-2　数据中心中电力的使用情况以及 PUE 计算

2．能源消耗结构需要调整

高额的能源费用使得传统数据中心的运营成本居高不下。从能源利用的角度来看，数据中心不仅要提供 IT 设备负载所需的电力，也要提供制冷、照明、消防、监控设备等所需的电力。通常使用电源使用效率（power usage effectiveness，PUE）来衡量数据中心的能源使用效率，如图 16-2 所示。

目前，业界平均 PUE 为 2.5，先进的绿色数据中心可以将 PUE 控制在 1.3 左右。传统数据中心当前面临的主要问题是很多企业不重视物理环境布局，布局和供电系统的不合理致使能源浪费严重；因布局错误使得机房局部温度过热，也带来了严重的安全隐患。

从电力消耗上来看，IDC 的一份报告指出：在亚太地区，数据中心服务器的电力消耗以每年 23%的速度增长，远超世界 16%的平均水平。面对电力消耗增长快这一现状，加强数据中心运维管理，通过多种方法降低 PUE，打造绿色数据中心，是当前企业需要考虑的问题。

3．数据中心需要整合

目前，许多常规的数据中心均构建在独立的 IT 技术之上，信息缺乏统一的标准，在这种技术环境中，系统之间无法相互通信，而且由于无法共享资源，致使服务器与储存性能都得不到充分利用。另一方面，大型政府机关的不同部门也会自建数据中心，造成资源大量闲置，投资重复。调查显示，很多企业数据中心中的服务器和网络设备的利用率仅在 24%～30%，部分设备的 CPU 利用率、硬盘利用率都在 10%以下。设备的利用率低下直接导致了工作效率的下降，为了将工作效率维持在比较高的水平，企业不得不提高部署设备的成本。

资源利用率的低下间接导致了整体成本的提高，因此，必须通过整合数据中心的手段来解决资源利用率问题。常见的整合手段包括：合并储存服务器、数据类型规范、数据中心服务合并、应用平台化等。

除了物理方面的整合以外，云整合储存是现今数据中心整合的一个有效手段。将数据储存所需的硬件资源转换到云计算，硬件单元只作为系统接入点，通过数据中心虚拟化方式，数据与硬件完全分离，储存在平台提供的云系统内。云整合储存面临的主要问题是数据不会停止增长，储存成本将不断提高，并在一段时间内遭遇瓶颈。

4. 数据中心需要平台化

传统数据中心缺乏统一开放的平台，无法实现资源的统一调度，不能支持多样化应用，导致了大多数传统数据中心只能定制自己相关的软件服务。另一方面，因为各自技术的差异性，数据中心的维护也难以标准化，这无形中增加了维护成本。

传统数据中心业务部署需要从底层做起，基础配置繁琐，新业务上线周期难以令人满意，增值服务成本高。平台化的提供数据中心服务，一方面节省运维成本，另一方面支持多样化应用软件服务是今后数据中心发展的主流。

16.2　IT 数据中心统一运维管理

16.2.1　运维管理的标准

随着数据中心用户的不断增加，规模的不断扩大，采取单一的 IT 技术并不能解决运维数据中心过程中出现的全部问题，管理数据中心需要更加专业的知识和系统化的方法。制定科学合理的管理标准，有助于数据中心建立全面、行之有效的管理体系，提升数据中心的管理能力，从而提高竞争力。

（1）ISO 9001 标准

ISO 9001 是迄今为止世界上最成熟的质量管理框架，最新版为 2008 年修订版。《ISO 9001 质量管理体系要求》为数据中心的管理提供了成熟有效的框架，从诸多领域对数据中心提出了管理要求，包含数据中心人员管理、数据中心基础设施管理、数据中心环境管理、服务设计过程、客户体验管理，等等，涵盖了大部分的实际运维情况。

（2）ISO 27001 标准

信息安全管理实用规则 ISO/IEC 27001 标准由英国标准协会于 1995 年提出，最新版为 2005 年修订版，强调信息安全的机密性（confidentiality）、完整性（integrity）和可用性（availability）。通过建立信息安全管理体系方针，制定（plan）、实行（do）、监控（check）、改进（action）流程这一 PDCA 循环（也称戴明循环），持续改进数据中心信息安全管理水平，使数据中心的管理体系可以不断适应客户与组织内部发展的需要。

（3）信息技术基础架库（information technology infrastructure library，ITIL）

ITIL 由英国政府部门 CCTA（Central Computing and Telecommunications Agency）在 20 世纪 80 年代末制订，目前是第三版。ITIL 包括了一系列适用于所有 IT 组织的最佳实践，通过服务级别协议（service level agreement，SLA）来保证 IT 服务的质量，包含配置管理、变更管理、发布管理、事件管理、问题管理、服务级别管理、财务管理、可持续性管理、容量管理和可用性管理的管理方法。

ITIL 的核心模块是"服务管理"，这个模块一共包括了 10 个流程和一项职能，这些流程和职能又被归结为两大流程组，即"服务提供"流程组和"服务支持"流程组。ITIL 的服务提供模块覆盖了规划和提供 IT 服务所需的过程，包括服务级别管理、财务管理、容量管理、IT 服务连续性管理和可用性管理。服务支持模块更多地用于处理事件管理、问题管理、变更管理、配置管理、发布管理及服务台功能的日常支持和维护。

（4）ISO20000 标准

ISO20000 是 ISO 在英国标准 BS15000 的基础上以 ITIL 为核心制定的 IT 服务管理国际标准。着重于通过"IT 服务标准化"来管理 IT 问题，即将 IT 问题归类，识别问题的内在联系，然后依据服务水准协议进行计划、推行和监控，并强调与客户的沟通。该标准同时关注体系的能力，体系变更时所要求的管理水平、财务预算、软件控制和分配。

ISO20000 是只针对 IT 服务管理的认证标准，与 IT 服务流程相关，对 IT 系统变更的风险进行管理，除 IT 的服务质量外，还关注相关产业的财务、信息安全等内容。

16.2.2 运维管理的实现

基于 ISO 20000、ISO 27001、ISO 9001 和 ITIL 等标准，对数据中心的管理应该尽量做到"多重符合性"：一方面要依据上述标准的要求建立不同的管理流程与体系；另一方面又要让员工能在日常工作中不会因为上面有太多的条条框框而无所适从；最后，就是要规划好这些管理体系之间的关系，定义好这些管理体系之间的接口，使所有的管理体系均获得良好的管理与维护。

1. 运维管理的实现框架模型

运维管理的实现框架 ITIL 给出了一个很好的模型，即4Ps 模型，如图 16-3 所示。

（1）人员

人员管理是数据中心运维管理的基础，也是数据中心运维管理的核心。数据中心作为 IT 设备、基础设施、监控设备、系统与数据、管理工具和人员的集合体，只有具有专业知识

图 16-3   ITIL 提供的 4Ps 模型

和管理经验的人，才能有效地整合数据中心内资源，为客户提供质量达标的服务。因此，人员方面的管理尤为重要。对数据中心人员方面的管理应该涵盖对新员工在专业方面的培训、在岗职工职位的明确和主观能动性的挖掘、合理的绩效体系、岗位设计和部门协调、人员评测考评（包括客户评测、上属评测和自我评测等）、文化活动和价值观的建设。

（2）流程

流程是数据中心运维质量的保证。在流程管理中，运维团队不仅要考虑流程的设立与改进，也要积极监督流程内工作的进度和质量。流程管理还包括人员管理、技术管理、运营流程内质量管理、运营流程内监控辅导、业务处理、客户处理、内部协调、跟踪反馈、平台运维和财务管理。数据中心需要把现在的管理工作抽象成不同的管理流程，并详细定义流程之间的关系、流程的角色、流程的触发点、流程的输入与输出等。这种流程的建立，一方面可以使数据中心的人员能对工作有统一的认识，另一方面使得整个服务提供过程可被监控、管理，形成真正意义上的"IT 服务车间"。

（3）产品

现今数据中心在开展运维管理工作时会选择更灵活的管理工具，即产品。通过工具的部署来完成大量重复性工作（如监控、操作、配置文件、工作流管理等），最终提升运维水平、降低运维风险、减少运维成本。产品是数据中心运维管理中不可缺少

的一部分。

（4）服务商

服务商是数据中心运维管理的支持者。作为专业化的数据中心运维管理，有效地整合数据中心管理对象，并最终为用户提供专业化的服务才是数据中心服务提供者的核心价值所在，而且数据中心运维管理中涉及了太多不同种类的设备，数据中心也不可能独自处理所有的技术与管理工作。聘用一批既懂变压器、发电机、UPS，又了解空调、消防、防火设备，同时还精通 IT 相关软硬件的人员，对于任何一个企业或机构均是极大的成本支出。因此，数据中心需要与许多设备供应和服务提供商建立良好的战略合作关系。

2. 数据中心模块分级

从配置、告警、监控、安全来考量管理架构，对数据中心内部模块职责进行分组，相应地决定管理模块，如图 16-4 所示。

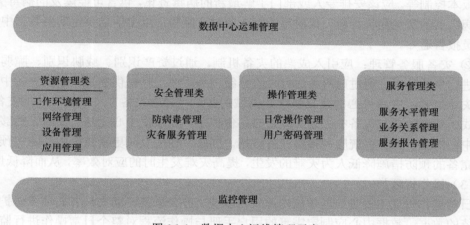

图 16-4　数据中心运维管理示意

（1）资源管理类

工作环境管理主要是对工作环境安全进行管理，即根据不同工作区域的特点，相应地分配安全设备以及进出管理控制制度。依据各个区域内所存放的信息资产的等级进行分析，建议将数据中心工作区域分为三部分：公共区域、工作区域和核心区域。公共区域主要用于展示数据中心工作成果和内部人员日常生活，允许所有员工以及获得许可的第三方人员自由进出；工作区域主要用于数据中心工作人员进行日常数据处理以及行政办公等工作内容，同时此区域还存放着相配套的工作设备，这类区域的进出需要有较为严密的申请流程，配有监控系统；核心区域包含数据中心内的核心信息的处理设备以及供配电等基础设备，此区域应严格限制人员设备进出，配有最高级的门禁以及监控系统保证安全。

设备管理，即对数据中心内所有设备的固定资产管理和设备维护管理。在设备管理的过程中，可以采取以下手段：编制设备清单、明确设备的所有人以及管理人员；制定设备的维护计划，规定设备的维护日期和维护人员，由专人负责监督设备的按时维护；对不同工作内容的设备进行分级制度，并依据分级制定不同的管理策略，最大限度保证重要设备的运行。

网络管理，即对数据中心内部网络进行管理，其中主要包括绘制网络拓扑结构、控制网络访问和网络系统日常维护等工作。在控制网络访问方面，应该将数据中心网络分为不同的网段，如办公网、管理网、公共网络等，对数据中心内所有人员以及设备职责分配相应的网络访问权限，由专门的工作人员处理对网络的接入和终止接入请求。网络系统日常维护方面主要包括设备的日常维护、日志备份、配置信息备份等。

应用管理是对数据库、中间件和应用系统本身进行管理。根据应用系统提供的 IT 服务的重要性来对应用系统划分级别，并以此归类，将应用按重要程度分级对于更为合理地分配资源有重要意义。制定系统结构图、网络拓扑图和应用拓扑图可以快速了解总体应用部署情况，在应用出现故障时，迅速定位原因。绘制应用数据流，用图或表的方式深入研究多个应用系统之间数据的流向，通过应用数据流图，可以很清楚地知道一旦某个设备停运对其他应用系统的影响，这对于事件、问题或变更的影响评估有非常重要的意义。

（2）安全管理类

① 防病毒管理：主要是杀毒软件的更新和设置、病毒库的更新、病毒定期查杀、软件版本控制等。应该安排专人或部门了解最新的病毒资讯，包含可能爆发的病毒类型、感染病毒后的常见症状、新一代病毒的有效应对方案等，以上信息要定期向数据中心相关人员报告通知。

② 灾备服务管理：应引入成熟的灾备机制。通过资产识别、威胁识别、脆弱性识别来进行风险分析，通过风险值进行风险分级，为后续工作提供参考。建立灾备中心以应对灾难风险，灾备中心的建立包含"同城灾备""异地灾备""同城—异地灾备"3个模式。数据中心与灾备中心建立网络热备份体系，当数据中心无法工作时，能够保证灾备中心的备份业务系统顺利接管业务数据。同时，也应及时更新数据中心防灾预案，通过完备的预防措施降低人为灾难的发生，提高灾难发生时的应对效率，从而降低风险。

（3）操作管理类

日常操作管理主要是处理数据内部生产系统、办公系统、动力设备、环境保护、监控系统的数据，数据中心应制定完善的用户手册与操作流程对整个日常操作进行监督。建议制定相关的巡检工作指引，规范数据中心的日常巡检工作。工作指引应规定巡检的周期、巡检项目、判定设备正常的标准、出现异常后的记录和汇报方式以及事件管理的接口。将巡检设备及内容做成检查表，巡检记录以表格形式呈现。

用户密码管理主要是妥善管理用户密码，定期更换管理员密码，以降低数据中心的运行风险，确保信息安全。对于重要密码，除在用户处保留外，还应在另外安全的地点保留密码副本，以免由于密码遗失对数据中心运行造成影响。数据中心应建立一套用户密码撤销删除的流程，重点加强离职人员及工作调动人员所用密码的撤销管理。

（4）服务管理类

服务水平管理主要通过 SLA（服务水平协议）/OLA（运维水平协议）/UC（支持合约）来协调 IT 服务各方之间的关系。服务水平管理主要包含以下方面的内容：识别客户需求、定义服务项目、签定相关协议、服务级别的监控与报告、评审和改进服务。

业务关系管理和服务报告管理。与客户进行定期或不定期的沟通，以便对服务进行评价和改进；对客户进行满意度调查，针对调查结果制定下一步的服务策略以迎合顾客需求；数据中心应设立咨询机构为用户提供咨询服务和技术支持，也能够接受客户的抱怨以及投诉，应针对客户抱怨完成分析报告，总结客户抱怨的原因，制定相关的改进措施。规定客户抱怨的升级机制，对于严重的客户抱怨，按升级的客户投诉流程进行相应处理。

（5）监控管理类

监控管理类对以上管理内容进行监督和反馈，可以设立专职人员和部门，重要场所应设置监控器。对数据中心的监控应该包含基础环境监控、IT 系统监控、服务流程监控等方面，即将监控应用于以上所有管理内容中，确保整个管理工作顺利进行。

16.3　华为 ICT 管理的实现与应用

16.3.1　ICT 管理的实现

1. CT 与 IT 的业务、技术及运维走向融合

移动互联网、物联网等新兴领域用户的增长，为运营商带来了新的发展机遇，ICT 业务和云业务成为拉动运营商收入增长的重要驱动力。云计算和 SDN 的技术发展使 CT 与 IT 趋向融合。为进一步实现效率提升和成本最优，CT 与 IT 的融合运维成为运营商的理想选择。

运营商需要改变目前 CT、IT 独立维护的运维模式，推进 ICT 融合运维；利用高效的统一运维流程、端到端的服务管理以及成熟的运维工具平台，提升服务水平，降低运维成本；通过 ICT 融合运维，提供涵盖从网络到 IT 应用的端到端保障，支撑业务运营。

华为 ICT 融合运维解决方案主要通过流程、平台、工具及专家团队帮助运营商实现 CT 与 IT 的运维融合；通过华为全球的运维经验和业务流程实践，利用统一的流程和平台，端到端地支撑 ICT 业务。

2. 华为 ICT 融合运维能力

华为运用先进技术 E-iNOC 平台，涵盖故障管理、性能管理、派单系统、资源管理、人员绩效管理等方面，通过顶尖的运维管理平台——全球 3 个 GNOC，执行符合 eTOM&ITIL 标准的 MSUP 运维流程。

华为 ICT 使用业内领先的全球专家团队，以及专业资质 ISO20000 和 ISO27001）、TL9000、TM 论坛认证的 MSUP 运维流程为用户提供全面可靠的运维管理。

3. ICT 融合运维解决方案给客户带来的价值

- 端到端的 SLA 管控，提升服务水平。
- 缩短新业务的上线时间，实现快速商用。
- CT 与 IT 协同运维，提升效率，进一步降低 OPEX。
- 共享华为全球最佳实践经验。

16.3.2　下一代数据中心管理方案——ManageOne

华为 ManageOne 数据中心管理解决方案是一个智能、高效、联动、便捷的数据中心运营运维统一管理平台。

ManageOne 主要包括管理门户、运营管理、IT 服务管理、资源管理、IT 运维管理和基础设施管理 6 个模块，如图 16-5 所示。

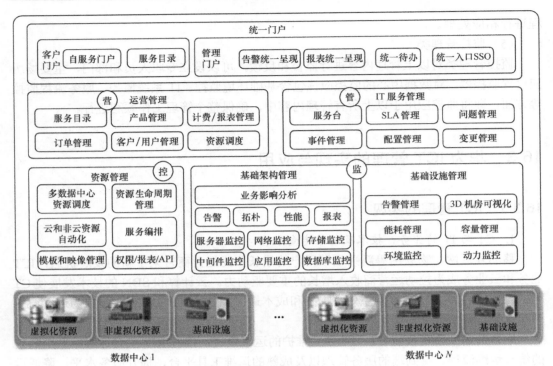

图 16-5　ManageOne 数据中心解决方案架构

运营管理包含用户管理、产品管理、资产管理、订单管理、计量管理、自助服务系统等。华为云业务运营管理流程参考了业界先进的管理模型，结合了华为在运营商领域的经验，提供了融合统一的运营管理模型。其主要优势有：模块化架构，低时间门槛；简单有效的运营流程，提升盈利能力。

IT 服务管理包含服务台、事件管理、SLA 管理、问题管理、配置管理和变更管理等。其主要优势有：遵循 ITIL V3 的 15 项认证；完全基于 Web，集成简单，操作方便；SDM 和 CMDB 完整融合，能够跨越所有 IT 领域实施管理任务。

IT 运维管理主要包括业务影响分析、告警、拓扑、性能、报表、服务器监控、存储监控、网络监控、数据库监控、中间件监控以及应用性能监控等。其主要优势有：跨平台支持，实时性能监控，自动门限值设定，直观的管理界面，集中性能配置管理。

资源管理包括应用部署，资源管理、分配和自动化部署和配置，支持对物理资源和虚拟资源的自动化管理。其主要优势有：可视化的设计，通用的集成功能，自动发现、配置。

基础设施管理包括 3D 机房可视化、能耗管理、动力管理、环境监控等。其主要优势有：可监控的底层设备比较多样，包含动力监控、环境监控和视频监控；3D 可视化技术展示更直观。

16.4　本章总结

完成本章学习，将能够：

- 了解 IT 运营维护的基本知识。
- 了解数据中心的构成和作用。
- 了解传统数据中心面临的挑战。
- 了解 IT 数据中心统一运维管理的标准和实现。
- 了解华为 ICT 管理的实现与应用。

16.5　练习题

一、选择题

1. 以下（　　）方面的管理不属于 IT 运维管理。

　　A. 设备管理　　　　B. 资产管理　　　　C. 信息安全管理　　　D. 行政管理

答案（D）

2. 以下关于数据中心的描述，错误的是（　　）。

　　A. 数据中心又称服务器场

　　B. 数据中心将具有相同环境要求以及安全需求的设备集中安置以便维护

　　C. 数据中心的功能仅限于数据存储

　　D. 数据中心也可以为用户提供服务与应用

答案（C）

3. 数据中心的运营成本主要体现在（　　）。

　　A. 房屋建筑成本和土地成本的开销

　　B. 设备成本，包括设备购买成本或租金

　　C. 支持设备工作的水电等能源开销

　　D. 网络通信费用，如互联网通信、电话通信和专线通信等费用

答案（ABCD）

4. 4Ps 模型是以下（　　）质量管理框架提出的。

　　A. ISO 9001　　　　B. ITIL　　　　C. ISO 27001　　　　D. ISO 20000

答案（B）

5. 4Ps 模型中的 4P 分别是指（　　）。

　　A. 人员、流程　　　　　　　　B. 产品、服务商

　　C. 服务器、驱动程序　　　　　D. 执行、反馈

答案（AB）

二、简答题

1. 传统数据中心面临的四大挑战是什么？PUE 的概念是什么？为什么说数据中心的平台化是必要的？

2. 说明 4Ps 管理模型中的 4P 各代表什么含义。

3. 说明数据中心运维管理中资源管理模块包含的内容，并给出管理方案。

附录
缩略语和术语

缩略语

英文缩写	英文全称	中文名
A-node	access node	接入节点
ACL	access control list	访问控制表
AD	active directory	活动目录
AK	access key	存取关键字
ARM	advanced RISC machines	高级精简指令集机器
ASIC	application specific intergrated circuits	专用集成电路
ATAE	advanced telecom application environment	高级电信应用环境
BBU	backup battery unit	备用电池部件
CLI	command-line interface	命令行接口
CRM	customer relationship management software product of salesforce company	客户关系管理系统
CRC	cyclic redundancy check	循环冗余校验
CSS	cloud storage system	云存储系统
CTO	chief technology officer	首席技术官
DAS	direct-attached storage	直接连接存储
DDR	double data rate SDRAM	双倍速率内存
DHT	distributed Hash table	分布式哈希表
DNS	domain name system	域名系统
ECC	error checking and correcting	错误检查和纠正
ERP	enterprise resource planning	企业资源计划
FC	fibre channel	光纤通道
FTP	file transfer protocol	文件传输协议
GID	group ID	组 ID
GUI	graphical user interface	图形用户界面
HA	high availability	高可用性
HBA	host bus adapter	主机总线适配器
HSSD	Huawei SSD	华为 SSD
HTTP	hypertext transport protocol	超文本传送协议
IB	infiniBand	一种支持多并发链接的"转换线缆"技术
IDC	Internet data center	互联网数据中心
IOPS	I/O per second	每秒 I/O 数
IPMI	intelligent platform management interface	智能电源管理接口

英文缩写	英文全称	中文名
IPTV	Internet protocol television	交互式网络电视
ISM	integrated storage manager	集成存储管理器
JBOD	just bundle of disks	硬盘簇
LDAP	lightweight directory access protocol	轻量目录访问协议
LUN	logical unit number	逻辑单元号
MDN	mobile directory number	移动用户号码簿
MIS	management information system	管理信息系统
MLC	multi level cell	多层单元
NAS	network attached storage	网络附属存储
NCQ	native command queuing	全速命令队列
NIC	network interface card	网络适配器
NIS	network information service	网络信息服务
OA	office automation	办公自动化
OLAP	on-line analytical processing	联机分析处理系统
OLTP	on-line transaction processing	联机事务处理系统
OSCN	object storage controller node	对象存储控制器节点
PB	petabyte	拍字节
RAID	redundant array of independent disks	独立冗余存储阵列
RDMA	remote direct memory access	远程直接数据存取
S.M.A.R.T	self monitoring analysis and reporting technology	自我监测、分析和报告技术
SAN	storage area network	存储区域网络
SAS	serial attached SCSI	串行 SCSI
SATA	serial advanced technology attachment	串行 ATA
SCSI	small computer system interface	小型计算机系统接口
SDV	single disk virtualization	单盘虚拟化
SFP	small form-factor pluggable	光模块
SIR	single instance repository	单一实例库
SK	secret key	密钥
SLC	single level cell	单层单元
SNMP	simple network management protocol	简单网络管理协议
SOD	self organization disk	自组织硬盘
Sod	sea of disks	磁海
SSD	solid state disk	固态硬盘
TB	terabyte	万亿字节
TCP	transmission control protocol	传输控制协议

（续表）

英文缩写	英文全称	中文名
UDS	universal distributed storage	海量存储
UDSN	universal distributed storage node	存储节点
UID	user ID	用户 ID
USM	universal server manger	统一服务器管理
VTL	virtual tape library	虚拟磁带库
WiseDP	wise data protect	N9000 数据保护技术
WushanFS	Wushan file system	Wushan 分布式文件系统

术语

A	
access control list	访问控制表又称存取控制串列，是使用以访问控制矩阵为基础的访问控制方法，每一个对象对应一个串行主体。访问控制表描述每一个对象各自的访问控制，并记录可对此对象进行访问的所有主体对对象的权限
access node	存取节点，一个转换点，它由一个网络终端接入点组成
active directory	Windows Server 中，负责架构中大型网络环境的集中式目录管理服务（directory service）
active firmware	交换机中正在使用的固件（firmware）镜像
active zone set	光纤网络中处于激活状态的分区组
activity LED	用于指示数据帧收发的端口指示灯
administrative state	决定端口、I/O 插片或交换机的操作状态，已配置好的管理状态存放在交换机配置信息中，并可用 CLI 命令临时修改
advanced RISC machines	一个 32 位精简指令集（RISC）处理器架构，其广泛应用于许多嵌入式系统设计
alarm	交换机所产生的需要引起注意的信息，某些告警的紧急级别可自行配置
alias	别名是一组端口或设备的总称号，别名不是分区，其成员不能是分区或其他的别名
arbitrated loop	一种 FC 拓扑布局，此结构中各端口使用仲裁算法建立点到点回路
arbitrated loop physical address	仲裁环物理地址，在环路初始化过程中，使用 1byte 的值来唯一确定环路中的 NL_port
ASIC	专用集成电路，是针对特定应用设计的集成电路芯片
ATA	ATA 技术是一个关于 IDE（integrated device electronics）的技术规范族，随着 IDE/EIDE 的日益广泛应用，全球标准化协议将该接口自诞生以来使用的技术规范归纳成为全球硬盘标准
auto save	此参数决定光纤网络中的交换机接收到其他交换机的活动分区变更时，是否将该变更保存到此交换机中的非易失性存储介质中
B	
baud rate	波特率即调制速率，是指信号被调制以后在单位时间内的变化，即单位时间内载波参数变化的次数
BootP	自举协议（BOOTP）是一个基于 IP/UDP 的协议，它可以让无盘站从一个中心服务器上获得 IP 地址，为局域网中的无盘工作站分配动态 IP 地址，并不需要每个用户设置静态 IP 地址

（续表）

B	
buffer credit	FC 协议层实现流控的手段，源端与目的端设定未确认的传输包计数器
C	
cache	由高速缓存控制器管理的一个特殊区域，通过把频繁访问的存储单元内容及其地址存储在该区域来提高性能
cache 低水位	cache 中存储脏数据的最低限制值。当 cache 中存储的脏数据量到达该值时，cache 暂停将 cache 中的脏数据同步到硬盘
cache 高水位	cache 中存储脏数据的最高限制值，当 cache 中存储的脏数据量到达该值时，cache 开始将 cache 中的脏数据同步到硬盘中
cache 命中率	在读操作过程中，从 cache 中直接命中的 I/O 占所有 I/O 操作的百分比
cache 预取策略	根据当前已读或者正在读操作，按照一定的策略，提前将需要读的数据从硬盘读入 cache 中
cascade	级联，通过连接线缆为存储系统接入更多的硬盘框，实现存储系统容量扩充操作
cascade topology	一种光纤交换机连接方式：各交换机串行连接，并且首末相连而组成的光纤网络，此拓扑结构即为瀑布式级联拓扑
CHAP	盘问握手认证协议，是密文传送的密码验证方式，为三次握手验证，口令为密文（密钥）。首先验证方向被验证方发送一些随机产生的报文（challenge）；然后被验证方用自己的口令字和 MD5 算法对该随机报文进行加密，将生成的密文发回验证方（response）；最后验证方用自己保存的被验证方口令字和 MD5 算法对原随机报文加密，比较二者的密文，根据比较结果返回不同的响应（acknowledge or not acknowledge）
class 2 service	一种非连接的光纤交互服务，它多路复用了来自一个或多个 N_Ports 或者 NL_Ports 节点端口的框架
class 3 service	一个非连接的光纤交互服务，它多路复用了来自或者到达一个或多个 N_Ports 或者 NL_Ports 节点端口的框架
CLI	命令行界面，是图形用户界面普及之前使用最为广泛的用户界面，它通常不支持鼠标，用户通过键盘输入指令，计算机接收到指令后，予以执行
cluster	计算机集群简称集群，是一种计算机系统，它通过一组松散集成的计算机软件和/或硬件连接起来高度紧密地协作完成计算工作
configured zone sets	保存在交换机中的分区组（不包括活动分区组）
CRC	一种根据网络数据包或计算机文件等数据产生简短固定位数校验码的一种散列函数，主要用来检测或校验数据传输或者保存后可能出现的错误
CSS	云存储系统，是通过集群应用、网格技术或分布式文件系统等功能，将网络中大量不同类型的存储设备通过应用软件集合起来协同工作，共同对外提供数据存储和业务访问功能的系统
D	
DAS	一个没有存储网络接入，直接连接到服务器和工作站的数字存储系统
DDR	双倍速率同步动态随机存储器，是在 SDRAM 内存基础上发展而来的，仍然沿用 SDRAM 生产体系
default visibility	在没有活动分区组的情况下，此分区参数决定了端口/设备之间的通信级别
distributed Hash table	一种分布式存储方法。在不需要服务器的情况下，每个客户端负责一个小范围的路由，并负责存储一小部分数据，从而实现整个 DHT 网络的寻址和存储

（续表）

D	
DNS	域名系统是 Internet 的一项核心服务，它作为可以将域名和 IP 地址相互映射的一个分布式数据库，能够使用户更方便地访问互联网，而不用记住能被机器直接读取的 IP 数串
domain ID	用于在 Fabric 网络中标识交换机
DRAM	动态随机存取存储器，是最为常见的系统内存。DRAM 只能将数据保持很短的时间。为了保持数据，DRAM 使用电容存储，因此必须隔一段时间刷新（refresh）一次，如果存储单元没有被刷新，存储的信息就会丢失
DTD	（document type definition，DTD）是一套关于标记符的语法规则。它是 XML1.0 版规格的一部分，是 XML 文件的验证机制，属于 XML 文件组成的一部分。DTD 是一种保证 XML 文档格式正确的有效方法，可通过比较 XML 文档和 DTD 文件来看文档是否符合规范、元素和标签的使用是否正确
E	
E_Port	级连端口，用于级连（ISL）其他的交换机
erasure code	纠删码是一种为二进位删除信道设计的前向错误更正编码，能把 k 长度的信息，转换为更长的 n 长度的信息，而全部信息可以从 n 的子集中恢复
event log	描述光纤网络中所发生事件的日志信息
F	
F_Port	交换机连接端口，用于连接两个 N_Ports
fabric database	QuickTools 启动时所打开的各光纤网络的配置信息
fabric management switch	用于管理光纤网络的交换机
fabric name	由用户定义的文件名称，此文件记录了光纤网络中的用户列表数据
fabric view file	此文件记录了 QuickTools 前次启动时所打开和保存的各个光纤网络信息
failover	错误发生时，自动切换交换机的主控制 CPU。与之相对的是 switchover
FDMI	光纤设备管理接口
fibre channel	一种高速网络基础标准（T11），主要应用于 SAN（存储局域网）
FL_Port	用于连接 loop 环上其他设备的 Fabric 端口
flash memory	交换机中存放了 chassis control firmware 的存储器
frame	FC 协议层链路传输最小单元，由 SOF、header、data payload、CRC 和 EOF 组成
FRU	现场可更换单元
FT feature	用于实现 1 台 5120 内的 2 块 CPU 插片间的 fail-over
FTP	文件传输协议，用于 Internet 上的控制文件的双向传输
G	
G_Port	通用端口，可以在 F_Port 和 E_Port 间自行切换
GL_Port	通用端口，可以在 FL_Port 和 E_Port 间自行切换
GUI	图形用户界面（又称图用户接口）是指采用图形方式显示的计算机操作用户界面
H	
hard zone	一个其区成员可以允许通过光纤网络与另一个区成员交流的分区
HBA	主机总线适配器，指一个使计算机在服务器和存储装置间提供输入/输出（I/O）处理和物理连接的电路板和/或集成电路适配器

（续表）

H	
heartbeat LED	指示交换机处理器和上电自检结果的 LED
hop	传输时延，指一个站点从开始发送数据帧到数据帧发送完毕所需的全部时间，也可以是接收站点接收一个数据帧的全部时间
HTTP	是一种详细规定了浏览器和万维网服务器之间互相通信的规则，是通过 Internet 传送万维网文档的数据传送协议
hyper stack	5120 的级联方式，采用专用 Stack 口，非传统 ISL

I	
IDC	互联网数据中心，可以为用户提供包括申请域名、租用虚拟主机空间、主机托管等服务。此外，还有国际数据公司、初始直接费用等多种含义
inactive firmware	交换机没有启用的 Firmware 镜像
in-band management	一台交换机通过内连方式管理另一台交换机
initiator	数据交换发起方设备，与之相对的是 target
in-order-delivery	一种数据传输方式，要求数据帧的接收顺序与发送时的顺序相同
input power LED	该 LED 用于指示交换机接收到了适宜的直流电压
inter-switch Link	一种交换机连接方式，两台交换机使用 E_Ports 端口连接
IPTV	交互式网络电视，是一种利用宽带有线电视网，集互联网、多媒体、通信等技术于一体，向家庭用户提供包括数字电视在内的多种交互式服务的崭新技术
iSCSI	iSCSI 技术是 IBM 公司研发的，供硬件设备使用的可以在 IP 协议的上层运行的 SCSI 指令集，这种指令集合可以在 IP 网络上运行 SCSI 协议，使其能够在诸如高速千兆以太网上选择路由

J	
JBOD	磁盘簇，是在一个底板上安装的带有多个磁盘驱动器的存储设备，通常又称为 Span。和 RAID 阵列不同，JBOD 没有前端逻辑来管理磁盘上的数据分布，相反，每个磁盘单独寻址，作为分开的存储资源，或者基于主机软件的一部分，或者是 RAID 组的一个适配器卡

L	
LDAP	轻量目录访问协议是一个 IETF 协议，基于 X.500 标准来创建、读取和移除一个目录下的对象和数据
LIP	环路初始化原始序列
logged-in LED	指示设备登录或环路初始状态的端口 LED
LUN	逻辑单元号，主机可访问的一个逻辑硬盘
LUN 格式化	在逻辑驱动器的数据区上写 0，并且生成相应的奇偶位，使逻辑驱动器处于就绪状态的操作过程
LUN 拷贝	LUN 拷贝可以在离线或者在线状态下将源 LUN 中的数据拷贝到目标 LUN 中，源 LUN 和目标 LUN 可以在不同阵列设备上
LUN 扩展	将一个 LUN 连接到其他 LUN 上形成一个更大的 LUN 的过程
LUN 映射	将 LUN 配置给特定的主机/主机组访问的操作
LUN 一致性校验	LUN 一致性校验是控制器的一种高级数据维护功能。控制器可以通过一致性校验预先检查阵列上的数据是否一致，即数据的正确性和完整性

（续表）

M	
maintenance button	此按钮用于维护模式下重置交换机
maintenance mode	一种光纤交换机工作模式，此模式下会设置交换机的 IP 地址为 10.0.0.1，此工作模式用于用户维护交换机
management information base	用于开启或关闭 SNMP 功能的参数
management workstation	通过光纤网络管理员交换机来管理光纤网络的 PC 工作站
mesh topology	一种交换机连接方式：在此级联方式下，光纤网络中各交换机之间至少有一个端口直接连接
multistage topology	一种光纤交换机连接方式：光纤网络中两个或多个边缘交换机连接到了一个或多个核心交换机
N	
NAS	网络附属存储是一种将分布、独立的数据整合为大型、集中化管理的数据中心，以便于对不同主机和应用服务器进行访问的技术
N_Port	节点端口，节点可以是存储、磁盘机/库等
NIC	一块电路板或者卡，安装在计算机，可以连接到网络
NL_Port	节点端口，用于连接 loop 环上的其他节点，或者与交换机的 FL_Port 连接，或者通过 NL_Port 到 F_Port 再到 N_Port
NIC	网络适配器，是计算机与局域网互连的设备
NIS	Sun Microsystem 于 1985 年发布的一项目录服务技术（diretory service），用来集中控制几个系统管理数据库的网络用品
NPIV	N_Port 端口 ID 虚拟化参数，此参数是否"Enable"决定了 N_Port 端口是否具备虚拟端口功能
O	
OSD	对象存储设备，一个由 SNIA 和 INCITS T10 定义的基于对象的存储标准
orphan zone set	不从属于分区组的分区被默认从属"orphan zone set"，它并非实际存在的分区组，但可用于显示没有从属于任何分区组的分区
P	
PB	拍字节，1PB=1024TB
pending firmware	将在交换机下次重启时激活的 Firmware 镜像
port binding	定义交换机端口的可访问设备 WWN 列表
POST	上电过程中自动检测错误程序
principal switch	光纤网络中管理域 ID 分配的交换机
R	
RAID	一个部分物理存储空间用来存储放置在剩余存储空间中有关用户数据的冗余信息的硬盘阵列
RAID 级别	指不同冗余类型在逻辑驱动器上的应用。它可以提高逻辑驱动器的故障容许度和性能，但也会减少逻辑驱动器的可用容量，每个逻辑驱动器都必须指定一个 RAID 级别
RAID 级别动态迁移	在不影响 RAID 组正常业务的情况下，更改 RAID 级别
RAID 组动态扩盘	在不影响 RAID 组正常业务的情况下，增加 RAID 组成员盘
RAID 组失效	RAID 组由于成员盘失效数超过其最大范围，导致 RAID 无法继续提供服务

（续表）

R	
random access memory	随机存储器。存储单元的内容可按需随意取出或存入，且存取的速度与存储单元的位置无关的存储器。这种存储器在断电时丢失其存储内容，故主要用于存储短时间使用的程序
RDMA	远程直接数据存取，是为了解决网络传输中服务器端数据处理的延迟而产生的。RDMA 通过网络把资料直接传入计算机的存储区，将数据从一个系统快速移动到远程系统存储器中，而不对操作系统造成任何影响，这样就不需要用到多少计算机的处理功能
reed-solomon	即 reed-solomon codes，是一种前向错误更正的信道编码，对由校正过采样数据产生的多项式有效
RSCN	注册状态更改通知，在 Fabric 网络中，任意设备的状态更改会主动通知到 Fabric 网络中的所有设备
S	
SAN	存储区域网络及其协议。存储区域网络是一种高速网络或子网络，提供在计算机与存储系统之间的数据传输。存储设备是指一张或多张用于存储计算机数据的磁盘设备
SCSI	小型计算机系统接口，一种用于计算机和智能设备之间（硬盘、软驱、光驱、打印机、扫描仪等）系统级接口的独立处理器标准。SCSI 是一种智能的通用接口标准。它是各种计算机与外部设备之间的接口标准
Server	服务器，指局域网中一种运行管理软件以控制对网络或网络资源（磁盘驱动器、打印机等）进行访问的计算机，并能够为网络上的计算机提供资源，使其犹如工作站那样进行操作
SFP	光模块
SNMP	管理监控网络通信和功能的应用层协议
soft zone	一个其区成员可以允许通过光纤网络与其他所有区成员交流的分区
solid state disk	由固态电子存储芯片阵列制成的硬盘，由控制单元和存储单元（FLASH 芯片、DRAM 芯片）组成的硬盘
SRAM	静态随机存储器。它是一种具有静止存取功能的内存，不需要刷新电路，即能保存它内部存储的数据，但集成度较低，相对体积较大
stack	2120 的级连方式，采用专用 Stack 口，非传统 ISL
strip	即条带。在单个阵列盘区中，一系列连续编址的硬盘块。阵列使用分条来将虚拟硬盘块地址映射为编号的硬盘块地址，也称为分条单元。 在 N9000 中指一个分条在其中一个硬盘上的数据部分
stripe	在使用分条数据映射的磁盘阵列中，每个编号的磁盘阵列盘区相应位置的一系列条带。条带之间通过某种方式互相相关（如相关盘区块地址），使得分条中的成员关系能够被计算算法快速且唯一地确定。 在 N9000 中指位于不同硬盘的多个具有 erasure code 或其他计算关系的数据的逻辑组成
switchover	手动转换交换机的主控制 CPU，与之相对的是 failover
synchronization	同步，两个或两个以上随时间变化的量在变化过程中保持一定的相对关系
T	
target	响应启动器数据交换的目标存储设备，与之相对的是 initiator
transmission control protocol trunk	传输控制协议，这是一种面向连接（连接导向）的、可靠的、基于字节流的运输层（transport layer）通信协议，由 IETF 的 RFC 793 说明（specified）。在简化的计算机网络 OSI 模型中，它完成第四层传输层指定的功能，是一组可以并发传输的端口

（续表）

V	
virtual tape library	虚拟磁带库，通常为一种专用的计算工具（appliance），它可以仿真物理磁带库的驱动器并且在磁盘上存储备份映像
W	
WWN	64 位的设备唯一标识
Z	
zone	一组端口或设备的集合
zone set	分区的集合
zoning database	分区数据库保存在交换机，用于记录分区组、分区、别名等信息

参考文献

[1] Hennessy J L, Patterson D A. Computer architecture: a quantitative approach[M]. Elsevier, 2012.

[2] Hwang K, Ramachandran A, Purushothaman R. Advanced computer architecture: parallelism, scalability, programmability[M]. New York: McGraw-Hill, 1993.

[3] Culler D E, Singh J P, Gupta A. Parallel computer architecture: a hardware/software approach[M]. Gulf Professional Publishing, 1999.

[4] Hockney R W, Jesshope C R. Parallel Computers 2: architecture, programming and algorithms[M]. CRC Press, 1988.

[5] Stone H S. High-performance computer architecture[M]. Addison-Wesley Longman Publishing Co., Inc., 1992.

[6] Mano M M. Computer system architecture[M]. Englewood Cliffs: Prentice Hall, 1993.

[7] Tanenbaum A S, Austin T, Chandavarkar B R. Structured computer organization[M]. Pearson, 2013.

[8] Kogge P M. The architecture of pipelined computers[M]. CRC Press, 1981.

[9] Parhami B. Computer arithmetic: algorithms and hardware designs[M]. Oxford University Press, Inc., 2009.

[10] Siewiorek D P. Reliable computer systems: design and evaluation[M]. Peters, 1998.

[11] Sahner R A, Trivedi K, Puliafito A. Performance and reliability analysis of computer systems: an example-based approach using the SHARPE software package[M]. Springer Publishing Company, Incorporated, 2012.

[12] Levy H M. Capability-based computer systems[M]. Bedford: Digital Press, 1984.

[13] Singh N. Systems approach to computer-integrated design and manufacturing[M]. John Wiley & Sons, Inc., 1995.

[14] PVM: Parallel virtual machine: a users' guide and tutorial for networked parallel computing[M]. MIT press, 1994.

[15] Tanenbaum A S, Woodhull A S. Operating systems: design and implementation[M]. Englewood Cliffs, NJ: Prentice-Hall, 1987.

[16] Stallings W. Operating systems[M]. Englewood Cliffs: Prentice Hall, 1995.

[17] Tanenbaum A S. Modern operating systems[M]. Prentice Hall Press, 2007.

[18] Gray J N. Notes on data base operating systems[M]. Springer Berlin Heidelberg, 1978.

[19] Silberschatz A, Galvin P B, Gagne G. Operating system concepts[M]. Wiley, 2013.

[20] Singhal M, Shivaratri N G. Advanced concepts in operating systems[M]. McGraw-Hill, Inc., 1994.

[21] Coffman E G, Denning P J. Operating systems theory[M]. Englewood Cliffs, NJ: Prentice-Hall, 1973.

[22] Sinha P K. Distributed operating systems: concepts and design[M]. Wiley-IEEE Press, 1996.

[23] Chou A, Yang J, Chelf B, et al. An empirical study of operating systems errors[M]. ACM, 2001.

[24] Chow R, Chow Y C. Distributed operating systems and algorithms[M]. Addison-Wesley Longman Publishing Co., Inc., 1997.

[25] Tanenbaum A, Van Steen M. Distributed systems[M]. Pearson Prentice Hall, 2007.

[26] Dorf R C. Modern control systems[M]. Addison-Wesley Longman Publishing Co., Inc., 1995.

[27] Velte T, Velte A, Elsenpeter R. Cloud computing, a practical approach[M]. McGraw-Hill, Inc., 2009.

[28] Catteddu D. Cloud Computing: benefits, risks and recommendations for information security[M]. Springer Berlin Heidelberg, 2010.

[29] Zikopoulos P, Eaton C. Understanding big data: Analytics for enterprise class hadoop and streaming data[M]. McGraw-Hill Osborne Media, 2011.

[30] Lynch C. Big data: How do your data grow?[J]. Nature, 2008, 455(7209): 28-29.

[31] Al-Fares M, Loukissas A, Vahdat A. A scalable, commodity data center network architecture[C]//ACM SIGCOMM Computer Communication Review. ACM, 2008, 38(4): 63-74.

[32] Greenberg A, Hamilton J R, Jain N, et al. VL2: a scalable and flexible data center network[C]//ACM SIGCOMM Computer Communication Review. ACM, 2009, 39(4): 51-62.

[33] Kandula S, Sengupta S, Greenberg A, et al. The nature of data center traffic: measurements & analysis[C]//Proceedings of the 9th ACM SIGCOMM conference on Internet measurement conference. ACM, 2009: 202-208.

[34] Nightingale E B, Elson J, Fan J, et al. Flat Datacenter Storage[C]//OSDI. 2012: 1-15.

[35] Ghemawat S, Gobioff H, Leung S T. The Google file system[C]//ACM SIGOPS Operating Systems Review. ACM, 2003, 37(5): 29-43.

[36] Howard J H, Kazar M L, Menees S G, et al. Scale and performance in a distributed file system[J]. ACM Transactions on Computer Systems (TOCS), 1988, 6(1): 51-81.

[37] Ross R B, Thakur R. PVFS: A parallel file system for Linux clusters[C]//in Proceedings of the 4th Annual Linux Showcase and Conference. 2000: 391-430.

[38] McKusick M K, Joy W N, Leffler S J, et al. A fast file system for UNIX[J]. ACM Transactions on Computer Systems (TOCS), 1984, 2(3): 181-197.

[39] Schmuck F B, Haskin R L. GPFS: A Shared-Disk File System for Large Computing Clusters[C]//FAST. 2002, 2: 19.

[40] Hitz D, Lau J, Malcolm M A. File System Design for an NFS File Server Appliance[C]//USENIX winter. 1994, 94.

[41] Shvachko K, Kuang H, Radia S, et al. The hadoop distributed file system[C]//Mass

Storage Systems and Technologies (MSST), 2010 IEEE 26th Symposium on. IEEE, 2010: 1-10.

[42] Ousterhout J K, Da Costa H, Harrison D, et al. A trace-driven analysis of the UNIX 4.2 BSD file system[M]. ACM, 1985.

[43] Muthitacharoen A, Chen B, Mazieres D. A low-bandwidth network file system[C]//ACM SIGOPS Operating Systems Review. ACM, 2001, 35(5): 174-187.

[44] Rosenblum M, Ousterhout J K. The design and implementation of a log-structured file system[C]//ACM SIGOPS Operating Systems Review. ACM, 1991, 25(5): 1-15.

[45] Borthakur D. The hadoop distributed file system: Architecture and design[J]. Hadoop Project Website, 2007, 11: 21.

[46] Dahlin M D, Wang R Y, Anderson T E, et al. Cooperative caching: Using remote client memory to improve file system performance[C]//Proceedings of the 1st USENIX conference on Operating Systems Design and Implementation. USENIX Association, 1994: 19.

[47] Chen P M, Patterson D A. Maximizing performance in a striped disk array[M]. ACM, 1990.

[48] Patterson D A, Gibson G, Katz R H. A case for redundant arrays of inexpensive disks (RAID)[M]. ACM, 1988.

[49] Gibson G A. Redundant disk arrays: Reliable, parallel secondary storage[M]. Cambridge, MA: MIT press, 1992.

[50] Holland M, Gibson G A. Parity declustering for continuous operation in redundant disk arrays[M]. ACM, 1992.

[51] Stodolsky D, Gibson G, Holland M. Parity logging overcoming the small write problem in redundant disk arrays[C]//ACM SIGARCH Computer Architecture News. ACM, 1993, 21(2): 64-75.

[52] Patterson D A, Chen P, Gibson G, et al. Introduction to redundant arrays of inexpensive disks (RAID)[C]//Proc. IEEE COMPCON. 1989, 89: 112-117.

[53] Chen P M, Lee E K, Gibson G A, et al. RAID: High-performance, reliable secondary storage[J]. ACM Computing Surveys (CSUR), 1994, 26(2): 145-185.

[54] Holland M, Gibson G A, Siewiorek D P. Architectures and algorithms for on-line failure recovery in redundant disk arrays[J]. Distributed and Parallel Databases, 1994, 2(3): 295-335.

[55] Holland M, Gibson G A, Siewiorek D P. Fast, on-line failure recovery in redundant disk arrays[C]//Fault-Tolerant Computing, 1993. FTCS-23. Digest of Papers., The Twenty-Third International Symposium on. IEEE, 1993: 422-431.

[56] Courtright W V, Gibson G, Holland M, et al. A structured approach to redundant disk array implementation[C]//Computer Performance and Dependability Symposium, 1996., Proceedings of IEEE International. IEEE, 1996: 11-20.

[57] Gibson G A. Performance and reliability in redundant arrays of inexpensive disks[M].

University of California, Berkeley, Computer Science Division, 1989.

[58]   Chen P M, Lee E K. Striping in a RAID level 5 disk array[M]. ACM, 1995.

[59]   Blaum M, Brady J, Bruck J, et al. EVENODD: An efficient scheme for tolerating double disk failures in RAID architectures[J]. Computers, IEEE Transactions on, 1995, 44(2): 192-202.

[60]   Blaum M, Roth R M. On lowest density MDS codes[J]. Information Theory, IEEE Transactions on, 1999, 45(1): 46-59.

[61]   Pinheiro E, Weber W D, Barroso L A. Failure Trends in a Large Disk Drive Population[C]//FAST. 2007, 7: 17-23.

[62]   Corbett P, English B, Goel A, et al. Row-diagonal parity for double disk failure correction[C]//Proceedings of the 3rd USENIX Conference on File and Storage Technologies. 2004: 1-14.

[63]   Reed I S, Solomon G. Polynomial codes over certain finite fields[J]. Journal of the Society for Industrial & Applied Mathematics, 1960, 8(2): 300-304.

[64]   Xu L, Bruck J. X-code: MDS array codes with optimal encoding[J]. Information Theory, IEEE Transactions on, 1999, 45(1): 272-276.

[65]   Cassuto Y, Bruck J. Cyclic lowest density MDS array codes[J]. Information Theory, IEEE Transactions on, 2009, 55(4): 1721-1729.

[66]   Wu C, Wan S, He X, et al. H-Code: A hybrid MDS array code to optimize partial stripe writes in RAID-6[C]//Parallel & Distributed Processing Symposium (IPDPS), 2011 IEEE International. IEEE, 2011: 782-793.

[67]   Wu C, He X, Wu G, et al. HDP code: A Horizontal-Diagonal parity code to optimize I/O load balancing in RAID-6[C]//Dependable Systems & Networks (DSN), 2011 IEEE/IFIP 41st International Conference on. IEEE, 2011: 209-220.

[68]   Jin C, Jiang H, Feng D, et al. P-Code: A new RAID-6 code with optimal properties[C]//Proceedings of the 23rd international conference on Supercomputing. ACM, 2009: 360-369.

[69]   Schroeder B, Gibson G A. Disk failures in the real world: What does an MTTF of 1, 000, 000 hours mean to you?[C]//FAST. 2007, 7: 1-16.

[70]   Ta-Shma P, Laden G, Ben-Yehuda M, et al. Virtual machine time travel using continuous data protection and checkpointing[J]. ACM SIGOPS Operating Systems Review, 2008, 42(1): 127-134.

[71]   Factor M, Meth K, Naor D, et al. Object storage: The future building block for storage systems[C]//Local to Global Data Interoperability-Challenges and Technologies, 2005. IEEE, 2005: 119-123.

[72]   Oki B M, Liskov B H, Scheifler R W. Reliable object storage to support atomic actions[M]. ACM, 1985.

[73]   Blott S, Relly L, Schek H J. An open abstract-object storage system[J]. ACM SIGMOD Record, 1996, 25(2): 330-340.

[74] Terrace J, Freedman M J. Object Storage on CRAQ: High-Throughput Chain Replication for Read-Mostly Workloads[C]//USENIX Annual Technical Conference. 2009.

[75] Gibson G A, Van Meter R. Network attached storage architecture[J]. Communications of the ACM, 2000, 43(11): 37-45.

[76] Chen H B, Liu C Y. Network attached storage: U.S. Patent D563,994[P]. 2008-3-11.

[77] Sungtaek K. Network attached storage: U.S. Patent Application 13/016,185[P]. 2011-1-28.

[78] Goda K. Network Attached Storage[J]. Encyclopedia of Database Systems, 2009: 1900-1900.

[79] Padovano M. System and method for accessing a storage area network as network attached storage: U.S. Patent 6,606,690[P]. 2003-8-12.

[80] Clifford M, Miles N, Rabe B R. Storage area network (SAN) management system for discovering SAN components using a SAN management server: U.S. Patent 7,194,538[P]. 2007-3-20.

[81] Elkington S, Hess R, Korgaonkar A, et al. Storage area network, data replication and storage controller, and method for replicating data using virtualized volumes: U.S. Patent 6,880,052[P]. 2005-4-12.

[82] O'connor M A. Method of enabling heterogeneous platforms to utilize a universal file system in a storage area network: U.S. Patent 6,564,228[P]. 2003-5-13.

[83] Chen W S, Lallier J, Lam W, et al. Storage area network using a data communication protocol[P]. 2001-2-23.

[84] Lee J D, Hur S H, Choi J D. Effects of floating-gate interference on NAND flash memory cell operation[J]. Electron Device Letters, IEEE, 2002, 23(5): 264-266.

[85] Kgil T, Roberts D, Mudge T. Improving NAND flash based disk caches[C]//Computer Architecture, 2008. ISCA'08. 35th International Symposium on. IEEE, 2008: 327-338.

[86] Lee S, Shin D, Kim Y J, et al. LAST: locality-aware sector translation for NAND flash memory-based storage systems[J]. ACM SIGOPS Operating Systems Review, 2008, 42(6): 36-42.

[87] Seoc H Y, Kim E Y. Solid state drive: U.S. Patent D685,787[P]. 2013-7-9.

[88] Chen Y J, Chuang C S, Chen Y C, et al. Solid state drive: U.S. Patent Application 13/441,056[P]. 2012-4-6.

[89] Anderson S A, Clay D W. Flash solid state drive that emulates a disk drive and stores variable length and fixed lenth data blocks: U.S. Patent 5,459,850[P]. 1995-10-17.

[90] Koechner W. Solid-state laser engineering[M]. Springer, 2006.

[91] Zukauskas A, Shur M, Gaska R. Introduction to solid-state lighting[M]. J. Wiley, 2002.

[92] Goodwin P M. RAID Enhanced solid state drive: U.S. Patent Application 12/229,137[P]. 2008-8-20.

[93] Smith K. Scaleable and maintainable solid state drive: U.S. Patent Application

11/849,644[P]. 2007-9-4.

[94] Barham P, Dragovic B, Fraser K, et al. Xen and the art of virtualization[J]. ACM SIGOPS Operating Systems Review, 2003, 37(5): 164-177.

[95] Uhlig R, Neiger G, Rodgers D, et al. Intel virtualization technology[J]. Computer, 2005, 38(5): 48-56.

[96] Chowdhury N M M K, Boutaba R. Network virtualization: state of the art and research challenges[J]. Communications Magazine, IEEE, 2009, 47(7): 20-26.

[97] Menon A, Cox A L, Zwaenepoel W. Optimizing network virtualization in Xen[C]//USENIX Annual Technical Conference. 2006 (LABOS-CONF-2006-003).

[98] Wang G, Ng T S E. The impact of virtualization on network performance of amazon ec2 data center[C]//INFOCOM, 2010 Proceedings IEEE. IEEE, 2010: 1-9.

[99] Dinaburg A, Royal P, Sharif M, et al. Ether: malware analysis via hardware virtualization extensions[C]//Proceedings of the 15th ACM conference on Computer and communications security. ACM, 2008: 51-62.

[100] Lévy P, Bononno R. Becoming virtual: reality in the digital age[M]. Da Capo Press, Incorporated, 1998.

[101] Greenberg A, Hamilton J, Maltz D A, et al. The cost of a cloud: research problems in data center networks[J]. ACM SIGCOMM computer communication review, 2008, 39(1): 68-73.

[102] Niranjan Mysore R, Pamboris A, Farrington N, et al. Portland: a scalable fault-tolerant layer 2 data center network fabric[C]//ACM SIGCOMM Computer Communication Review. ACM, 2009, 39(4): 39-50.

[103] Al-Fares M, Radhakrishnan S, Raghavan B, et al. Hedera: Dynamic Flow Scheduling for Data Center Networks[C]//NSDI. 2010, 10: 19-19.

[104] Brown S, Bessant J R, Lamming R. Strategic operations management[M]. Routledge, 2013.

[105] Kleindorfer P R, Singhal K, Wassenhove L N. Sustainable operations management[J]. Production and operations management, 2005, 14(4): 482-492.